U0917523

《河北省渤海粮仓科技示范工程》系列丛书

河北省渤海粮仓科技示范工程

——管理实践与探索

· 王慧军　徐俊杰　主编 ·

中国农业科学技术出版社

图书在版编目（CIP）数据

河北省渤海粮仓科技示范工程．管理实践与探索 /王慧军，徐俊杰主编．—北京：中国农业科学技术出版社，2019.5

（《河北省渤海粮仓科技示范工程》系列丛书）

ISBN 978-7-5116-4177-9

Ⅰ.①河…　Ⅱ.①王…②徐…　Ⅲ.①低产土壤-粮食作物-高产栽培-栽培技术-研究-沧州　Ⅳ.①S51

中国版本图书馆 CIP 数据核字（2019）第 082613 号

责任编辑　李　雪　周丽丽

责任校对　贾海霞

出 版 者　中国农业科学技术出版社

北京市中关村南大街 12 号　邮编：100081

电　　话　(010) 82105169 (编辑室)　(010) 82109702 (发行部)

(010) 82109709 (读者服务部)

传　　真　(010) 82106650

网　　址　http://www.castp.cn

经 销 者　各地新华书店

印 刷 者　北京建宏印刷有限公司

开　　本　787mm×1 092mm　1/16

印　　张　17.50(含彩插 32 面)

字　　数　409 千字

版　　次　2019 年 5 月第 1 版　2019 年 5 月第 1 次印刷

定　　价　80.00 元

《河北省渤海粮仓科技示范工程——管理实践与探索》

编 写 人 员

主　　编：王慧军　徐俊杰

编写人员：（按姓氏笔画排序）

王淑芬　王增梅　孙世刚　刘瑞华　张建斌

张法明　李万贵　李元迎　岳增良　陈　霞

郑彦平　郑小六　徐　成　曹乃倩　蒲娜娜

《河北省渤海粮仓科技示范工程》系列丛书编写说明

渤海粮仓科技示范工程是由科技部、中国科学院联合河北、山东、辽宁、天津等省市共同实施的国家科技支撑计划项目。河北省是项目实施的主要区域，覆盖面积占总面积的60%，涉及沧州、衡水、邢台、邯郸4市和曹妃甸区共计43个县（市），耕地面积3 387万亩（1亩≈667 m^2，1 hm^2 = 15亩。全书同），占全省耕地面积的34%。河北省政府依托科技部项目实施了河北省渤海粮仓科技示范工程，将其作为河北省战略性增粮工程，连续5年将该项工作写入省委“一号文件”和政府工作报告。

该示范工程共组织了包括中国科学院、中国农业大学、河北省农林科学院、沧州市农林科学院、衡水市农业科学研究院、邢台市农业科学研究院、邯郸市农业科学院、河北省农业技术推广总站、示范县技术站以及相关企业、新型经营主体等192家单位参加。工程依照“技术研发、成果转化、示范推广”3个层次设立课题，其中，设立技术研发课题9个、成果转化课题110个、示范推广县43个，研发一批关键技术，转化一批科技成果，并在项目区43个县大面积示范推广。

项目实施以来，共申请专利52项，已获授权42项，其中发明专利8项；制定地方标准22项，软件著作权4项；发表学术论文130余篇，出版专著8部，出版主推技术系列科教片15部，培养科研技术骨干、研究生37人，培训技术人员、新型经营主体负责人、农民等5万人次以上；培育扶植新型经营主体65个，扶植企业96家。建立百亩试验田40个，千亩示范方110个，万亩辐射区95个，形成技术模式8项，转化适用成果110项。在沧州、衡水、邯郸、邢台4市累计推广5 197万亩，增粮47.6亿kg，节水41.4亿 m^3，节本增效109亿元。

2016年7月，河北省渤海粮仓科技示范工程创新团队被中共河北省委、省政府评为“高层次创新团队”，2017年1月，河北省渤海粮仓科技示范工程创新团队获“2016年度河北十大经济风云人物”创新团队奖。国家最高科学技术奖获得者李振声院士评价河北渤海粮仓项目：技术模式突出，措施有力，成效显著，工作走在了全国前列。

为了记述河北省渤海粮仓科技示范工程实施以来的工作实践和基本经验，我们汇集了工程所取得的成果，分为《河北省渤海粮仓科技示范工程——管理实践与探索》《河北省渤海粮仓科技示范工程——论文汇编》《河北省渤海粮仓科技示范工程——知识产权》《河北省渤海粮仓科技示范工程——新型实用技术》《河北省渤海粮仓科技示范工程——成果转化与基地建设》5 本丛书出版，旨在归纳总结工作，力求为今后重点科技工程项目实施提供一些借鉴。我们对整个工程实施制作了专题片，感兴趣的读者可扫描以下二维码观看。

编　者

2019 年 3 月

目 录

第一章

河北省渤海粮仓科技示范工程行动方案研究

第一篇

[illegible]

中共河北省委、省政府高度重视渤海粮仓科技示范工程项目实施，将其作为河北省战略性增粮工程和带动中低产田改造、促进农业增效农民增收的重大举措，决定由河北省科技厅牵头组织、河北省农林科学院与有关市县政府共同组织实施。根据“注重规划先行、科学支撑、节水优先、机制创新”的要求，项目组开展了行动方案的制定研究。

第一节　区域界定与资源概述

一、区域范围界定

根据渤海粮仓科技示范工程“向盐碱地、向中低产田要粮”的大背景和省领导的讲话精神，河北省将冀中南低平原和运东滨海平原列入项目区。该区域位于河北省东南部，包括邯郸市的东部 9 个县、邢台市的东部 9 个县（市）和衡水市、沧州市的全部，共计 43 个县（市、区）。该区域土地面积 3. 3 万 km^2，耕地 206 万 hm^2，人口近 2 000 万。耕地面积占全省的 34%，人口占全省的 26. 6%，粮食占全省总产的 43. 4%，棉花占全省总产的 95%以上，是河北省仅次于山前平原的一个重要的农业区。

二、农业资源概况

1. 气候资源

河北省渤海粮仓项目区地处暖温带半干旱半湿润大陆季风气候区。受季风环流控制，冬季寒冷少雪，春季干燥多风，夏季炎热多雨，秋季以晴为主。寒旱同期，雨热同季，四季分明，光照充足，宜于小麦、玉米、棉花、蔬菜等农作物及林果业生产。

（1）热量资源

项目区由南向北气温逐渐降低，但差别不大。年均气温最高在邯郸市大名县为 13. 6℃，最低在沧州市孟村回族自治县为 12. 5℃。一年当中，7 月气温最高，1 月气温最低，以衡水市为例，分别为 26. 9℃和−3. 6℃。活动积温（≥0℃）和≥10℃积温也呈现南高北低的规律。邯郸东部 9 个县平均为 5 081. 5℃和 4 677. 8℃；邢台东部 9 个县（市）平均为 5 065. 0℃和 4 681. 9℃；衡水市平均为 5 015. 1℃和 4 636. 2℃；沧州市平均为 4 961. 2℃和 4 589. 2℃。无霜期总体趋势是南长北短，最短为 199 d，最长为 218 d。其中，邯郸东部 9 个县平均 211. 9 d，邢台东部 9 个县平均 210. 2 d，衡水市平均 211. 6 d，沧州市平均 209. 3 d（表 1）。

表 1　河北省渤海粮仓项目区气温、积温与无霜期情况

县市名称	年均气温（℃）	活动积温	≥10℃积温	无霜期范围（d）	平均无霜期（d）
邯郸	13. 5	5 081. 5	4 677. 8	209～216	211. 9

（续表）

县市名称	年均气温（℃）	活动积温	≥10℃积温	无霜期范围（d）	平均无霜期（d）
邢台	13.3	5 065.0	4 681.9	204～218	210.2
衡水	13.2	5 015.1	4 636.2	207～218	211.6
沧州	12.9	4 961.2	4 589.2	199～218	209.3

注：统计期间为1981—2010年

（2）光能资源

① 日照。项目区属于北方长日照区，年平均日照时数在2 270.1（曲周县）至2 737.7（东光县）小时。区域分布呈南少北多、沿海偏少的规律。以深州(2 547.4 h)、武强(2 568 h)、阜城(2 589.7 h)、东光(2 737.7 h) 一线为界，北部日照时数偏多，多在2 600 h左右，但滨海平原的黄骅、海兴、盐山、孟村四县市在2 500 h以下；南部日照时数偏少，多在2 400 h左右。日照时数的年内分布，以5月最多，12月最少，作物生长期间的4—9月日照时数较多，占全年的55%以上。

② 太阳辐射。项目区太阳总辐射量年平均在121.1～138.6 kCal/cm^2（1 kCal = 4.18 kJ，全书同）。从区域分布看，由南向北太阳辐射量逐渐减少，邯郸东部9个县年均136.1 kCal/cm^2，邢台东部9个县年均132.0kCal/cm^2，衡水市年均129.4 kCal/cm^2，沧州市年辐射量在121.1～135.7 kCal/cm^2。从年内分布看，5月最多，12月最少。3—6月空气干燥，大气透明度好，云量少，日照时数多，地面辐射量较多，对于夏季作物生长发育和籽粒增重有利（表2）。

表2　河北省渤海粮仓项目区光能资源、降水资源情况

县市名称	年日照时数（h）	年辐射量范围（kCal/cm^2）	年辐射量（kCal/cm^2）	年降水量（mm）
邯郸	2 353.2	121.9～138.6	136.1	505.9
邢台	2 428.9	130.9～132.7	132.0	479.9
衡水	2 477.2		129.4	494.9
沧州	2 551.1	121.1～135.7		520.0

注：降雨及日照时数统计期间为1981—2010年。邯郸东部年辐射量最小值出现在魏县

（3）降水资源

项目区年均降水量在449.1～547.1 mm。其区域分布特征是：冀州、南宫、新河、宁晋一带，是河北省的少雨中心之一，年降水量低于470 mm；运东地区降水较多，海兴、黄骅、南皮、沧州市区的年降水量均高于530 mm；其他县市年降水量均在500 mm左右。从季节分布看，春季多风少雨，气候干燥；夏季受南方暖湿气团影响，降水明显增多，6—8月降水量占全年降水量的70%左右；秋季秋高气爽，降水少；冬季气候寒冷，降雪稀少。表现为春旱、夏涝、秋吊等特征。

2. 水资源

地下水是项目区最主要的灌溉水源。地下水开采资源量是指在一定条件下可持续开采利用的，并在开采过程中不发生环境地质问题的地下水水量。根据《华北平原地下水资源可持续利用调查评价》一书介绍，河北平原浅层地下水开采资源模数为 13.6×10^4 m^3/（a·km^{-2}），折合每亩每年 90.7 m^3。从表 3 看出，地处太行山、燕山山前平原的石家庄、保定、唐山、秦皇岛四市平均浅层地下水开采资源模数为 21.31×10^4 m^3/（a·km^{-2}），地处低平原及运东滨海平原的衡水和沧州两个市平均为 5.97×10^4 m^3/（a·km^{-2}），而既有山前平原又有低平原的邯郸和邢台两个市平均为 13.54×10^4 m^3/（a·km^{-2}）。资料表明，河北低平原浅层地下水每亩每年可开采量仅 40 m^3左右，与山前平原相比差距悬殊，每亩每年可开采量少 100 m^3左右，而且水的矿化度也比较高。

深层地下水属于更新缓慢、补给少的消耗性地下水资源。华北平原深层地下水开发利用程度高，深层地下水头大幅度下降，不允许再动用深层水弹性释水量，深层地下水可利用量只为越流补给量与侧向补给量之和。河北平原深层地下水开采资源模数为 2.11×10^4 m^3/（a·km^{-2}），折合每亩每年 14.1 m^3。从表 4 看出，地处太行山、燕山山前平原的石家庄、保定、唐山和秦皇岛 4 市平均深层地下水开采资源模数为 2.12×10^4 m^3/（a·km^{-2}），地处低平原及运东滨海平原的衡水和沧州两个市平均为 1.93×10^4 m^3/（a·km^{-2}），而既有山前平原又有低平原的邯郸和邢台两个市平均为 2.24 ×10^4 m^3/（a·km^{-2}）。资料表明，河北低平原与山前平原比，深层地下水可开采量几乎相当，年均在 15 m^3/亩。

表 3　华北平原浅层地下水开采资源量计算结果（按行政区）

研究区域	计算面积（km^2）	浅层地下水开采资源量（10^8 m^3/a）						开采资源模数［10^4 m^3/（a·km^{-2}）］
		<1 g/L	1～2 g/L	2～3 g/L	3～5 g/L	>5 g/L	合计	
华北平原	139 238	115.87	50.58	14.89	10.35	11.25	202.94	14.58
河北平原	73 129	57.58	25.70	7.98	3.71	4.52	99.49	13.60
石家庄	6 673	11.04	1.10	0.32	0.00	0.00	12.46	18.67
唐山	7 945	6.97	1.65	1.46	0.79	3.00	13.87	17.46
秦皇岛	1 919	2.70	0.80	0.83	0.01	0.00	4.34	22.62
保定	10 995	26.62	1.30	0.09	0.00	0.00	28.01	25.48
廊坊	6 398	1.76	3.23	0.00	0.06	0.00	5.05	7.89
邯郸	7 515	4.18	5.77	0.38	0.17	0.03	10.53	14.01
邢台	8 813	3.04	5.01	2.35	0.99	0.19	11.58	13.14
衡水	8 815	0.82	3.99	1.54	0.60	0.09	7.04	7.99
沧州	14 056	0.45	2.85	1.01	1.09	1.21	6.61	4.70

注：引自《华北平原地下水资源可持续利用调查评价》

表4 华北平原深层地下水开采资源量计算结果（按行政区）

研究区域	计算面积（km^2）	深层地下水开采资源量（$10^8\ m^2/a$）					开采资源模数［$10^4\ m^3/(a \cdot km^{-2})$］
		<1 g/L	1～2 g/L	2～3 g/L	>3 g/L	合计	
华北平原	120 403	16.72	3.49	0.24	0.21	20.66	1.72
河北平原	61 873	11.16	1.73	0.13	0.04	13.06	2.11
石家庄	4 901	1.09	0.07			1.16	2.37
唐山	6 582	1.04	0.17			1.21	1.84
秦皇岛	837	0.06	0.15			0.21	2.51
保定	7 842	1.69	0.01			1.70	2.17
廊坊	5 179	1.23	0.07			1.30	2.51
邯郸	5 941	1.28	0.34	0.04	0.02	1.68	2.83
邢台	7 782	1.17	0.22			1.39	1.80
衡水	8 815	1.88	0.14	0.05		2.07	2.35
沧州	14 056	1.72	0.56	0.04	0.02	2.34	1.66

注：引自《华北平原地下水资源可持续利用调查评价》

总之，项目区是华北平原地下水最贫乏的区域之一，地下水可开采量（浅层水+深层水）每年每亩仅55 m^3左右。目前，深层地下水超采严重，漏斗面积不断扩大，浅层微咸水资源开发利用不足。应当指出，这是项目区的平均情况，而在有些地方特别是像邢台东部低平原，浅层地下水呈点片状分布，水层薄、水量小，开发利用非常困难。水资源短缺是制约该区域农业发展的主要因素。

3. 土地资源

项目区海拔多在50 m以下，地势由西南向东北缓缓倾斜。区内分布多条古河道，宽1～5 km，地表以沙质土为主，土壤有机质含量低。由于地势低平、排水不畅和地下水位比较高，加之浅层地下水多为咸水或微咸水分布，所以，历史上该区域以“旱、涝、碱、咸、薄”著称，农业生产水平低而不稳，是河北省中低产田集中的地方。近年来，由于地下水位连续下降，部分区域土壤盐碱化问题有所缓解（表5）。

表5 河北省渤海粮仓项目区土地资源情况

区域	土地面积（km^2）	耕地总面积（hm^2）	有效灌溉面积（hm^2）	旱涝保收面积（hm^2）	耕地占土地面积（%）	有效灌溉面积比率（%）	旱涝保收面积比率（%）
邯郸	5 130	385 206	335 797	256 787	75.1	87.2	66.7
邢台	5 854	427 225	327 373	269 756	73.0	76.6	63.1

（续表）

区域	土地面积（km^2）	耕地总面积（hm^2）	有效灌溉面积（hm^2）	旱涝保收面积（hm^2）	耕地占土地面积（%）	有效灌溉面积比率（%）	旱涝保收面积比率（%）
衡水	8 797	558 598	477 732	386 388	63.5	85.5	69.2
沧州	13 259	689 561	515 820	352 680	52.0	74.8	51.1
合计	33 040	2 060 590	1 656 722	1 265 611	62.4	80.4	61.4
全省	187 693	5 919 425	4 408 591	3 477 679		74.5	58.8

注：耕地面积、水浇地及旱涝保收面积均为2010年数据

从土壤类型看，低平原以潮土为主，盐土呈零星分布，风沙土分布在古河道河漫滩地，呈断续的垄状或丘岗状沙丘。运东滨海平原主要为潮土和滨海盐土，有少部分沼泽土。耕地面积206.06万 hm^2，耕地面积占土地面积的62.4%，但区域间差异很大。邯郸市达75.1%，沧州市仅52.0%。在耕地面积中，有效灌溉面积占80.4%，旱涝保收面积占61.4%。从灌溉条件看，邯郸、衡水相对好些，邢台相对较差，沧州最差。应当指出，这样的灌溉条件是在严重超采地下水的情况下取得的，是不可持续的。如果没有域外调水，现有灌溉条件不能长久保持。

4. 农村社会经济资源

（1）农村人力资源

截至2012年年底，项目区总人口1 936.8万人，其中乡村人口1 636.5万人，占总人口的84.5%，同期全省平均为77.2%。乡村总户数428.6万户，户均3.8人。年末乡村从业人员847.9万人，其中从事第一产业的361.3万人，占乡村从业人员的42.6%（表6）。

表6　河北省渤海粮仓项目区人力资源情况

县	总人口（万人）	乡村人口（万人）	乡村总户数（户）	乡村从业人员（人）	一产从业人员（人）	一产占乡村从业（%）	农村户均人口
邯郸	435.0	367.3	845 173	1 837 041	1 001 446	54.5	4.3
邢台	387.3	339.9	868 311	1 673 866	800 469	47.8	3.9
衡水	432.4	360.0	1 022 909	1 863 742	817 428	43.9	3.5
沧州	682.1	569.3	1 549 481	3 104 067	994 126	32.0	3.7
合计	1 936.8	1 636.5	4 285 874	8 478 716	3 613 469	42.6	3.8
全省	7 287.5	5 628.4	15 511 600	30 233 700	14 198 500	47.0	3.6

注：资料来自《河北农村统计年鉴》，2013年出版

（2）农村经济资源

2012年，项目区GDP为4 606.61亿元，其中：第一产业增加值为820.63亿元，占

17.8%，而邯郸、邢台、衡水均在20%以上，远高于全省12.0%的平均数，说明在当地经济结构中非农化程度还比较低。全部财政收入为376.82亿元，占GDP的8.2%。项目区农村居民年人均纯收入为7 092元，其中邢台仅为6 224元，而同期全省平均为8 081元（表7、表8）。

表7　河北省渤海粮仓项目区财政收入与一产比重

区域	生产总值（万元）	财政收入（万元）	第一产业增加值（万元）	财政收入占生产总值比例（%）	一产占生产总值比例（%）
邯郸	8 291 055	337 432	1 918 160	4.1	23.1
邢台	5 792 249	389 016	1 242 581	6.7	21.5
衡水	9 491 504	764 478	2 025 181	8.1	21.3
沧州	22 491 274	2 277 263	3 020 408	10.1	13.4
合计	46 066 082	3 768 189	8 206 330	8.2	17.8
全省	265 750 000				12.0

注：资料来自《河北农村统计年鉴》，2013年出版

表8　河北省渤海粮仓项目区农村居民人均纯收入

区域	邯郸9	邢台9	衡水11	沧州14	合计43	全省
农村居民年人均纯收入（元）	7 553	6 224	6 371	7 770	7 092	8 081

注：资料来自《河北农村统计年鉴》，2013年出版

（3）农村基础设施与农业装备情况

2012年，项目区自来水受益村15 946个，占98.6%；通电话村16 173个，占100%；通有线电视村13 406个，占82.9%。年末农机总动力3 307.5万kW，平均每公顷耕地拥有农机总动力16.30 kW（亩均1.07 kW）。机耕面积201.0万hm^2，占总播种面积的63.2%；机播面积283.9万hm^2，占总播种面积的89.3%；机收面积179.0万hm^2，总播种面积的56.3%。综合计算，机械耕播收率平均为69.6%。应该说，项目区的机械化水平是比较高的，但机具配套性及机管水平还比较薄弱，特别是植保机械化作为新兴领域有待发展与提高（表9）。

表9　河北省渤海粮仓项目区农业机械化水平

区域	农机总动力（万kW）	机械耕地面积（hm^2）	机械播种面积（hm^2）	机械收获面积（hm^2）	耕地农机总动力（kW/hm^2）	机耕占播种面积比率（%）	机播占播种面积比率（%）	机收占播种面积比率（%）	机械耕播收平均率（%）
邯郸	651.4	366 495	526 518	367 479	16.91	58.7	84.3	58.9	67.3
邢台	543.3	395 003	531 793	282 068	12.72	66.8	89.9	47.7	68.1

（续表）

区域	农机总动力（万 kW）	机械耕地面积（hm^2）	机械播种面积（hm^2）	机械收获面积（hm^2）	耕地农机总动力（kW/hm^2）	机耕占播种面积比率（%）	机播占播种面积比率（%）	机收占播种面积比率（%）	机械耕播收平均率（%）
衡水	929.6	525 477	764 529	498 878	16.64	62.6	91.1	59.4	71.0
沧州	1 183.2	723 138	1 016 232	641 801	17.16	64.3	90.3	57.1	70.6
合计	3 307.5	2 010 113	2 839 072	1 790 226	16.05	63.2	89.3	56.3	69.6
全省	10 553.8	5 401 960	6 592 460	4 209 830	17.83	61.5	75.0	47.9	61.5

注：资料来自《河北农村统计年鉴》（2013 年出版），其中耕地面积为 2010 年数据

第二节　农业现状与粮食生产环境

一、农业发展现状

1. 产业结构

2012 年，项目区农业总产值1 547.60亿元，其中：农业产值 897.05 亿元，占总产值的 58.0%；林业产值 11.39 亿元，占总产值的 0.7%；牧业产值 478.57 亿元，占总产值的 30.9%；渔业产值 17.82 亿元，占总产值的 1.2%；农林牧渔服务业产值 142.77 亿元，占总产值的 9.2%。畜牧业是邢台、沧州的短板，特别是邢台 9 个县平均畜牧业产值占农业总产值的比重仅 23.7%，比全省平均水平 32.7%低 9%（表 10）。

表 10　河北省渤海粮仓项目区农业产业结构

区域	农林牧渔业总产值（万元）	占比				
		农业产值（%）	林业产值（%）	牧业产值（%）	渔业产值（%）	农林牧渔服务业产值（%）
邯郸	3 762 817	53.1	0.6	36.9	0.2	9.2
邢台	2 451 511	64.8	1.1	23.7	0.1	10.3
衡水	3 794 920	63.7	1.0	32.4	0.2	2.8
沧州	5 466 775	54.3	0.5	29.0	3.0	13.2
合计	15 476 023	58.0	0.7	30.9	1.2	9.2
全省	53 401 100	58.0	1.5	32.7	3.3	4.5

注：资料来自《河北农村统计年鉴》，2013 年出版

2. 种植结构

2012 年，项目区农作物总播种面积 318.01 万 hm^2，其中：粮食播种面积 225.59 万 hm^2，占总播种面积的 70.9%；棉花播种面积 49.06 万 hm^2，占总播种面积的 15.4%；油料播种面积 11.66 万 hm^2，占总播种面积的 3.7%；蔬菜播种面积26.26 万 hm^2，占总播种面积的 8.3%。项目区是河北省棉花生产集中产区，尤其是邢台 9 个县棉花面积约占农作物总播种面积的 26.6%。项目区蔬菜面积比例低于全省平均 13.7%的水平，蔬菜是耗水量大的作物，这符合项目区缺水的情况（表 11）。

表 11　河北省渤海粮仓项目区农业种植结构

区域	农作物总播种面积（hm^2）	粮食播种面积（%）	油料播种面积（%）	棉花播种面积（%）	蔬菜播种面积（%）
邯郸	624 267	69. 4	5. 2	14. 6	9. 9
邢台	591 744	61. 4	3. 7	26. 9	5. 3
衡水	839 223	69. 5	3. 5	15. 5	9. 9
沧州	1 124 841	77. 9	2. 9	9. 8	7. 7
合计	3 180 075	70. 9	3. 7	15. 4	8. 3
全省	8 586 500	71. 7	5. 2	6. 6	13. 7

注：资料来自《河北农村统计年鉴》，2013 年出版

3. 产量水平

2012 年，项目区粮、棉、油总产分别为 140. 82 亿 kg、5. 74 亿 kg 和 4. 07 亿 kg，用占全省 35. 8%的粮食播种面积、84. 8%的棉花播种面积和 25. 7%的油料播种面积，生产了占全省 43. 4%、95%和 28. 5%的粮、棉、油总产量。粮食播种亩产 416. 1 kg，其中：小麦亩产 403. 0 kg，玉米亩产 444. 8 kg，大豆亩产 158. 1 kg；棉花亩产 78. 0 kg；油料亩产 232. 6 kg。是仅次于山前平原的第二大粮食生产基地（表 12）。

表 12　河北省渤海粮仓项目区作物单产水平

区域	粮食播种亩产（kg）	其中			油料亩产量（kg）	棉花亩产量（kg）
		小麦亩产量（kg）	玉米亩产量（kg）	大豆亩产量（kg）		
邯郸	503. 8	468. 4	560. 5	208. 8	250. 1	84. 5
邢台	428. 8	418. 5	461. 7	191. 1	236. 1	78. 5
衡水	425. 0	421. 2	439. 0	193. 0	248. 4	77. 0
沧州	361. 7	343. 1	393. 4	134. 1	198. 5	72. 9
合计	416. 1	403. 0	444. 8	158. 1	232. 6	78. 0
全省	343. 4	370. 1	360. 7	134. 9	209. 7	65. 1

注：资料来自《河北农村统计年鉴》，2013 年出版

4. 分析评价

以 2012 年粮棉生产数据为基础，以地市为单位，分别计算项目区各区域粮食生产效率比较优势如下。

$$E_{g,a} = (Y_{g,a}/Y_{c,a}) / (Y_g/Y_c)$$

$E_{g,a}$为某区域年度粮食生产效率比较优势指数；$Y_{g,a}$为某区域年度粮食单产水平；$Y_{c,a}$为某区域年度棉花单产水平；Y_g为同年项目区粮食单产水平；Y_c为同年项目区棉花

单产水平。

如果$E_{g,a}$大于1，说明粮食生产效率具有比较优势；如果$E_{g,a}$小于1，说明粮食生产效率不具有比较优势，而棉花具有比较优势。

从计算结果看，邯郸$E_{g,a}$大于1为1.12，说明这个区域粮食生产具有比较优势；沧州$E_{g,a}$小于1为0.93，说明这个区域粮食不具有生产效率比较优势，而棉花具有生产效率比较优势；邢台、衡水$E_{g,a}$接近1，分别为1.02和1.04，说明这两个区域粮棉生产效率水平很接近（表13）。

表13　河北省渤海粮仓项目区粮棉生产比较优势

区域	粮食亩产（kg/亩）	棉花亩产（kg/亩）	粮食单产/棉花单产	粮食生产效率比较优势指数
邯郸	503.8	84.5	5.96	1.12
邢台	428.8	78.5	5.46	1.02
衡水	425.0	77.0	5.52	1.04
沧州	361.7	72.9	4.96	0.93
合计	416.1	78.0	5.33	1.00
全省	343.4	65.1	5.28	

进一步计算各县（市、区）的粮食生产效率比较优势。结果表明，有27个县（市、区）具有粮食生产效率比较优势，其中17个县（市、区）具有明显的粮食生产效率比较优势，分别是：宁晋县、大名县、魏县、桃城区、吴桥县、广平县、曲周县、清河县、馆陶县、平乡县、东光县、任丘市、临西县、冀州区、鸡泽县、饶阳县和景县；有16个县（市、区）具有棉花生产效率比较优势，其中沧州占7席。有9个县（市、区）具有明显的棉花生产效率比较优势，分别是：黄骅市、海兴县、广宗县、献县、孟村县、威县、南宫市、枣强县和泊头市，其中沧州占5席。因此，进一步实施棉花东移战略是有实践依据的。

把粮食生产效率比较优势与各县市区灌溉条件结合起来分析，在具有明显的粮食生产效率比较优势的17个县（市区）中，有15个县（市区）的有效灌溉面积比率、10个县（市区）的旱涝保收面积比率高于项目区平均水平；在具有明显的棉花生产效率比较优势的9个县（市区）中，有8个县（市区）的有效灌溉面积比率、6个县（市区）的旱涝保收面积比率低于项目区平均水平。说明在灌溉条件较好的地方粮食生产具有比较优势，在灌溉条件相对较差的地方棉花生产具有比较优势，进一步说明棉花具有抗旱节水的特点（表14、表15）。

表14　粮棉生产比较优势分布

粮食				棉花			
区域	具有优势	区域	具有明显优势	区域	具有优势	区域	具有明显优势
盐山区	1.09	宁晋县	1.51	河间市	0.98	泊头市	0.9

（续表）

粮食				棉花			
区域	具有优势	区域	具有明显优势	区域	具有优势	区域	具有明显优势
青县	1.08	大名县	1.49	新河县	0.97	枣强县	0.90
肥乡县	1.07	魏县	1.45	深州市	0.96	南宫市	0.85
邱县	1.06	桃城区	1.33	武强县	0.95	威县	0.84
南皮县	1.05	吴桥县	1.30	故城县	0.95	孟村县	0.84
安平县	1.05	广平县	1.22	肃宁县	0.94	献县	0.82
成安县	1.02	曲周县	1.22	巨鹿县	0.91	广宗县	0.79
阜城县	1.02	清河县	1.22			海兴县	0.73
沧县	1.01	馆陶县	1.21			黄骅市	0.72
武邑县	1.01	平乡县	1.21				
		东光县	1.15				
		任丘市	1.15				
		临西县	1.14				
		冀州区	1.14				
		鸡泽县	1.12				
		饶阳县	1.11				
		景县	1.10				

表 15　河北省渤海粮仓项目区灌溉条件与粮棉生产效率比较优势

区域	灌溉条件		粮食生产效率比较优势指数
	有效灌溉面积比率（%）	旱涝保收面积比率（%）	
邯郸	87.2	66.7	1.12
邢台	76.6	63.1	1.02
衡水	85.5	69.2	1.04
沧州	74.8	51.1	0.93
合计	80.4	61.4	1.00

二、粮食发展环境

目前的粮食发展环境有利、有弊，但总体上利大于弊。从利的方面看，国家高度重视粮食生产，土地规模经营利于粮食生产，但工商资本主导的“公司农业”其“非粮化”“非农化”倾向值得警惕。

1. 国家粮食战略新趋向

2013 年，我国粮食总产超过 6 亿 t，比上年增长 2. 1%，实现了“十连增”，这是中国农业，特别是粮食生产克服严重的自然灾害和国内外市场风险后，取得的重大成就。这些成就的取得来自政策、科技和持续改善的农业基础设施保障。2014 年国家宏观粮食政策概述为 3 个政策创新点。

第一，调整国家粮食安全战略，实施“以我为主、立足国内、确保产能、适度进口、科技支撑”。其核心要义就是立足国内基本解决人民的吃饭问题。习近平总书记指出：“中国人的饭碗任何时候都要牢牢端在自己手上，我们的饭碗应该主要装中国粮，给农业插上科技的翅膀”。这一战略调整出台，是在粮食生产没有出现波动情况下提出的，显示出中央对粮食安全战略提升到新高度，鸣响粮食安全警钟，是对世情国情农情和未来发展的战略性安排。

第二，坚持数量与质量并重，调整农产品结构，从保全部、保所有品种转变为保谷物、保口粮，建立最严格食品安全监管制度。强调严守耕地保护红线，划定基本农田，不断提高农业综合生产能力，加大力度落实“米袋子”省长负责制。在重视粮食数量的同时，更加注重品质和质量安全，在保障当期供给的同时，更加注重农业的可持续发展。倡导全社会节粮意识，坚持厉行节约、反对浪费等。

第三，继续坚持市场定价原则，完善重要农产品价格形成机制，逐步建立目标价格制度。改革农产品价格形成机制，政府补贴脱钩，建立农产品目标价格制度，保证农民生产者收益，健全农产品市场体系，制定全国农产品市场规划等。

2. 土地流转与经营主体多元化

（1）土地流转情况

以衡水市为例，农业经营制度正在经历家庭承包经营责任制以来又一次深刻变革，即土地流转及由此带来的农业经营主体多元化。截至 2014 年 7 月，农村土地流转面积 262. 56 万亩，占家庭承包经营总面积的 33. 49%，较上年末提高了 6. 38%。50 亩以上的规模经营主体 7 018个，经营面积 141. 39 万亩。其中：500～1 000亩经营主体 290 个，经营面积 18. 67 万亩；1 000～3 000亩经营主体 124 个，经营面积 16. 48 万亩；3 000亩以上经营主体 73 个，经营面积 29. 13 万亩。工商注册的家庭农场 2 845 个，经营面积 35. 36 万亩，其中 50 亩以上家庭农场 1 960 个，经营面积 32. 77 万亩。

（2）多元主体类型

从衡水市情况看，目前主要有 5 种类型。一是种植大户型，土地经营面积为 107. 44 万亩，占流转总面积的 40. 9%，是规模经营的主体。二是家庭农场型，土地经营面积 74 万亩，占 28. 2%。三是专业合作社型，土地经营面积为 37. 2 万亩，占流转总面积的 14. 2%。四是农业公司型，土地经营面积为 13. 14 万亩，占流转总面积的 5. 0%。五是工商资本主导型，经营面积 15. 42 万亩，占流转总面积的 5. 9%。数据显示，种植大户和家庭农场是目前规模经营的主体，二者约占总规模的七成，也是国家政策最为明确支持的类型。

（3）土地经营方向

从衡水市调查情况看，在5种规模经营模式中，只有种植大户和家庭农场把粮食规模经营作为主要选择。而其他3种类型，由于公司、资本追求利益最大化，受比较利益驱动，均表现出“非粮化”“非农化”倾向，特别是工商资本主导型，非粮化、非农化倾向更明显。由于资本的逐利本性，偏离投资初衷，先从经营园艺植物做起，以农业旅游开发、观光休闲为名，进而以园区为模式发展成为集观光、旅游、餐饮等服务为一体经济实体，淡化了农业生产功能。

第三节　打造河北渤海粮仓的 SWOT 分析

河北低平原又称黑龙港流域，其基本特点是：旱、涝、碱、咸、薄。经过多年的种植结构调整，该区域已经建设成为我省的棉花生产基地。这是因为棉花与一般粮食作物相比，因其生理特点和生长盛期与雨热盛期同步，而表现出更具抗旱、耐盐和稳产特性。如今，该区域列为河北省渤海粮仓项目区，并被赋予压采地下水和提高粮食产能的“双重任务”。实现上述目标途径有三：一是加强中低产田改造，通过调整种植结构、发展蓄雨保墒和实施节水灌溉、微咸水补灌等，提高粮食单产水平。二是因地制宜地进行棉田改制，改棉花连作为棉麦一年两熟或棉粮轮作两年三熟，扩大粮食作物播种面积。三是在劣质耕地或非耕地上发展饲料饲草作物，以储粮于饲、节省饲料用粮。在实施渤海粮仓项目的过程中，项目区具有以下特点。

一、四点优势

1. 地势平坦广阔，适合机械化耕作

项目区由冀中南低平原和滨海平原两部分组成，海拔多在 50 m 以下。地面平整，海拔差异小，地势开阔，成方连片，有利于使用大型机械进行耕、种、管、收作业。

2. 光温资源充足，能够满足一年两熟需要；雨热盛期同期，利于多种秋作物生长

项目区年日照时数多在 2 400 h 以上，其中沧州市的中部、衡水市的西北部多在 2 550 h以上。年太阳辐射量 121. 1～138. 6 kCal/cm^2，年平均气温 12. 5～13. 6℃，一年当中 7 月平均气温最高。≥0℃积温均在4 800℃以上，≥10℃积温均在4 450℃以上，无霜期多在 200 d 以上。年降水量 449. 1～547 mm，其中 6—8 月降水量占全年降水量的 70%左右。光温条件能够满足一年两熟制的需要，雨热同步利于玉米、杂粮等秋粮作物生产。

3. 土地资源丰富，土壤类型多样，适合农牧业综合发展

项目区人均耕地面积 1. 6 亩，高于山前平原区和全省平均水平。土壤以潮土为主，耕地以壤质土为主，适耕性好。在古河道和沙丘、沙带区域，土壤多沙。在低平原部分区域和滨海平原，分布有一定面积的盐碱荒地有待开发利用。多样化的土地类型适宜多种作物的栽培生产。特别是在当前情况下，应当注重对劣质耕地、沙荒地和盐碱荒地的开发利用，通过种植饲草作物，以草改土，培肥土壤，进而实行草粮轮作，实现农牧业循环利用、综合发展（表 16）。

表 16　河北省渤海粮仓项目区农业人均劳均耕地

区域	社会人均耕地（亩）	农业人均耕地（亩）	农业户均耕地（亩）	农村劳均耕地（亩）	一产劳均耕地（亩）
邯郸	1.33	1.57	6.84	3.15	5.77
邢台	1.65	1.89	7.38	3.83	8.01
衡水	1.94	2.33	8.19	4.50	10.25
沧州	1.52	1.82	6.68	3.33	10.40
合计	1.60	1.89	7.21	3.65	8.55
全省	1.22	1.58	5.72	2.94	6.25

注：耕地面积为 2010 年数据，人力资源为 2012 年数据

4. 农村劳动力资源充裕

既有进一步转移劳动力的潜力，也有发展劳动密集型产业的条件。农户是农业经营的基本单元。从农村户均耕地看，项目区平均为 7.2 亩，衡水市最多为 8.2 亩。从从事农业的农村劳动力看，项目区一产劳均耕地为 8.6 亩，沧州市最多也仅为 10.4 亩。即使按照宋恩华等人提出的“一产劳均耕地 15 亩”标准来衡量，项目区距离进入现代农业发展阶段的“门槛”还有很大差距。显然，农业经营比较分散，耕地碎片化现象还比较严重。应积极引导、政策扶持，加快土地流转，发展适度规模经营。

沧州市作为我省实施沿海战略的前沿阵地，近年来工业经济发展比较迅速，沿海经济增长极的地位凸显。这对于转移农村劳动力，拉动农民增收作用非常明显。尽管沧州市无论从耕地质量、灌溉条件衡量，在项目区所在的 4 个地市中都是最差的。但由于沧州市各县非农化程度高，一产从业人员占乡村从业人员 32%，比项目区平均数低了 10.6%；一产产值占生产总值 13.4%，比项目区平均数低了 4.4%，所以，农民年人均纯收入水平在 4 个地市中却是最高的，为 7 770 元，比项目区平均水平高出 608 元。目前，项目区“耕、播、收”机械作业率已达 70%。随着机械化水平的进一步提高，农业劳动力将进一步释放，进一步发挥农业劳动力资源优势的问题值得重视。

二、三点劣势

1. 淡水资源匮乏

自然降雨少，且分布不均。春季温度高而降水少，春旱几乎年年发生；秋季降水量少，加上地下水不足，晚秋干旱经常发生；夏季降水多，但多以大雨或暴雨形式出现，降水难以充分利用，因地势平缓、排水不畅，易形成沥涝。干旱是制约和影响农业发展的主要因素。一方面，干旱缺水，没有灌溉就很难有高产农业，所以，许多地方靠超采深层地下水来维持现有较高生产水平，致使漏斗区面积不断扩大，生态问题已经显现；

另一方面，生产上还存在土垄沟输水和大水漫灌现象，灌溉浪费和利用率不高的问题同时存在。今后5年，该区域是我省地下水压采的重点区域，粮食生产与地下水压采形成尖锐矛盾。因此，要在充分发挥“引黄入冀”作用、进一步增加对节水工程投入的同时，发展节水型农业种植结构，推广节水农业技术，实施最严格的水资源管理，高度重视夏季雨洪资源利用问题，合理开发利用浅层咸水微咸水资源，是解决淡水资源不足和超采深层地下水的战略选择，也是建设渤海粮仓的优先技术路径。

2. 土壤肥力较低

受“旱、涝、碱、咸、薄”影响，自然植被和作物生长差，植物根系和枯枝落叶在土壤中遗留少。另外，因燃料、饲料、肥料缺乏，秸秆还田少。受季风气候影响，土壤干湿交替明显，土壤氧化过程旺盛，有机质不易积累。土壤有机质、碱解氮和速效磷含量均低于山前平原水平。项目区56.3%的耕地缺氮，38.7%的耕地缺磷，28.6%的耕地缺速效钾，12.6%的耕地土壤有机质含量低于1.0%。在古河道和沙丘、沙带区域，土体属于漏透型结构，土壤多沙，通透性好，保水保肥能力差。近年新出现的盐碱地生物专用肥料，通过改善作物根际周围小环境，提高作物的耐盐碱能力和生产水平，对这类肥料急需扩大生产、示范和推广。

3. 农村经济条件较差

2012年，全省农村居民人均纯收入为8 081元，渤海粮仓项目区仅为7 092元。渤海粮仓项目区是我省贫困县比较集中的地方，区内有国家重点贫困县14个、省级重点贫困县11个。2012年，25个贫困县的农村居民人均纯收入为5 896元，而18个非贫困县的农村居民人均纯收入为8 443元。在贫困区和贫困人口当中，农业及农村经济自我发展能力差。从区域经济结构看，第一产业增加值占GDP的比例高，像邯郸、邢台和衡水市都在20%以上，区域经济非农化程度低。地方财政收入少，财政支农的能力不足（表17～表19）。

表17　河北省渤海粮仓项目区贫困县分布情况

设区市	总数	国家重点贫困县	省级重点贫困县
沧州	7	3（海兴县、南皮县、盐山县）	4（献县、孟村回族自治县、东光县、吴桥县）
衡水	6	4（武强县、饶阳县、武邑县、阜城县）	2（故城县、枣强县）
邢台	6	5（广宗县、威县、新河县、巨鹿县、平乡县）	1（临西县）
邯郸	6	2（大名县、魏县）	4（广平县、馆陶县、鸡泽县、肥乡区）
合计	25	14	11

表 18　河北省渤海粮仓项目区贫困县农民收入情况

区域范围	乡村人口（万人）	农村居民人均纯收入（元）
贫困区 25 县	868. 1	5 896
非贫困区 18 县	768. 4	8 443
项目区	1 636. 5	7 092
全省	5 628. 4	8 081

注：资料来自《河北农村统计年鉴》，2013 年出版

表 19　河北省渤海粮仓项目区人均财政收入情况

区域	总人口（万人）	财政收入（万元）	人均财政收入（元）
邯郸	435. 0	337 432	775. 7
邢台	387. 3	389 016	1 004. 4
衡水	432. 4	764 478	1 768. 0
沧州	682. 1	2 277 263	3 338. 6
合计	1 936. 8	3 768 189	1 945. 6
全省	7 287. 5	34 793 000	4 774. 3

注：资料来自《河北农村统计年鉴》，2013 年出版

三、三大机遇

1. 推进土地流转，有利于规模化经营和机械化水平提高

党的十八届三中全会提出，鼓励农村土地承包经营权流转，发展多种形式规模经营。土地新政的出台，推动了项目区家庭农场、承包大户、农业合作社等新型农业经营主体的发展，由此带来农业经营方式向产业化、规模化、集约化、机械化的转变。规模化经营，有利于降低以土地资源密集为特征的粮食生产成本，提高粮食生产效益；机械化耕作，有利于提高劳动生产效率，促进农业科技成果推广应用，这对粮食生产是有利的。但是，要高度关注土地流转所带来的“非粮化”倾向。

2. 植棉效益下滑，已经出现棉改粮或其他作物的趋向

近年来，由于受国内外市场影响，植棉成本上升，棉花价格却不够理想，植棉效益和比较效益下降；加之植棉机械化水平低，费时费力，影响农村青壮劳力外出打工或经营其他产业；再者国家不再大规模收储棉花，我省也不享受目标价格直补政策，植棉市场风险加大，由此导致我省棉花面积连年下降，2011 年 948 万亩，2012 年 867 万亩，2013 年 724 万亩，2014 年不足 600 万亩。粮棉争地矛盾不存在了，农民自发地将一些棉田改种粮食或其他作物。同样，这对粮食生产是有利的。

3. 现代畜牧业兴起，饲草饲料需求旺盛

京安养猪、蒙牛及君乐宝奶业、首农牧业、宏博牧业等一批农业龙头企业与上市公司，在项目区布局了一批畜产品生产、加工及饲草饲料生产基地，这为发挥该地区土地资源优势，通过牧草生产这个环节，把劣质的土地资源与优质的畜产品生产联系起来，为促进农牧业结合奠定了良好的基础。

四、一个挑战

在灌溉条件不好的情况下，开始实行地下水压采行动。如前所述，项目区的光热条件满足一年两熟是没有问题的，但如果没有灌溉条件，仅靠 500 mm 左右的年降水，不会有高产农业。因此，许多地方在地表水、浅层淡水匮乏的情况下，靠超采深层地下水来维持现实农业生产水平。自 20 世纪 80 年代以来，我省年均超采地下水 50 多亿 m^3，累计超过 1 500亿 m^3，并由此带来地面沉降、海水入侵、河流干枯、湿地萎缩等地质生态问题。在此背景下，中央选择河北作为实施地下水超采综合治理试点，体现了中央对河北工作的关心、支持和信任。项目区是河北省地下水超采最严重的区域之一，也是实施地下水压采限采的重点区域之一（表 20）。压采限采，对于渤海粮仓建设工程来说，无疑是雪上加霜，无疑是实现 15 亿 kg 增粮目标需要面对的最大困难。因此，项目区粮食生产制约在水、潜力也在水。要坚持节水与开源并重原则，在积极蓄积雨洪资源、科学用水、节约用水的前提下，大力推进区域外调水。国家每年分配给我省的引黄用水指标 20 亿 m^3，现在每年引用尚不到 5 亿 m^3。应大力加强引黄配套工程建设和农田节水基础设施建设，在河北低平原建设引黄大灌区，这将是实现项目区粮食增产、生态改善的希望所在。同时，利用比较效益发展抗旱节水的杂粮产业，实现节水增粮增效多重目标。

表 20　2014 年试点区地下水超采综合治理分市分项目标

设区市	地下水压采量（亿 m^3）		
	农业措施	水利措施	小计
衡水	1.60	2.20	3.80
沧州	0.56	0.56	1.12
邯郸	0.48	0.71	1.19
邢台	0.69	0.64	1.33
合计	3.33	4.10	7.44

第四节　行动方案的指导思想、基本原则与发展目标

一、指导思想

以党的十八届三中全会和中共河北省委八届六次会议精神为指导，认真贯彻落实习近平总书记提出的“中国人的饭碗任何时候都要牢牢端在自己手上，我们的饭碗应该主要装中国粮，给农业插上科技的翅膀”的要求，以高效利用光温水土资源为主要手段，以节约灌溉水、压采地下水为基本约束，按照“增产增效并重、良种良法配套、农机农艺结合、生产生态协调”的总体思路，依据“生态优先、节水改土、稳夏增秋、棉改增粮、粮饲结合、集约经营”的技术路线，创新体制机制，完善科技支撑，加速示范推广，在继续发挥棉花抗旱耐瘠耐盐碱优势的同时，着力提高中低产田粮食综合生产能力和粮食当量，深入推进渤海粮仓科技示范工程，努力完成“节水、增粮”双目标，为促进区域“四化”同步发展做出更大贡献。

二、基本原则

1. 树立“大粮食”观念

就是要统筹解决口粮、饲料和工业用粮问题。目前我国粮食进口主要是解决饲料粮短缺。要通过中低产田改造和棉田改制，扩大粮食种植面积，增加小麦、玉米等主要粮食作物产量。按照“农牧结合、粮饲结合”原则，调整种植结构，适当发展青贮玉米、杂粮、薯类、牧草等作物，提升粮食生产能力和粮食当量水平。

2. 坚持生态节水优先

将该项目与全省地下水超采综合治理试点、山水林田湖生态修复等生态项目结合起来，以当地可利用水资源为支撑条件，实行生物、农艺、工程和管理节水相结合，构建起节水灌溉、蓄雨旱作粮食生产体系。依靠科技进步与管理，切实防止“粮仓区超采、压采区减产”发生，努力实现项目区“节水、增产”双目标。

3. 培育新型经营主体

鼓励和引导农用土地向专业大户、家庭农场、专业合作社、龙头企业等新型农业经营主体流转，调动他们参与渤海粮仓项目的积极性和主动性，发挥他们支撑适度规模经营的骨干作用、服务农业生产的纽带作用和对接市场的桥梁作用。用农业经营规模化带动农业机械化，用农业机械化带动农业标准化和农业现代化。

4. 构建新型服务体系

作为一项科技示范工程，只有建立完善的科技服务体系，才能凸显科技的先导作用。在充分发挥当地农业科技推广队伍作用的同时，通过资金拉动、政策驱动和市场竞争，把掌握“肥、种、药、机、管”等先进生产要素、分散在产学研各领域的科技力量，吸引到渤海粮仓这个“大舞台”，优化资源配置，构建新型农业生产服务体系，让多种科技力量紧紧围绕“节水、增粮”这个大目标，展示自己的才华，推广先进的成果，服务农业的发展。

5. 调动多方面积极性

渤海粮仓科技示范工程是一项系统工程，必须尊重各方面的意愿，调动各方面的积极性。要充分调动当地政府、科研单位、大专院校和农民及各类新型农业经营主体的积极性，提高参与程度，加大支持力度，构建起产学研、农科教相结合的技术协同创新和示范推广体系，为项目实施提供强有力的科技支撑。

三、总体目标

全面研发、集成、示范、推广抗逆作物品种、盐碱地改良利用、中低产田快速培肥、微咸水安全灌溉与雨洪资源利用、棉田增粮等“土、肥、水、种、密、保、管、工”等实用技术成果，通过建立核心区、示范区和辐射区，到 2017 年，项目区粮食生产能力、生态环境、生产条件有明显提高和改善，实现增粮 15 亿 kg、节水 7 亿 m^3；到 2020 年实现增粮 25 亿 kg、节水 10 亿 m^3。

第五节　工作布局

一、技术路径

1. 增粮路径

（1）粮田增粮

通过“土、肥、水、种、密、保、管、工”等实用技术成果应用和构建节水灌溉、微咸水补灌、蓄雨旱作粮食生产体系，提高中低产粮田单产水平。

（2）棉田增粮

通过调整棉田区域布局、发展粮棉套种和适宜棉田种植制度改革，增加粮食播种面积。

（3）替代增粮

利用瘠薄旱地和盐碱荒地种植苜蓿豆科与禾本科牧草，改良土壤，培肥地力，草粮轮作，既藏粮于饲、以草代粮，又为作物种植拓展空间，以及发展低酚棉种植、增加饲料蛋白资源等。

2. 节水路径

（1）生物节水

通过调整种植结构，发展节水耐旱作物或品种，压缩高耗水作物或品种实现节水。

（2）农艺节水

推广冬小麦春一水节水稳产配套技术、春玉米雨养旱作保护性耕作技术以及小麦、玉米水肥一体化节水技术等。

（3）工程节水

加强农田水利基础设施建设，大力推广垄沟防渗和小畦灌溉，积极发展微灌、喷灌等高效节水灌溉模式。加强坑塘集雨工程建设，合理利用浅层微咸水资源，以减少对深层淡水的开采。

（4）管理节水

建立符合市场导向的农业水价调节机制，推进农水管理体制改革，推广测墒灌溉、定额配水、智能节水、节奖超罚、水权交易等措施，严格控制地下水的无序开采。

二、科技支撑

1. 组建创新团队

以中国科学院、河北省农林科学院、项目区所在地的农业科研单位和大专院校为主体，组建技术创新研发队伍，组织开展适宜技术的研发、引进与技术集成，为项目实施提供科技支撑和培训服务。创新团队下设科技特派团，派驻各重点示范县，与地方结合，围绕“百亩试验田、千亩示范方、万亩辐射区”开展工作。

2. 构建服务体系

引入竞争机制，鼓励产学研结合，实行市场化运作，面向整个项目区，构建以示范推广新技术新成果为主的新型科技服务组织。主要包括：粮、棉新品种示范推广体系；牧草新品种及新兴替代作物示范推广体系；盐碱地专用肥示范推广体系；粮田节水新技术、新设备示范推广体系；高效安全植保新技术服务体系（组织）；小麦、玉米全程机械化服务体系（组织）。

创新团队与服务体系的工作各有侧重，前者负责技术方案组装和“点”上工作落实，后者负责专业技术推荐和“面”上技术服务。二者密切配合，共同担负起为“渤海粮仓”项目提供科技支撑的重任。

3. 选建示范基地

在项目区选择南皮等有代表性的县（市）作为重点示范县（市），率先启动，发挥引领带动作用。同时，在宁晋县和曹妃甸区分别建立微灌与水肥一体化、重度盐碱地改良利用研究基地。重点示范县采用“百、千、万”工作方式，以及“县域总指挥+科技特派团+新型经营主体”管理模式。县长或主管县长任县域总指挥，科技特派团团长任技术负责人，新型经营主体为项目实施的法人实体。

三、进度要求

1. 2014 年打基础

组建创新团队，建立服务体系，选建重点示范基地，完成合同任务书的签订工作，明确责任与任务。根据各区域特点和技术特色，初步筛选各示范基地的主推技术模式，并示范应用取得初步效果。适时组织现场观摩会，召开省渤海粮仓项目推进会。

2. 2015 年扩范围

调整、优化重点示范基地布局，完善主推技术模式。同时，由项目区所在地设区市科技局组织，发挥科技特派团和重点示范基地的引领带动作用，与当地政府和农业经营主体结合，在项目区各县（市）建立主推技术模式的千亩示范方及万亩辐射区。

3. 2016 年全铺开

进一步完善各区域主推技术模式，充分发挥千亩示范方和万亩辐射区的引领带动作用，通过组织新型经营主体和农民代表进行现场观摩和技术培训，使主推技术模式在适宜推广区域得到全面推广应用。

4. 2017 年搞总结

在进一步扩大主推技术模式在适宜推广区域的推广应用的同时，总结完善主推技术模式和推广应用取得的实际效果，整理、归档技术资料，按照合同要求组织阶段性验收，兑现奖惩措施。

四、重点任务

1. 主推一批技术模式

根据项目区农业资源特点，按照“节水”“增粮”技术路径要求，推广一批成熟的技术模式。重点推广以下技术模式。

(1) 棉麦双丰一年两熟栽培技术模式

技术核心：改连作棉田为棉麦“一年两熟”。

适宜范围：冀中南低平原灌溉条件较好的棉田。

推广面积：10 万亩。

技术指标：棉花基本不受影响，亩增收小麦 350 kg，亩节水 50 m^3。

(2) 两年三熟棉粮轮作栽培技术模式

技术核心：改连作棉田为棉花与“小麦+夏玉米”或“小麦+夏谷”轮作，实现两年三熟。

适宜范围：冀中南低平原灌溉条件较好的棉田。

推广面积：120 万亩。

技术指标：亩产小麦 350 kg、玉米 450 kg 或谷子 250 kg，亩节水 50 m^3。

(3) 农牧结合型低酚棉栽培技术模式

技术核心：改普通棉品种为低酚棉品种，把纤维、油脂与饲料蛋白生产结合起来；集中连片种植，注意与普通棉品种隔离。

适宜范围：河北低平原。

推广面积：10 万亩。

技术指标：皮棉产量基本不受影响，实现亩产无毒棉籽仁 90 kg。

(4) 小麦、玉米微灌节水水肥一体化超吨粮田技术模式

技术核心：采用不同限水微灌技术，实现水肥一体，提高水肥利用率。

适宜范围：冀中南低平原土壤肥力较高的灌溉粮田。

推广面积：10 万亩。

技术指标：年亩产小麦玉米 1 200 kg 以上，年亩灌水总量不超过 120 m^3，亩节水 70 m^3。

(5) 小麦、玉米微咸水补灌与节水微灌吨粮田技术模式

技术核心：合理利用浅层微咸水。

适宜范围：河北低平原浅层微咸水分布区。

推广面积：1 500 万亩。

技术指标：年亩产小麦玉米 1 000 kg 以上，亩节淡水 50 m^3以上。

(6) 杂粮轻简化高效栽培技术模式

技术核心：谷子免人工间苗、除草，棉豆套种。

适宜范围：河北低平原夏谷区、棉区。

推广面积：夏谷 60 万亩，棉豆套种 10 万亩。

技术指标：亩产谷子 250 kg 以上，亩增收杂豆 50 kg 以上。

(7) 雨养旱作亩增粮百公斤技术模式

技术核心：深耕蓄雨、覆盖保墒、合理密植、科学施肥。

适宜范围：河北低平原雨养旱作区。

推广面积：50 万亩。

技术指标：年亩增粮 100 kg 以上。

(8) 粮草轮作增产增效技术模式

技术核心：利用牧草耐盐耐瘠、改土培肥特性，实行草粮轮作。

适宜范围：河北低平原及滨海平原瘠薄旱地和盐碱荒地。

推广面积：10 万亩。

技术指标：饲草、玉米单产分别提高 20%以上，化肥和降雨利用效率提高 15%以上，亩节本增效 150 元以上。

上述主推技术由项目区所在县（市）政府组织力量进行推广。各地在推广中对技术模式的选择有所侧重，形成如下区域技术格局：沧州，雨养旱作、咸水利用、草粮轮作、杂粮栽培；衡水，雨养旱作、咸水利用、草粮轮作、水肥一体化；邢台，雨养旱作、粮棉轮作、低酚棉推广、杂粮栽培、水肥一体化；邯郸，棉麦双丰、低酚棉推广、水肥一体化。

2. 转化一批科技成果

围绕实现“节水、增粮”目标，面向京津冀、国内外科研单位、大专院校、涉农企业和新型农业经营主体，以竞争招标和产学研结合方式，筛选一批新成果在项目区进行规模化示范。重点项目包括：抗旱耐盐小麦新品种示范；节水稳产小麦新品种示范；抗旱耐密玉米新品种示范；适合机收玉米新品种示范；早熟、低酚棉新品种示范；适合机采棉花新品种示范；棉麦双丰配套新品种示范；轻简栽培谷子新品种示范；牧草新品种及新兴替代作物示范；盐碱地专用生物肥示范；盐碱地专用配方肥示范；缓释肥与土壤保水剂示范；滨海重度盐碱地脱盐治理技术示范；高效安全植保新技术示范；农业节水新技术示范；农业节水新设备示范；雨洪资源化利用示范；粮田节水规模化示范；信息技术在节水中的应用；小麦、玉米全程机械化规程示范。

上述成果转化由中标单位负责组建服务体系，通过“千亩示范方、万亩辐射区”进行展示。示范地点、规模和技术指标由合同约定。

3. 研发一批关键技术

针对“节水、增产”中的关键、共性问题，各科技特派团在重点示范基地联合开展一批技术研发。统一设计、多点试验，用空间争取时间，加快技术创新和对现有技术模式的完善。重点研发项目如下。

(1) 粮棉作物新品种抗旱节水耐盐丰产性能评价

在模拟和自然条件下，研究不同小麦、玉米、棉花新品种的抗旱、节水、耐盐、丰产性能，为不同生态区及不同种植模式推荐适宜品种。

(2) 小麦玉米一年两熟稳夏增秋节水高效关键技术研究

筛选小麦春一水亩产稳定通过 400 kg 的品种，研究夏玉米增密度、防早衰关键技术，实现周年节水高效亩产吨粮目标。

(3) 小麦玉米微灌水肥一体化关键技术模式研究

开展小麦、玉米微灌及水肥一体化不同技术模式研究，建立不同区域亩产稳定 1 200 kg 以上的现代节水型粮食高效种植制度。

(4) 杂粮轻简高效生产关键技术研究

以谷子、高粱为重点，开展盐碱旱地配套栽培技术研究、不同区域最佳间作轮作模式研究、农机与农艺配套技术研究，推动环渤海杂粮轻简高效生产。

(5) 冀南低平原粮棉双丰关键技术研究

研究棉花与不同作物套种轮作模式下的土壤生态及施肥技术、病害发生及防治技术，实行农机农艺结合，逐步实现全程机械化。

(6) 棉改粮不同种植模式及关键技术研究

以水资源为农作物空间布局依据，研究与之相适应的作物（品种）组合模式，提高光热水土资源利用率，促进粮棉、农牧共同发展。

(7) 低酚棉新品种示范及高效利用研究

研究不同环境条件下低酚棉配套栽培技术，开展牧草式低酚棉及低酚棉副产品综合利用试验，建立低酚棉高产种植、高效利用新模式。

(8) 河北省滨海盐碱地植棉关键技术研究

研究滨海重度盐碱地棉花出苗保苗和后期盐害治理关键技术，开发利用苦咸水资源，为棉花东移拓粮战略实施提供技术支撑。

(9) 不同种植模式下农田土壤养分供应特征及高效施肥技术

通过研究渤海粮仓项目区主要种植模式下的农田土壤肥力特征、土壤养分供应特征、作物养分需求特征、作物生长发育特征和产量形成特征，构建不同种植模式下最佳养分管理技术模式。

(10) 高矿化度微咸水安全灌溉技术研究

研究冬小麦—夏玉米、棉花等作物对高矿化度（4～5 g/L）微咸水灌溉的反应，通过土壤生态调控和耕作栽培技术消减其不利影响，为渤海粮仓建设提供水资源支撑。

(11) 雨洪资源高效利用关键技术研究

研究雨洪资源形成过程，提高坑塘雨洪蓄积能力，根据水质情况科学利用雨洪资源，构建坑塘雨洪集蓄转化与高效利用技术规范。

(12) 雨养旱作区“两年三作”耕作种植制度关键技术研究

研究提出适宜的种植模式，明确品种、密度、肥水管理和病虫害防治等关键技术，研发配套农机具，实现农机农艺结合。

(13) 节水养地型草粮双丰高效种植模式及配套技术研究

在盐碱地、沙荒地、冬闲田条件下，筛选适宜牧草及作物品种，研究栽培管理关键技术，集成建立节水养地型草粮双丰种植模式。

(14) 淤泥质滨海盐土区“梯次推进”改土增粮技术模式研究

实行工程措施与生物措施结合，建立植被梯次演替生物改良技术模式，实现“滨海盐土→强盐渍化土→中度盐渍化土”梯次降级，土壤理化性状梯次改善，为盐碱荒地种粮、增粮提供技术支撑。

(15) 杂粮综合利用技术研究

以谷子、高粱、黍子等杂粮及其副产品为对象，研究营养成分复配、现代发酵、干燥等技术在杂粮产品综合利用中的应用，开发新型杂粮加工产品，提高杂粮综合利用效率，延长杂粮产业链。

第六节 投资规划、效益估算与保障措施

一、投资规划

1. 财政投资估算（3.798 亿元）

2014 年河北省财政预算为5 000万元，2015 年预算为5 500万元，2016 年和 2017 年预算分别为 1 亿元，4 年累计为 3.05 亿元。自 2015 年开始，示范区所在地县政府按省财政拨款额的 50% 匹配资金，3 年累计为 7 480万元。省、县两级财政合计投资为 37 980万元。财政资金主要用于：示范推广补助、共性技术研发、绩效考核奖励和项目运行保障等（表 21）。

表 21 2014—2017 年省财政投资预算

项目名称	2014 年		2015 年		2016 年	2017 年
	个数	小计	个数	小计	小计	小计
试验研究			12	1 200	1 500	1 500
成果转化	6	1 240	13	1 300	1 500	1 500
重点示范县（1）	13	3 450	6	600	1 200	1 200
重点示范县（2）			8	640	1 600	1 600
一般示范县			29	1 160	3 480	3 480
绩效奖励	1	310	1	400	480	480
组织管理			4	200	240	240
合计		5 000		5 500	10 000	10 000

注：2015 年预算数不含省科技厅计划出资 800 万元

2. 生产投资估算（4.705 亿元）

根据表 22 资料估算，由于推广八大技术模式，相关经营主体和农业企业，在计算期内（2014—2017 年）预计新增生产投资 47 050万元，主要用于农业基础条件改善和新增生产资料购置。

表 22　河北省渤海粮仓项目区八大主推技术模式增产增效预测

技术模式	面积（万亩）	亩增产（kg）	亩节水（m^3）	亩新增成本（元）	总计			备注
					增粮（万 kg）	节水（万 m^3）	增效（万元）	
1. 棉麦双丰	10	350	50	520	3 500	500		
2. 棉粮轮作								实质是增加粮食面积、减少棉花面积，故不做增效计算
（1）小麦+夏玉米	60	800	50		48 000	3 000		亩增小麦 350 kg、玉米 450 kg
（2）小麦+夏谷	60	600	50		36 000	3 000		亩增小麦 350 kg、谷子 250 kg
3. 低酚棉栽培	10	90			900	0		亩增量为棉籽仁
4. 小麦、玉米微灌节水水肥一体化超吨粮	10	150	70	130	1 500	700		亩增小麦 50 kg、玉米 100 kg
5. 小麦、玉米微咸水补灌节水吨粮	1 500	35	50	24	52 500	75 000		按补灌增产 70 kg、替灌不增产，平均计
6. 杂粮栽培	10	50		140	500	0		谷子清简栽培已在棉粮轮作包括，这里仅计棉豆套种增产杂豆的产量
7. 雨养旱作					0	0		
（1）春玉米	25	120		80	3 000	0		
（2）小麦+夏玉米	25	130		30	3 250	0		亩增小麦 35 kg、玉米 95 kg
8. 草粮轮作	10	320		40	3 200	0		5 年苜蓿+2 年春玉米为一个周期，年增产 320 kg 系玉米年增 120 kg、苜蓿年增 400 kg 合成
合计	1 720				152 350	82 200	95 338. 6	

二、效益估算

1. 社会效益

累计增加粮食生产能力 15. 24 亿 kg。其中部分原因是棉改增粮，一旦社会增加对棉花的需求，可以在滨海盐碱地上植棉补充，本项目为棉花东移拓粮战略实施提供了技术储备。

2. 经济效益

扣除棉改粮增产，实际技术增产粮食 6. 84 亿 kg。按综合平均价 2. 6 元/kg 计算，新增社会产值 17. 78 亿元。扣除财政投资和新增生产费，获经济效益 9. 53 亿元。财政投资收益率为 1：2. 51。

3. 生态效益

通过推广多种方式的节水技术，共计节水 8. 22 亿 m^3，完成地下水压采指标，使地下水超采局面得到明显改善。

三、保障措施

1. 加强组织领导，强化工作责任

在中共河北省委、省政府领导下，建立由河北省政府主管领导任组长，河北省科技厅、农业厅、财政厅、水利厅、河北省农林科学院和邯郸、邢台、衡水、沧州市政府主管领导为成员的领导小组，会同省直有关部门，研究解决项目执行中遇到的重大问题。成立项目管理办公室，挂靠在河北省农林科学院，负责项目管理具体工作。邯郸、邢台、衡水、沧州市科技局，负责辖区内项目的组织管理与督导落实。项目区各县（市）政府，成立由县长或主管领导任指挥长的工程指挥部，制订具体实施方案，明确目标任务，强化工作举措，确保本规划的顺利实施。

2. 完善配套政策，强化资金保障

配套政策集中体现在资金支持上。第一，项目区所在县（市）政府，要按照省拨专项资金 1：0. 5 的比例提供配套资金，重点用于成果示范推广补助、共性关键技术研发等；第二，按照“渠道不乱、用途不变、分口管理”的原则，以项目县为责任主体，以县长为责任人，整合相关的涉农项目和资金，重点向示范区倾斜，改善粮食生产条件，挖掘农业生产潜能；第三，在项目区以农作物良种、农机、肥料等物化补贴机制为手段，引导推进土地流转，实现粮食生产规模经营，提高粮食种植规模效益；第四，在积极争取国家资金支持的同时，创新金融产品、优化信贷环境，建立多元化投融资体制，广泛吸纳社会资金支持粮食生产。加大农业政策性保险力度，降低粮食生产风险。

3. 加强宣传引导，强化机制创新

渤海粮仓科技示范工程是一项科技先导型项目，搞好该项目，必须实行政府主导、科技支撑、政技结合。项目区各县（市）要大力宣传建设渤海粮仓项目的重要意义，鼓励和支持各类市场主体参与项目实施。加强对外科技合作，充分利用京津智力及创新资源，增强河北省渤海粮仓项目实施的科技支撑能力。河北省科技厅、河北省农林科学院会同有关部门要制定相关管理办法和示范田建设标准，定期对项目实施情况进行联查观摩和督导检查，确保项目进度符合要求、资金使用符合规范。

4. 注重绩效考核，强化任务落实

渤海粮仓科技示范工程重点任务包括 3 个方面。其中，技术推广以政府为主导，成果示范以新型服务体系（组织）为主导，研发课题实行项目法人单位负责制。3 个方面都要有明确的任务指标和完成时限，用合同方式进行管理。渤海粮仓项目管理办公室，要按照项目总体要求分解目标，制订年度工作计划，一步一个脚印地抓好落实。河北省科技厅、河北省农林科学院会同有关部门，要强化对项目的绩效考核，对成绩突出的单位和个人要表彰奖励；对于没有完成任务的要通报批评；对挪用、套取资金的，要按照隶属关系移交有关部门追究责任。

第二章

河北省渤海粮仓科技示范工程实施区域空间分布研究

第二章

为保障河北省渤海粮仓科技示范工程顺利实施，我们利用遥感和 GIS 技术手段对河北省渤海粮仓项目区农业资源状况及主要农作物分布等进行了研究，主要包括：项目区 43 县市的土壤类型分布、土壤养分分布、光温、降水等农业资源状况分布以及研究区域范围内小麦、玉米、棉花、果树和设施蔬菜等作物信息解译提取及空间分布布局研究，为河北省渤海粮仓项目管理决策提供基础依据。

第一节　区域划分研究

利用地理信息（GIS）技术确定河北省渤海粮仓项目研究区域边界，并绘制研究区域图，如图 1 所示。

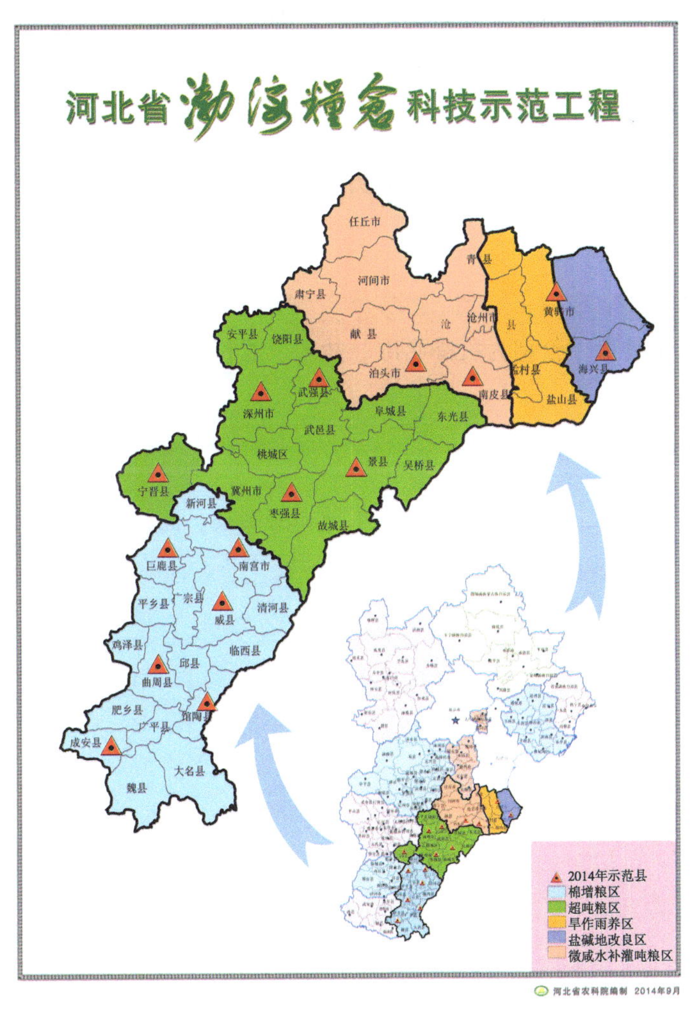

图 1　河北省渤海粮仓项目研究区域

河北省渤海粮仓科技示范工程项目研究区域最终确定为 43 个县市，总面积为 33 772. 9 km^2。主要集中分布在沧州、衡水、邢台、邯郸等地，根据土壤条件、气候条件、作物种植情况不同，将研究区域划分为 5 个不同的生态类型区，由南至北依次为棉增粮区、超吨粮区、微咸水补灌吨粮区、旱作雨养区和盐碱地改良区。

1. 棉增粮区

主要包括：17 个县市，分别为新河、巨鹿、平乡、南宫、广宗、威县、清河、临西、曲周、邱县、广平、馆陶、成安、魏县、大名、鸡泽、肥乡等，集中分布在邢台和邯郸地区，面积约 9 972. 1 km^2。

2. 超吨粮区

主要包括 14 个县市，分别为安平、饶阳、深州、武强、武邑、景县、阜城、桃城区、冀州、枣强、故城、东光、吴桥、宁晋等，集中分布在整个衡水地区和沧州地区的西南部，面积约 11 217. 9 km^2。

3. 微咸水补灌吨粮区

主要包括 8 个县市，分别为南皮、泊头、献县、肃宁、河间、任丘、沧县及青县西部等，面积约 7 326. 6 km^2。

4. 旱作雨养区

主要包括 5 个县市，分别为黄骅西部、盐山、孟村、沧县和青县的东部地带，面积约 3 047. 5 km^2。

5. 盐碱地改良区

主要包括 2 个县市，分别为黄骅市的东部和海兴县，面积约 2 208. 8 km^2。

第二节　区域农业资源空间分布研究

一、土壤资源的空间分布研究

河北省渤海粮仓项目研究区域总面积约 33 772.9 km²，其中土壤面积约 33 118.3 km²，占区域总面积的 98.06%；水系面积约 187.9 km²，占区域总面积的 0.56%，主要包括南大港湿地、骅南淀湿地、海兴湿地、杨埕水库、大浪淀水库、衡水湖等；另，盐场面积约 466.6 km²，占区域总面积的 1.38%，主要包括黄骅盐场和海兴盐场等，具体如图 2 所示。

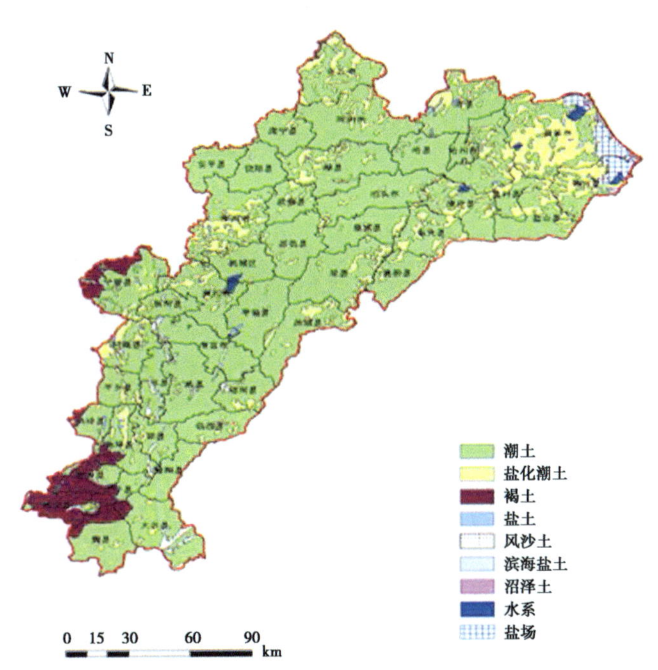

图 2　河北省渤海粮仓研究区域土壤类型分布

项目区土壤类型多样，包括潮土、褐土、风沙土、盐土、滨海盐土、沼泽土等。在不同土壤中，其中潮土面积最大，为 30 887.3 km²，占区域总面积的 91.46%；盐化潮土又是潮土的主要组成部分，其面积约 5 626.1 km²，占区域内潮土总面积的 18.21%。其次是褐土，该类土壤主要分布在邯郸魏县的北部、成安、肥乡、广平、曲周的西南部及邢台宁晋县的西北部一带，面积约 1 548.3 km²，占区域总面积的 4.58%；项目区风沙土主要分布在邯郸、邢台区域范围内，主要包括邯郸的邱县、馆陶、大名和邢台的南宫、巨鹿、广宗、威县、清河等地，面积约 407.5 km²，占区域总面积的 1.21%；滨海盐土和沼泽土则主要分布在黄骅、海兴的东部沿海一带，面积约 138.3 km^2，占区域总面积的 0.41%，具体见表 1。

表 1　河北省渤海粮仓研究区域土壤面积

土类	土壤面积（m^2）	土壤面积（km^2）	区域总面积（km^2）	所占比例（%）
潮土	30 887 303 788.1	30 887.3	33 772.9	91.46
褐土	1 548 255 634.9	1 548.3	33 772.9	4.58
盐土	136 985 045.9	137.0	33 772.9	0.41
风沙土	407 467 261.0	407.5	33 772.9	1.21
滨海盐土	122 405 892.9	122.4	33 772.9	0.36
沼泽土	15 923 264.7	15.9	33 772.9	0.05
水系	187 921 547.5	187.9	33 772.9	0.56
盐场	466 591 928.1	466.6	33 772.9	1.38

二、土壤养分的空间分布研究

根据项目区域边界，利用 GIS 空间技术对项目区土壤养分分布进行了图形标注。主要包括土壤盐渍化分布、土壤有机质、土壤 pH 值及全 N、全 P、全 K 等土壤养分分布情况（图 3～图 8）。

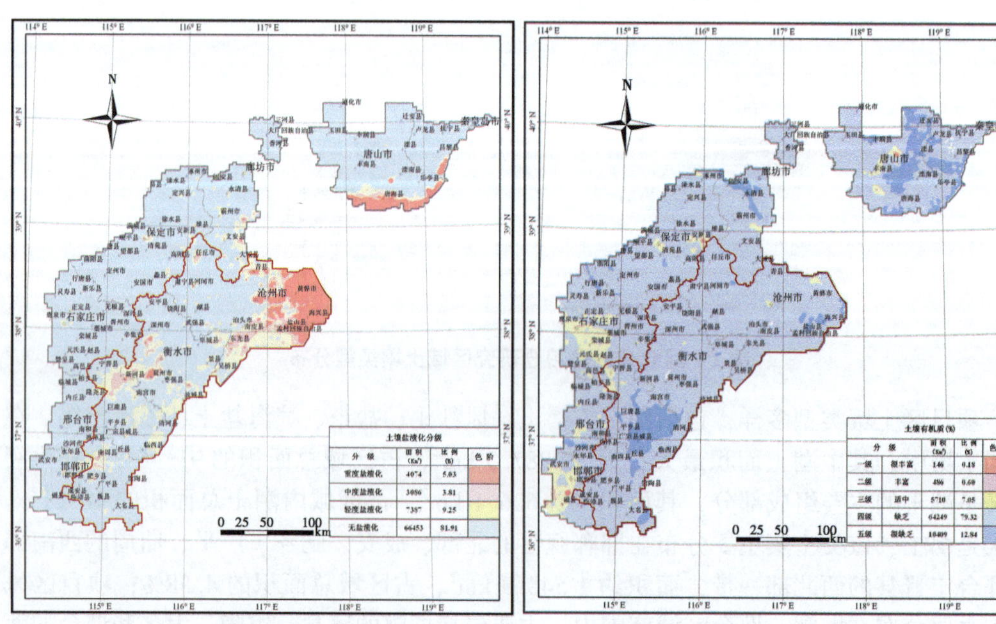

图 3　河北平原土壤盐渍化分布　　图 4　河北平原土壤有机质分布

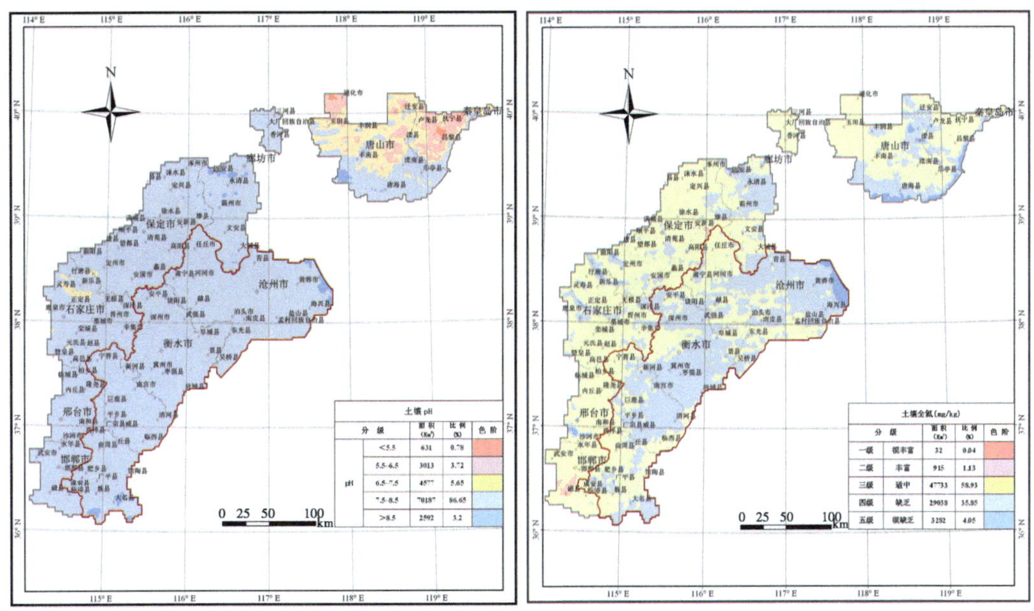

图 5　河北平原土壤 pH 值分布　　　　图 6　河北平原土壤全 N 分布

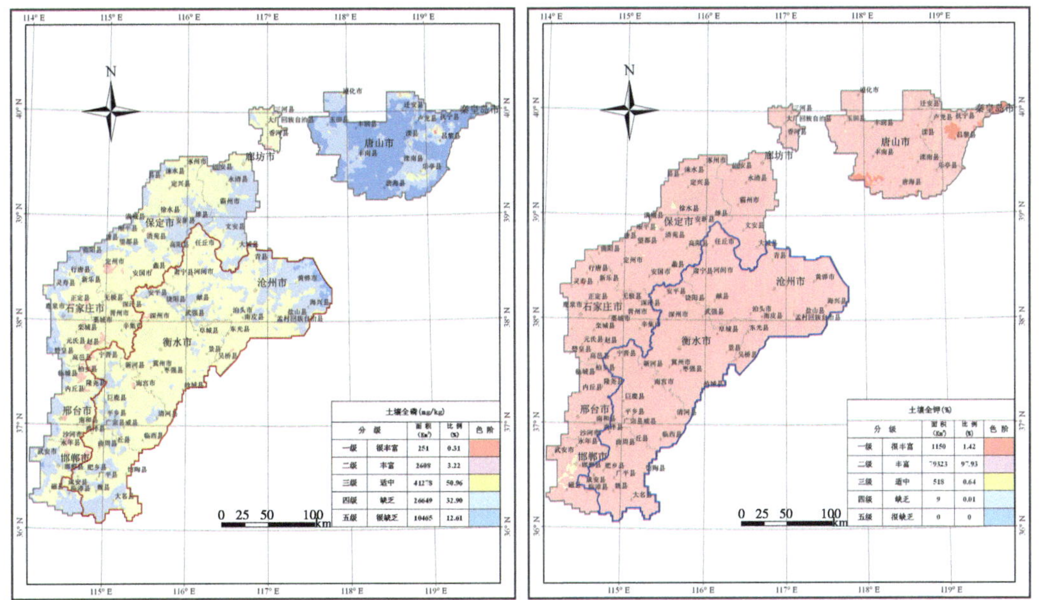

图 7　河北平原土壤全 P 分布　　　　图 8　河北平原土壤全 K 分布

三、气候资源的空间分布研究

根据项目区 1981—2010 年 30 年平均气象数据，对区域气候条件空间分布进行了图形标注。主要包括多年平均气温、无霜期、0℃积温、10℃积温、日照时数、降水等分布情况（图 9～图 14）。

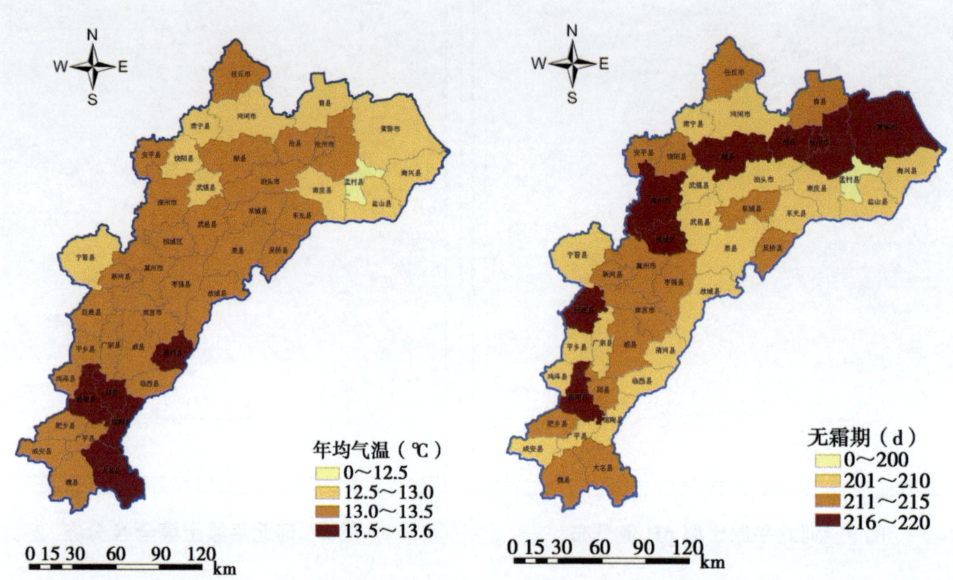

图 9　河北省渤海粮仓项目区年均温度分布　　**图 10　河北省渤海粮仓项目区无霜期分布**

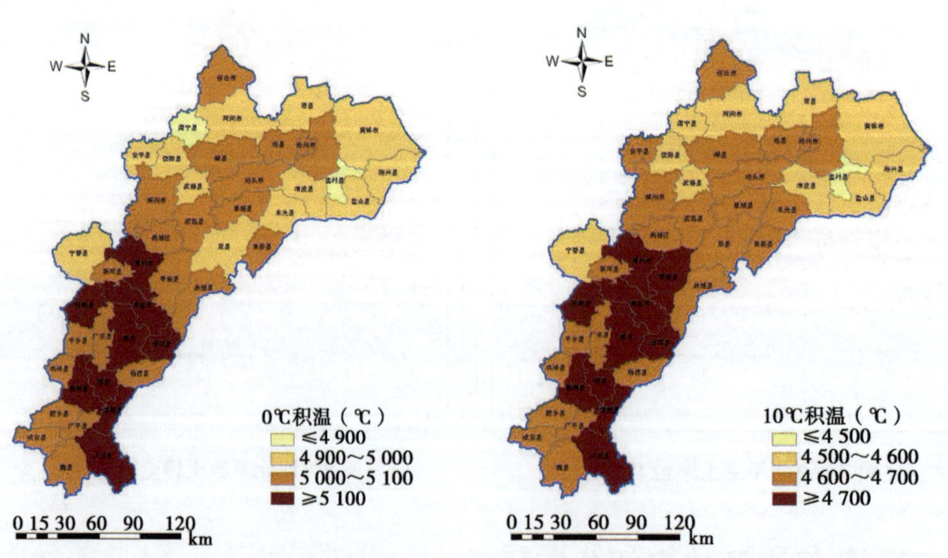

图 11　河北省渤海粮仓项目区 0℃积温分布　　**图 12　河北省渤海粮仓项目区 10℃积温分布**

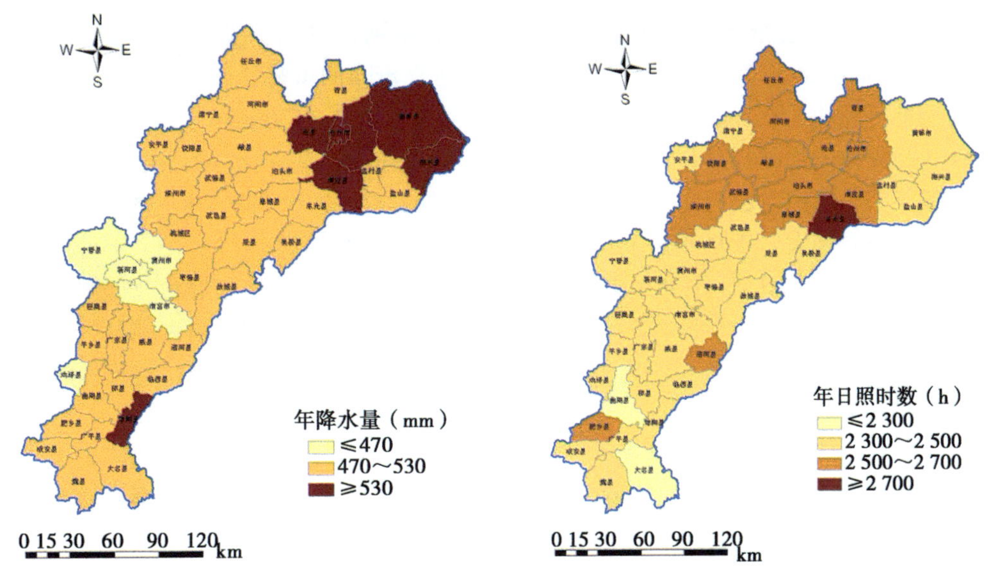

图 13　河北省渤海粮仓项目区年降水量分布　　**图 14　河北省渤海粮仓项目区年日照时数分布**

温度是影响作物生长的重要因素，河北省渤海粮仓区域多年平均气温为 13.2℃，变化幅度在 12.5～13.6℃，呈现由北向南逐渐增加趋势，越是北部临近沿海地区年平气温越低，比如，孟村县年均温度仅 12.5℃。相反，南部地区年均气温较高，如大名、馆陶、曲周、邱县等地年均温度可达 13.6℃，与最低气温相比，相差 1.1℃。

作物在生长发育时期，不仅要求一定的温度水平，而且还需要一定的热量总和，此热量总和通常是用该时期逐日气温的累积值表示，这个累积值就是积温。通常积温可分为活动积温和有效积温。一般 10℃是大多数作物生长的下限温度，我们把每年日平均温度稳定通过 10℃这天起，到稳定结束 10℃这天止，期间逐日平均气温的累加值，就叫大于 10℃活动积温，简称积温。

河北省渤海粮仓研究区域 10℃以上多年平均积温为 4 640.0℃，变化幅度在 4 462.0～4 747.3℃，呈由北至南积温逐渐升高趋势。从图中可以看出，北部的孟村积温最低，为 4 462℃；其次是黄骅、海兴、盐山、南皮、肃宁、饶阳、武强、宁晋等地，积温在 4 500～4 600℃；冀州、枣强、南宫、巨鹿、威县、清河以及邯郸的大名、馆陶、曲周、邱县一带积温较高，达 4 700℃以上，其他各县多年平均积温也在 4 600～4 700℃，从积温空间分布角度来看，渤海粮仓研究区域积温均可满足小麦—玉米等一年两熟的复种制度。

无霜期是指一年中终霜后至初霜前的一整段时间。河北省渤海粮仓区域多年无霜期平均为 211 d，其变化幅度在 199～218 d，其中黄骅、深州、巨鹿等地无霜期最长，可达 218 d，而孟村等地无霜期较短，仅 199 d，该区域无霜期之差可达 19 d。

降水量是衡量一个地区降水多少的指标，它是指从空中降落到地面上的液态和固态（经融化后）降水，没有经过蒸发、渗透和流失而在水平面上积聚的深度，单位是毫米。河北省渤海粮仓研究区域多年平均降水量约为 500 mm，其变化幅度在 449. 1～547. 1 mm。其中宁晋降水量最少，为 449. 1 mm，新河、冀州、南宫、鸡泽降水量较少，在 450～470 mm，降水量较多的区域主要集中在沧州的黄骅、海兴、沧县、南皮等地，降水量可高达 540 mm 左右；其他各县降水量均在 470～530 mm。

日照时数与作物临界日长有很大关系，从而影响作物花芽分化。河北省渤海粮仓研究区域多年平均日照时数为 2 467. 6 h，变化幅度在 2 270. 1～2 737. 7 h。从空间分布图可以看出，曲周和大名年日照时数较少，分别为 2 270. 1和 2 278. 4 h；绝大部分区域日照时数为 2 300～2 500 h，主要集中分布在沧州东部、衡水中南部、邢台及邯郸大部分地区；其他部分区域日照时数为 2 500～2 660 h，主要集中分布在沧州大部分区域和衡水北部地区。在整个项目区范围内，东光日照时数最长，达 2 737. 7 h，与日照时数最短的曲周相比，多 476. 7 h。

综上所述，从气候资源空间分布可以看出，渤海粮仓区域热量资源较为丰富，无霜期较长，年降水量较多，但降水年内分配不均，绝大多数降水主要集中在夏秋季节，而春季干旱少雨，对春季作物生长有很大影响。

第三节　农作物空间分布研究

河北省渤海粮仓科技示范工程实施区域作物主要包括小麦、玉米、棉花、果树和蔬菜等，其面积和空间分布决定了各种技术模式实施的区域和面积大小。为快速准确地获取这些数据，避免工作的盲目性，我们采用了遥感技术进行研究。

一、遥感影像的获取

随着科技的不断发展，遥感技术在农业领域广泛应用，在实际科研工作中，对于遥感数据的选择，除了需要考虑遥感数据的空间分辨率、时间分辨率和光谱分辨率等因素外，还需要考虑具体监测要求、数据可用性、成本等因素。陆地资源卫星 Landsat 系列数据因其数据获取时间跨度大，并且可以在 USGS 网站下载获取，在区域和局地等范围的资源环境调查、灾害评估预报、土地利用变化动态监测等领域具有广泛的适用性。根据 Landsat 影像的波谱特征（表 2 和表 3），针对“河北省渤海粮仓科技示范工程”研究区域气候特点和目标作物生长发育规律，分别确定冬小麦、玉米和棉花等目标作物的最佳遥感影像信息提取时期，4—5 月冬小麦光谱特征极为明显，同期秋季作物因植株矮小，叶面积指数较小，尚未遮盖地面，与同期冬小麦光谱反射差异较大，因此选取此时的遥感影像有利于冬小麦的解译和提取。8—9 月的遥感影像则有利于提取玉米、棉花等秋季作物分布信息。

冬小麦 2014 年遥感影像数据集获取 5 景覆盖研究区域的 Landsat8 OLI 影像，每景影像覆盖面积约 185 km^2×185 km^2。其中 2 景日期为 4 月 22 日，轨道号分别为 122033 和 122034；另外 3 景日期为 4 月 29 日，轨道号分别为 123033、123034 和 123035。

秋季作物的 2014 年影像数据集获取 5 景覆盖研究区域的 Landsat8 OLI 影像，每景影像覆盖面积约 185 km^2×185 km^2。其中 2 景日期为 8 月 12 日，轨道号分别为：122033 和 122034；其余 3 景日期为 9 月 4 日，轨道号分别为：123033、123034 和 123035。

表 2　Landsat TM 数据概况

	波段号	波段名称	波长（μm）	空间分辨率（m）
波段	1	蓝波段	0. 45～0. 52	30
	2	绿波段	0. 52～0. 60	30
	3	红波段	0. 63～0. 69	30
	4	近红外波段	0. 76～0. 90	30
	5	短波红外波段	1. 55～1. 75	30
	6	热红外波段	10. 4～12. 5	120
	7	短波红外波段	2. 08～2. 35	30

（续表）

	波段号	波段名称	波长（μm）	空间分辨率（m）
时间分辨率（d）		16		
辐射分辨率		256		
扫描宽度（km）		185		

表3　Landsat8 各波段的名称与用途

波段号	波段名称	波长（μm）	数据用途	GSD 地面采样距离（m）	辐射率 W/（m^2·sr·μm）	SNR（典型）
1	New Deep Blue	0.433～0.453	海岸区气溶胶	30	40	130
2	Blue	0.450～0.515	基色/散射/海岸	30	40	130
3	Green	0.525～0.600	基色/海岸	30	30	100
4	Red	0.630～0.680	基色/海岸	30	22	90
5	NIR	0.845～0.885	植物/海岸	30	14	90
6	SWIR2	1.560～1.660	植物	30	4	100
7	SWIR3	2.100～2.300	矿物/干草/无散射	30	1.7	100
8	PAN	0.500～0.680	图像锐化	15	23	80
9	SWIR	1.360～1.390	卷云测定	30	6	130
10	TIR	10.300～11.300	地表温度	100		
11	TIR	11.500～12.500	地表温度	100		

二、遥感影像的预处理

从 USGS 网站获取的 Landsat8 OLI 数据为 L1T 级数据产品，是经过辐射校正和几何校正的数据。数据获取后利用本地地面控制点进行几何精校正，在 Erdas 下进行波段融合，然后在 ENVI 中进行假彩色合成，同时进行线性增强处理，获取的春季影像和秋季影像处理结果分别如图 15 和图 16 所示。

Entity ID：LC81220332014112LGN00
Coordinates：38.904 31，117.779 32
Acquisition Date：22-APR-14
Path：122
Row：33

Entity ID：LC81220342014112LGN00 Coordinates：37.474 55，117.347 03 Acquisition Date：22-APR-14 Path：122 Row：34	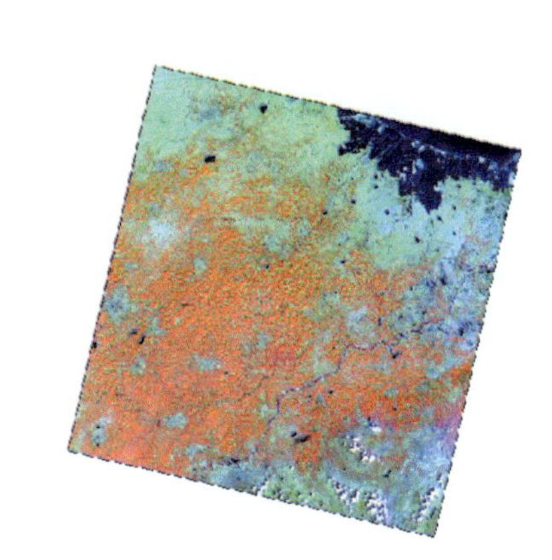
Entity ID：LC81230332014119LGN00 Coordinates：38.904 15，116.232 26 Acquisition Date：29-APR-14 Path：123 Row：33	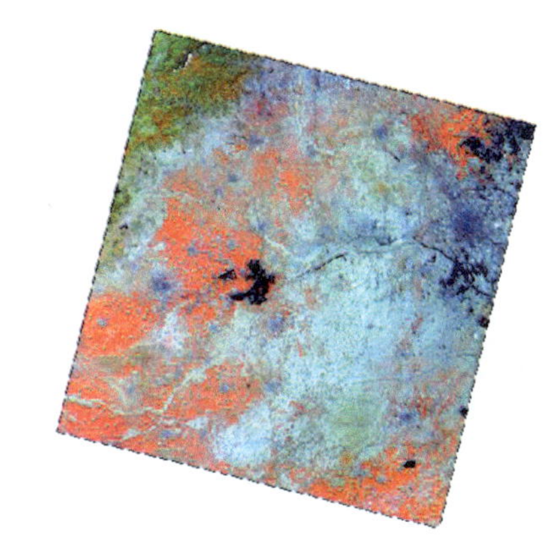
Entity ID：LC81230342014119LGN00 Coordinates：37.474 41，115.799 93 Acquisition Date：29-APR-14 Path：123 Row：34	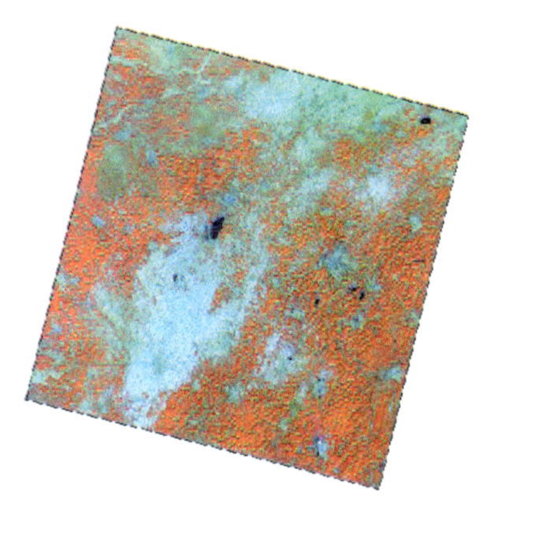

Entity ID：LC81230352014119LGN00 Coordinates：36. 043 33，115. 380 07 Acquisition Date：29-APR-14 Path：123 Row：35	

图 15　项目区春季影像 Landsat8 OLI 数据集

Entity ID：LC81220332014224LGN00 Coordinates：38. 904 31，117. 779 32 Acquisition Date：12-AUG-14 Path：122 Row：33	
Entity ID：LC81220342014224LGN00 Coordinates：37. 474 55，117. 347 03 Acquisition Date：12-AUG-14 Path：122 Row：34	

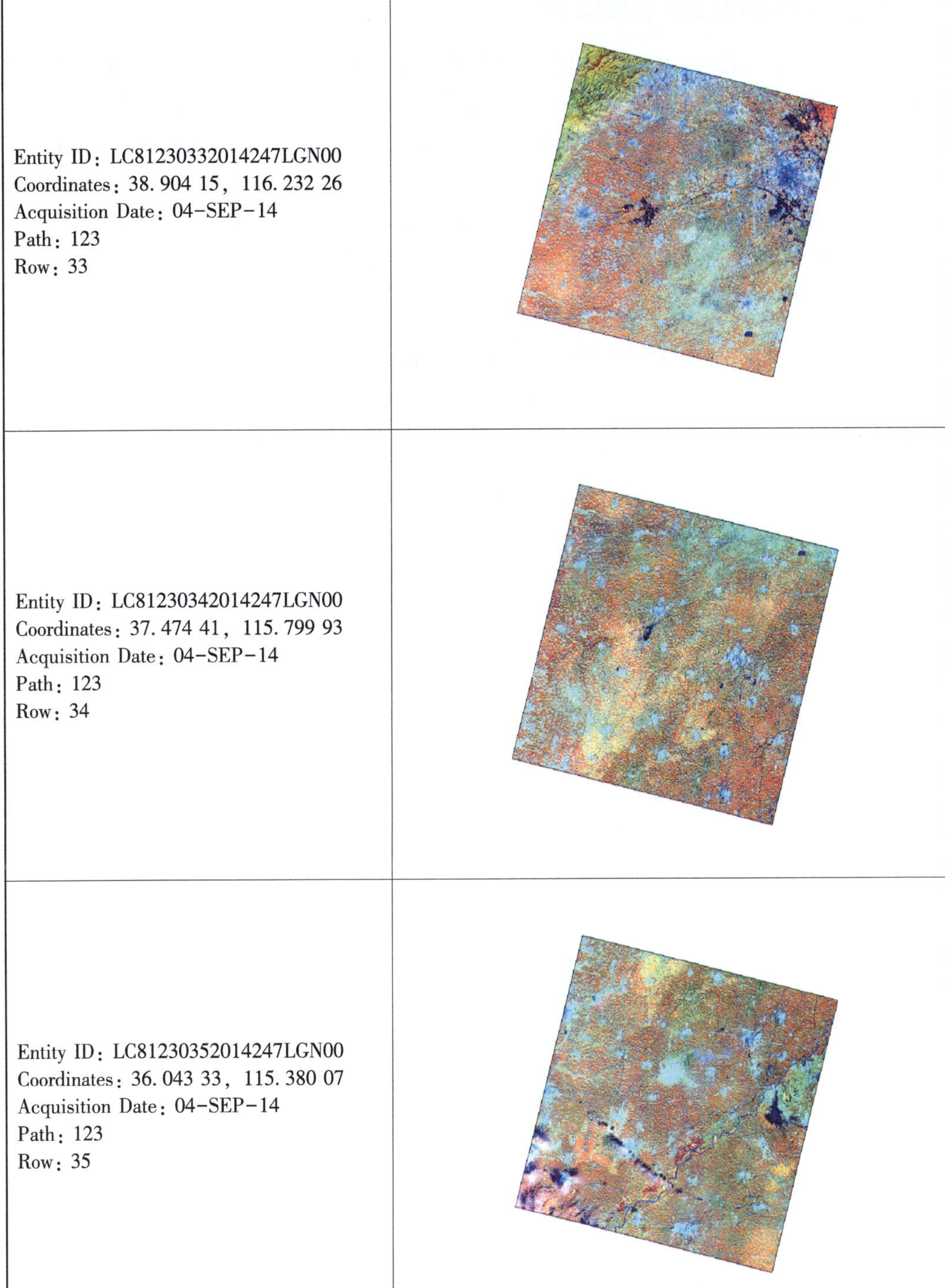

Entity ID：LC81230332014247LGN00 Coordinates：38. 904 15，116. 232 26 Acquisition Date：04-SEP-14 Path：123 Row：33	
Entity ID：LC81230342014247LGN00 Coordinates：37. 474 41，115. 799 93 Acquisition Date：04-SEP-14 Path：123 Row：34	
Entity ID：LC81230352014247LGN00 Coordinates：36. 043 33，115. 380 07 Acquisition Date：04-SEP-14 Path：123 Row：35	

图 16　项目区秋季影像 Landsat8 OLI 数据集

三、农作物实地考察研究

分别于4—5月和9—10月对河北省渤海粮仓研究区域43个县市进行了春季和秋季作物野外田间实地考察。在考察过程中，根据不同地物光谱反射特征，在处理后的Landsat影像上对不同作物及不确定地物进行实时定位，并运用遥感软件AOI多边形工具对相应地物进行即时勾绘，并根据实际观测的目标地物进行属性标注，为遥感影像的解译提供了重要依据。同时利用相机对目标地物进行拍摄，并记录地理坐标位置，然后运用GIS软件进行路径转化，使路径shp文件与相应地理位置一一对应并相互链接，从而实现信息的可视化。

四、县域春季影像冬小麦遥感解译

在对遥感影像进行预处理和开展实地野外田间考察的基础上，利用遥感软件对春季影像进行解译，并绘制出河北省渤海粮仓研究区域县域小麦种植空间分布（图17），利用GIS软件数据库计算获得县域小麦种植面积（表4）。

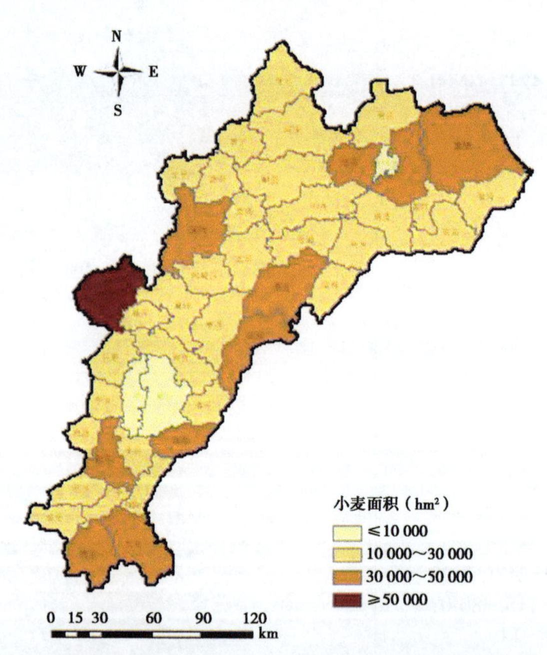

图17　河北省渤海粮仓研究区域小麦面积分布

从结果中可以看出，研究区县域小麦种植面积变化幅度在7.65万～81.29万亩，其中宁晋冬小麦种植面积最大，达81.29万亩，其次是深州，小麦种植面积为74.96万亩；而广宗、威县小麦种植较少，其中广宗小麦种植面积最小，仅7.65万亩；从整个项目区看，约有75%的县域冬小麦种植面积均在45万亩以下。从所占比例看，各县冬小麦种植面积占县域面积的比例幅度范围在7.38%～55.44%，其中临西冬小麦所占比例最高，达55.44%；其次是宁晋和馆陶，分别占49.36%和49.08%；河间、威县所占比例较小，分别为9.97%和7.38%，其中冬小麦所占比例最小的是威县。

表4　河北省渤海粮仓研究区域小麦种植面积遥感解译计算

县（市）名称	小麦面积（hm^2）	小麦面积（万亩）	县域面积（km^2）	所占比例（%）
宁晋	54 194.40	81.29	1 097.88	49.36
深州	49 973.48	74.96	1 233.88	40.50
景县	48 344.24	72.52	1 193.16	40.52
大名	44 794.07	67.19	1 060.72	42.23
魏县	39 897.33	59.85	854.77	46.68
黄骅	36 894.58	55.34	2 149.76	17.16
故城	33 658.76	50.49	942.02	35.73
沧县	32 640.52	48.96	1 538.33	21.22
临西	30 539.19	45.81	550.82	55.44
曲周	30 179.93	45.27	676.75	44.60
盐山	28 013.01	42.02	789.97	35.46
东光	26 187.75	39.28	711.60	36.80
吴桥	26 066.02	39.10	587.08	44.40
武邑	26 000.87	39.00	820.47	31.69
南皮	24 495.46	36.74	808.25	30.31
阜城	23 223.53	34.84	703.70	33.00
枣强	23 211.76	34.82	905.69	25.63
馆陶	22 569.34	33.85	459.86	49.08
冀州	21 550.14	32.33	914.40	23.57
肥乡	21 013.22	31.52	504.88	41.62
安平	18 957.20	28.44	493.11	38.44
泊头	18 725.01	28.09	1 010.95	18.52
肃宁	18 272.98	27.41	506.09	36.11
成安	17 963.98	26.95	486.22	36.95
清河	17 375.57	26.06	504.66	34.43
平乡	16 840.30	25.26	408.54	41.22

（续表）

县（市）名称	小麦面积（hm^2）	小麦面积（万亩）	县域面积（km^2）	所占比例（%）
巨鹿	16 816.13	25.22	629.36	26.72
海兴	16 389.66	24.58	867.52	18.89
桃城区	15 723.46	23.59	595.86	26.39
新河	15 294.20	22.94	367.09	41.66
武强	15 199.50	22.80	447.69	33.95
任丘	15 022.44	22.53	1 017.64	14.76
南宫	14 855.28	22.28	857.25	17.33
献县	14 055.07	21.08	1 181.63	11.89
饶阳	13 513.49	20.27	571.35	23.65
鸡泽	13 466.35	20.20	336.94	39.97
河间	13 302.55	19.95	1 333.59	9.97
广平	13 285.48	19.93	315.91	42.05
青县	11 972.46	17.96	997.74	12.00
孟村	11 185.34	16.78	381.38	29.33
邱县	11 147.57	16.72	443.50	25.14
威县	7 383.92	11.08	1 000.91	7.38
广宗	5 102.21	7.65	513.96	9.93
总计	975 297.74	1 462.95	33 772.90	28.88

五、县域秋季影像玉米面积遥感解译

河北省渤海粮仓区域农田秋季粮食作物主要以玉米为主，获取秋季影像后，利用遥感软件对秋季影像进行波段融合，假彩色合成及线性增强处理，在开展秋季作物野外实地考察的基础上，对秋季影像进行遥感解译，绘制项目区县域玉米种植分布（图18），并利用GIS软件数据库计算出区域玉米秋季种植面积（表5）。

从结果中可以看出，研究区县域玉米种植面积在7.49万～91.72万亩，其中沧县玉米种植面积最大，达91.72万亩，其次是宁晋，玉米种植面积为85.92万亩；广宗、威县玉米种植较少，其中广宗玉米最少，仅7.49万亩。从整个区域看，约有50%的县域玉米种植面积均不足45万亩；研究区各县玉米种植面积占县域面积比例变化幅度在5.99%～52.18%，其中宁晋玉米所占比例最高，达52.18%，其次是盐山和馆陶，分别占51.14%和50.57%；所占比例最小的是威县，仅为5.99%。

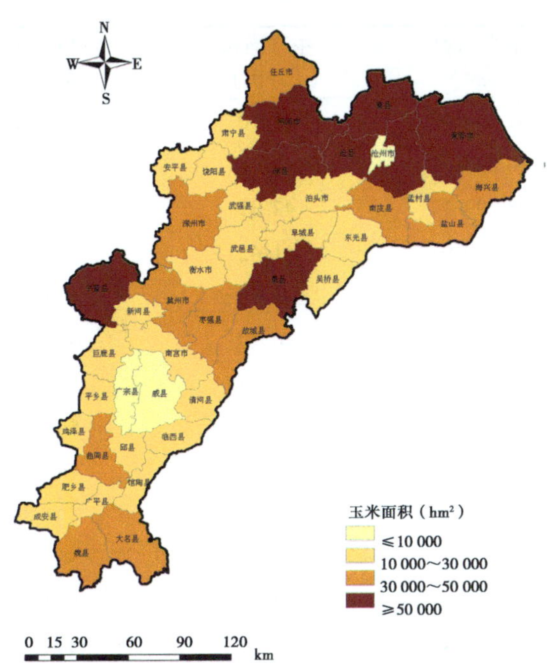

图 18　河北省渤海粮仓研究区域玉米面积分布

表 5　河北省渤海粮仓研究区域玉米种植面积遥感解译计算

县（市）名称	玉米面积（hm^2）	玉米面积（万亩）	县域面积（km^2）	所占比例（%）
沧县	61 146.97	91.72	1 538.33	39.75
宁晋	57 283.25	85.92	1 097.88	52.18
黄骅	54 883.75	82.33	2 149.76	25.53
景县	49 224.22	73.84	1 193.16	41.26
河间	48 179.54	72.27	1 333.59	36.13
青县	47 178.08	70.77	997.74	47.28
献县	46 553.53	69.83	1 181.63	39.40
深州	44 643.03	66.96	1 233.88	36.18
大名	43 261.34	64.89	1 060.72	40.78
任丘	43 057.66	64.59	1 017.64	42.31
盐山	40 400.94	60.60	789.97	51.14
故城	36 300.71	54.45	942.02	38.53
冀州	35 220.01	52.83	914.40	38.52
魏县	33 995.68	50.99	854.77	39.77
枣强	32 618.02	48.93	905.69	36.01

（续表）

县（市）名称	玉米面积（hm^2）	玉米面积（万亩）	县域面积（km^2）	所占比例（%）
南皮	31 134.01	46.70	808.25	38.52
曲周	30 075.71	45.11	676.75	44.44
阜城	28 209.14	42.31	703.70	40.09
东光	27 610.96	41.42	711.60	38.80
武邑	27 037.41	40.56	820.47	32.95
吴桥	26 798.82	40.20	587.08	45.65
临西	26 023.72	39.04	550.82	47.25
肃宁	25 570.00	38.35	506.09	50.52
海兴	25 329.53	37.99	867.52	29.20
馆陶	23 255.49	34.88	459.86	50.57
肥乡	23 253.20	34.88	504.88	46.06
南宫	22 100.51	33.15	857.25	25.78
安平	22 004.82	33.01	493.11	44.62
清河	18 540.29	27.81	504.66	36.74
饶阳	18 538.64	27.81	571.35	32.45
武强	18 401.92	27.60	447.69	41.10
桃城区	18 359.69	27.54	595.86	30.81
泊头	18 209.39	27.31	1 010.95	18.01
平乡	17 964.09	26.95	408.54	43.97
新河	16 652.22	24.98	367.09	45.36
成安	16 485.39	24.73	486.22	33.91
巨鹿	16 336.87	24.51	629.36	25.96
鸡泽	15 528.89	23.29	336.94	46.09
广平	14 075.86	21.11	315.91	44.56
孟村	12 144.81	18.22	381.38	31.84
邱县	11 667.33	17.50	443.50	26.31
威县	5 997.86	9.00	1 000.91	5.99
广宗	4 992.41	7.49	513.96	9.71
总计	1 236 245.70	1 854.37	33 772.90	36.60

六、秋季影像棉花面积遥感解译

河北省渤海粮仓研究区域棉花种植面积遥感解译数据如表6，棉花面积分布情况如

图19所示。结果表明，威县棉花种植面积最大，达71.12万亩，其次是南宫、冀州、邱县、东光、广宗棉花种植较多，棉田面积分别为45.22，31.94，28.48，19.62和16.83万亩；而泊头、盐山、孟村、海兴、安平、饶阳等地棉花种植很少。从所占县域比例看，威县棉花所占比例最高，达47.37%，其次是邱县、南宫、冀州、广宗、吴桥、东光等地，分别占42.81%，35.17%，23.28%，21.83%，18.60%和18.38%。

表6　河北省渤海粮仓研究区域主产县棉花种植面积遥感解译计算

县（市）名称	棉花面积（hm^2）	棉花面积（万亩）	县域面积（km^2）	所占比例（%）
威县	47 412.11	71.12	1 000.91	47.37
南宫	30 148.55	45.22	857.25	35.17
冀州	21 290.47	31.94	914.40	23.28
邱县	18 985.18	28.48	443.50	42.81
东光	13 081.77	19.62	711.60	18.38
广宗	11 221.67	16.83	513.96	21.83
吴桥	10 921.33	16.38	587.08	18.60
故城	10 355.84	15.53	942.02	10.99
曲周	7 615.74	11.42	676.75	11.25
枣强	6 631.04	9.95	905.69	7.32
景县	6 589.73	9.88	1 193.16	5.52
成安	6 101.90	9.15	486.22	12.55
巨鹿	5 544.54	8.32	629.36	8.81
临西	3 849.58	5.77	550.82	6.99
新河	3 545.03	5.32	367.09	9.66
武邑	2 961.15	4.44	820.47	3.61
广平	2 638.62	3.96	315.91	8.35
阜城	2 303.84	3.46	703.70	3.27
肥乡	2 278.44	3.42	504.88	4.51
青县	2 247.88	3.37	997.74	2.25
清河	1 779.57	2.67	504.66	3.53
南皮	1 691.84	2.54	808.25	2.09
黄骅	1 618.25	2.43	2 149.76	0.75
宁晋	1 315.79	1.97	1 097.88	1.20
鸡泽	1 151.98	1.73	336.94	3.42
任丘	1 112.39	1.67	1 017.64	1.09
平乡	912.94	1.37	408.54	2.23
魏县	836.93	1.26	854.77	0.98
河间	755.57	1.13	1 333.59	0.57

（续表）

县（市）名称	棉花面积（hm^2）	棉花面积（万亩）	县域面积（km^2）	所占比例（%）
馆陶	617.67	0.93	459.86	1.34
桃城区	523.40	0.79	595.86	0.88
沧县	425.20	0.64	1 538.33	0.28
大名	415.79	0.62	1 060.72	0.39
献县	407.69	0.61	1 181.63	0.35
盐山	183.02	0.27	789.97	0.23
武强	133.71	0.20	447.69	0.30
饶阳	129.09	0.19	571.35	0.23
深州	102.36	0.15	1 233.88	0.08
海兴	77.41	0.12	867.52	0.09
肃宁	68.73	0.10	506.09	0.14
总计	229 983.75	344.98	31 887.44	7.21

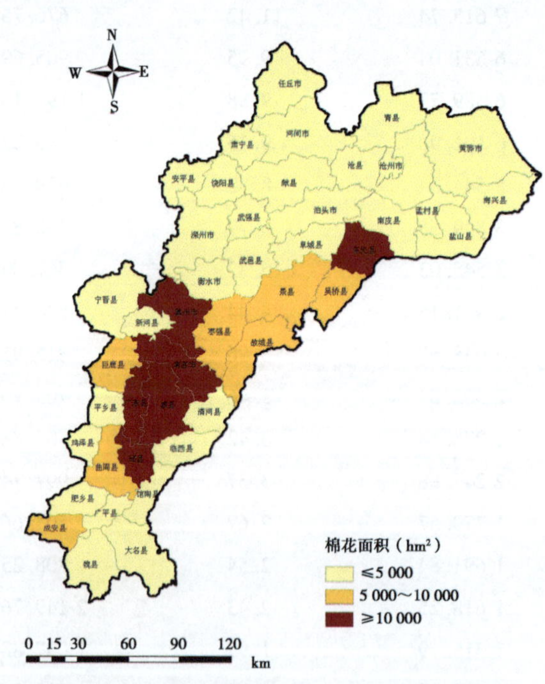

图 19　河北省渤海粮仓研究区域棉花面积分布

第四节　河北省渤海粮仓项目不同生态类型区作物空间分布研究

一、不同生态类型区小麦空间分布研究

渤海粮仓研究区域不同生态类型区小麦空间分布如图 20 所示，不同类型区小麦种植面积遥感解译数据如表 7 和图 21 所示。从所述图表可知，河北省渤海粮仓区域小麦总面积为 1 462.95万亩，主要集中分布在超吨粮区和棉增粮区，其中小麦种植面积最大且所占类型区面积比例最高的是超吨粮区，该区小麦种植面积达 593.71 万亩，所占比例为 35.28%，其次是棉增粮区，其小麦种植面积为 507.79 万亩，所占比例为 33.95%；微咸水补灌吨粮区和盐碱地改良区所占比例较小，其中冬小麦种植面积最小且所占区域面积比例最低的是盐碱地改良区，该区小麦种植面积为 44.21 万亩，所占比例仅 13.34%。

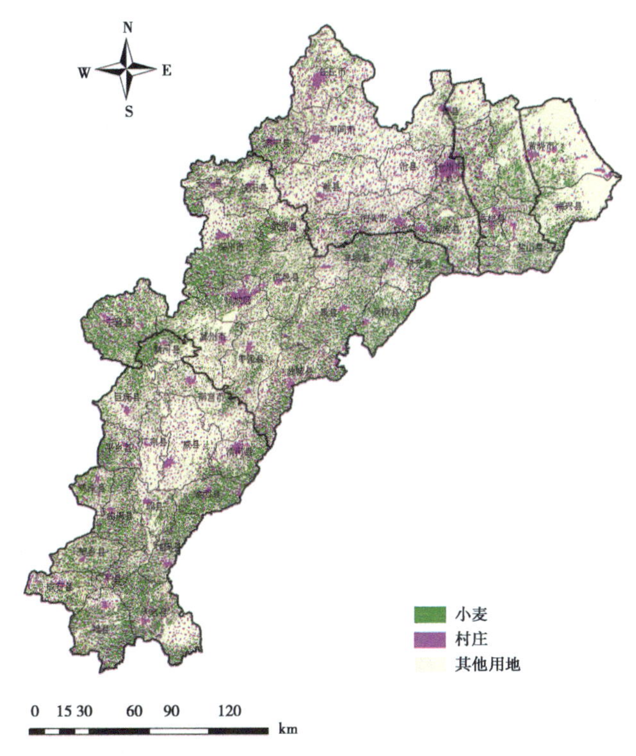

图 20　河北省渤海粮仓研究区域不同生态类型区小麦空间分布

表 7　不同生态类型区小麦种植面积遥感解译

生态类型区	小麦面积（hm^2）	小麦面积（万亩）	生态类型区面积（km^2）	所占比例（%）
超吨粮区	395 805	593.71	11 217.9	35.28
棉增粮区	338 524	507.79	9 972.1	33.95
微咸水补灌吨粮区	123 028	184.54	7 326.6	16.79
旱作雨养区	88 467	132.70	3 047.5	29.03
盐碱地改良区	29 474	44.21	2 208.8	13.34
总 计	975 298	1 462.95	33 772.9	28.88

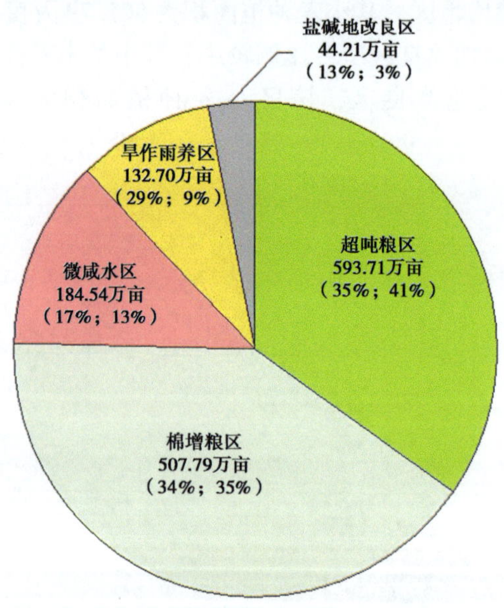

图 21　河北省渤海粮仓研究区域遥感解译小麦面积及所占比例

二、不同生态类型区玉米空间分布研究

河北省渤海粮仓研究区域不同生态类型区玉米空间分布如图 22 所示，不同生态类型区玉米种植面积遥感解译数据如表 8 和图 23 所示。由所述图表可知，渤海粮仓区域玉米总面积为 1 854.37万亩，研究区域内玉米分布相对比较均匀，除棉增粮区中部、微咸水补灌吨粮区中部及盐碱地改良区的东部和北部较少种植外，其他区域均种植较多。对不同生态类型区而言，其中玉米种植面积最大的是超吨粮区，该区玉米种植面积为 663.38 万亩，所占该类型区面积比例为 39.42%；占相应类型区比例最高的是旱作雨养区，其玉米种植面积为 218.57 万亩，所占比例达 47.82%；而玉米种植面积最小且占类型区比例最低的是盐碱地改良区，其玉米种植面积为 69.43

万亩，所占比例为 21.00%。

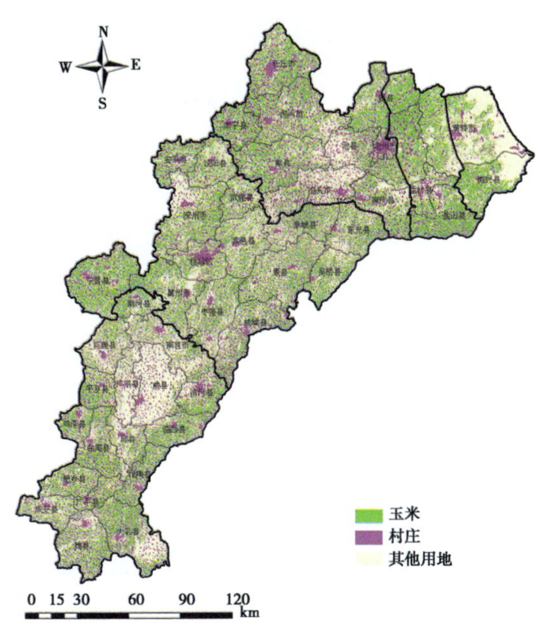

图 22 河北省渤海粮仓研究区域不同生态类型区玉米空间分布

表 8 不同生态类型区玉米种植面积遥感解译

生态类型区	玉米面积（hm^2）	玉米面积（万亩）	不同类型区面积（km^2）	所占比例（%）
超吨粮区	442 251	663.38	11 217.9	39.42
棉增粮区	340 207	510.31	9 972.1	34.12
微咸水补灌吨粮区	261 786	392.68	7 326.6	35.73
旱作雨养区	145 716	218.57	3 047.5	47.82
盐碱地改良区	46 286	69.43	2 208.8	20.96
总 计	1 236 246	1 854.37	33 772.9	36.60

三、不同生态类型区棉花空间分布研究

河北省渤海粮仓研究区域不同生态类型区棉花空间分布如图 14 所示，不同生态类型区棉花种植面积遥感解译数据如表 9 和图 25 所示。从图表可知，渤海粮仓区域棉花总面积为 344.98 万亩，主要集中分布在棉增粮区的中部、超吨粮区的南部和东北部，而其他区域棉花种植较少。其中，棉花种植面积最大且所占类型区面积比例最高的是棉增粮区，该区棉花种植面积为 217.58 万亩，所占比例为 14.55%；其次是超吨粮区，其棉花种植面积为 114.51 万亩，所占比例为 7.12%；而棉花种植面积最小且所占类型区面积比例最低的是盐碱地改良区，棉花种植面积为 1.59 万亩，所占比例仅 0.48%。

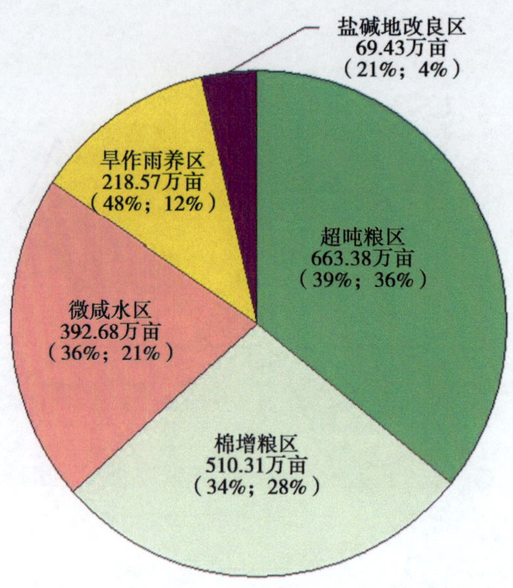

图 23　河北省渤海粮仓研究区域遥感解译玉米面积及所占比例

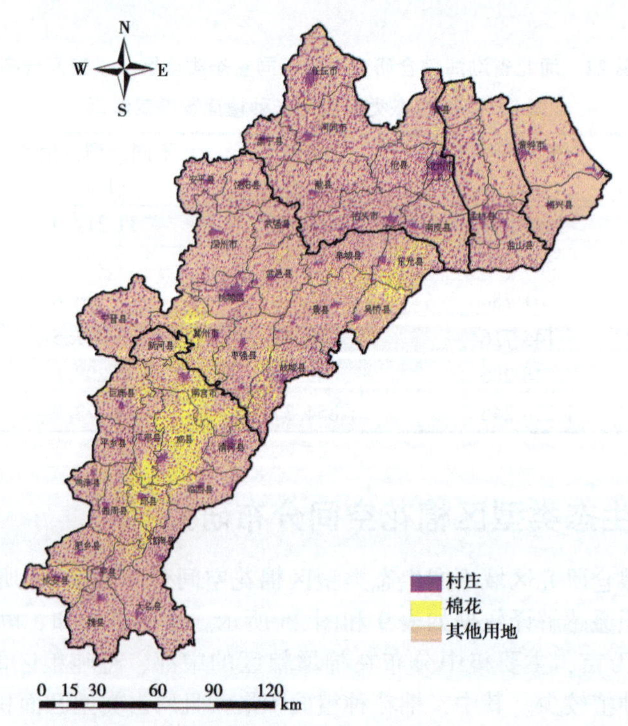

图 24　河北省渤海粮仓研究区域不同生态类型区棉花空间分布

表 9　不同生态类型区棉花种植面积遥感解译

生态类型区	棉花面积 (hm^2)	棉花面积 (万亩)	不同类型区面积 (km^2)	所占比例 (%)
棉增粮区	145 056	217.58	9 972.1	14.55
超吨粮区	76 340	114.51	11 217.9	6.81
微咸水补灌吨粮区	5 274	7.91	7 326.6	0.72
旱作雨养区	2 255	3.38	3 047.5	0.74
盐碱地改良区	1 059	1.59	2 208.8	0.48
总 计	229 984	344.98	33 772.9	6.81

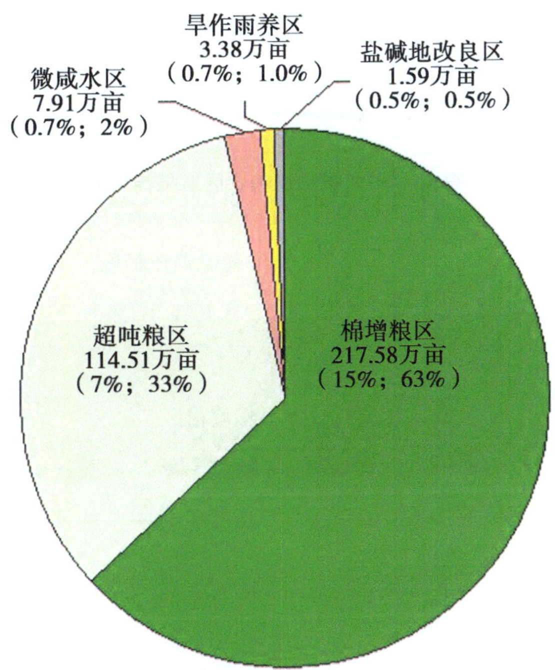

图 25　河北省渤海粮仓研究区域遥感解译棉花面积及所占比例

四、不同生态类型区果树空间分布研究

河北省渤海粮仓区域果树主要集中分布在微咸水补灌吨粮区的中部和超吨粮区的西北部，其他区域主要以点片为主，分布相对较为分散。总面积为 209.2 万亩。其中，果树种植面积最大且所占类型区比例最高的是微咸水补灌吨粮区，面积为 100.7 万亩，占研究区域果树总面积的 48.1%；其次是超吨粮区，面积为 61.2 万亩，占果树总面积的 29.3%；果树种植面积最小且所占类型区比例最低的是盐碱地改良区，其面积为 3.63 万亩，仅占果树总面积的 1.7%（图 26～图 27）。

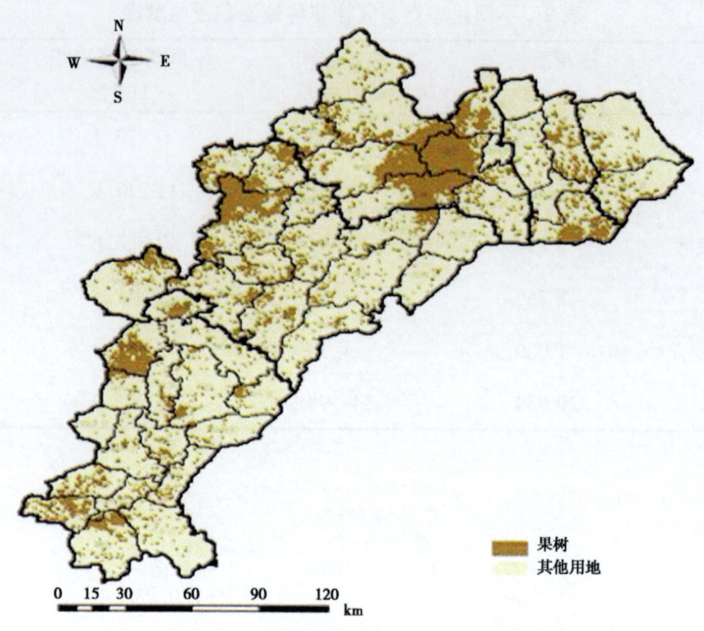

图 26　河北省渤海粮仓区域果树分布

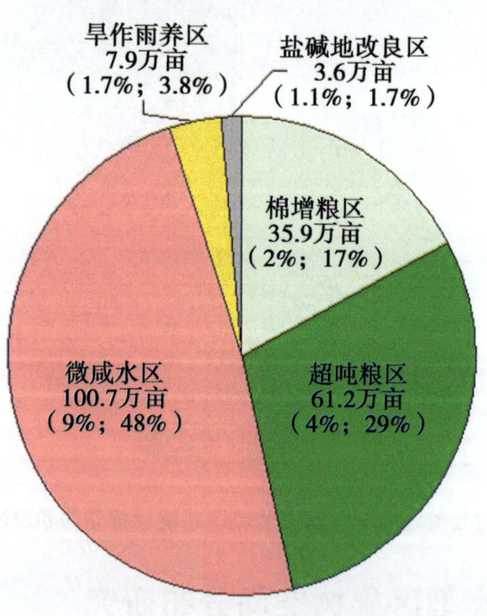

图 27　河北省渤海粮仓各分区果树分布

五、不同生态类型区日光温室和大棚空间分布研究

河北省渤海粮仓区域日光温室和大棚主要集中分布在微咸水补灌吨粮区的东北部、超吨粮区的东北部及棉增粮区的中部及东南部，而其他区域分布较为分散，且为零星分布。总面积46.88万亩。其中，超吨粮区占地最多且所占整个区域日光温室和大棚总面积的比例最

高，面积为 17.11 万亩，所占比例为 37%；其次是棉增粮区和微咸水补灌吨粮区，面积均为 14 万亩左右，所占比例约 30%；而日光温室和大棚面积最小且所占整个研究区域温室和大棚比例最低的是盐碱地改良区，其面积为 0.3 万亩，所占比例仅 0.6%（图 28～图 29）。

图 28　河北渤海粮仓区域日光温室和大棚分布

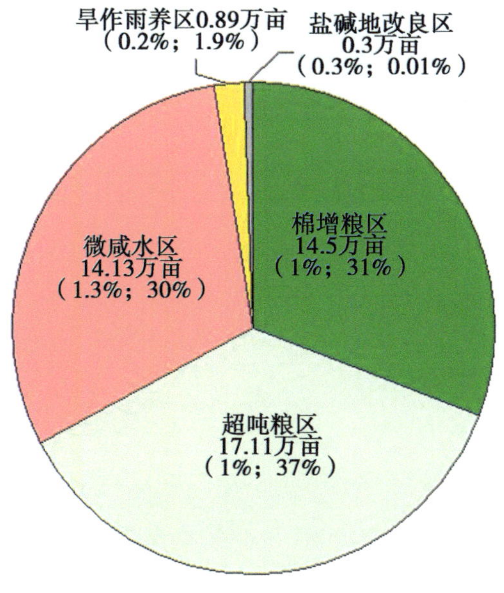

图 29　河北渤海粮仓各区域日光温室和大棚分布

综上所述，通过利用遥感和GIS等先进技术手段对河北省渤海粮仓科技示范工程项目区域进行研究，使实施区域的面积、空间分布更加准确，对于把握技术实施范围、强度具有重要的指导意义，达到精确管理的目的。

第三章
河北省渤海粮仓科技示范工程管理的实践探索

河北省渤海粮仓科技示范工程是一项庞大的系统工程，需要一个高效有序的组织，并且要有一个很好的顶层设计，中共河北省委、省政府高度重视，经过慎重研究，确立了组织架构，并抽调高水平专家进行规划和方案研究，做到组织有序，规划先行，方案落地。

第一节　组织管理机构建立与方案制定

一、建立领导和管理机构

中共河北省委、省政府将河北省渤海粮仓科技示范工程作为一项战略性增粮工程，建立了省级层面的领导小组，组长由省政府主管农业和科技的两名副省长担任，省科技厅、农业厅、财政厅、水利厅、河北省农林科学院、中国科学院遗传所农业资源中心和沧州、衡水、邢台、邯郸市政府主管领导组成领导小组，领导小组会同省直有关单位，研究解决渤海粮仓建设过程中遇到的重大问题。

领导小组下设办公室，办公室设在科技厅，作为项目领导小组执行机构，组织协调各领导小组成员单位的工作，及时掌握进展情况，解决突出问题，定期向中共河北省委、省政府报告实施情况。省财政厅负责资金统筹使用和监督管理；河北省农业厅开展适用技术在项目区大面积的示范推广；省水利厅加强节水压采试点等工作；河北省农业科学院负责技术课题的日常管理，协调提供技术支撑问题。管理组织机构见图 1。相关部门各司其职、各负其责、紧密配合，项目区有关市县统筹协调、落实配套政策，为项目实施提供了切实保障。

二、制定实施方案

2014 年，根据科技部渤海粮仓科技示范工程及河北省项目区特点，工程领导小组先行制定了《河北省渤海粮仓建设工程 2014 年实施方案》，设立先行示范县，建立规模化示范样板，为大面积推广应用做好准备。2014 年 3 月 18 日，河北省渤海粮仓建设工程项目召开 2014 年实施方案论证会。会议由河北省科技厅组织，农业厅、财政厅、水利厅等相关部门领导出席。论证专家组由中国农业科学院、中国农业大学、中国地质科学院等的 5 位国内知名专家组成。由中国农业科学院刘荣乐研究员为组长的专家组在听取汇报、广泛发表评议意见的基础上，经质疑答辩和认真讨论，形成以下论证意见。

第一，该方案以加强国家科技支撑重点项目“渤海粮仓科技示范工程”和全省战略性增粮工程建设、保障国家粮食安全为目标，对农业科技进步、体制机制创新、新型技术与服务支撑体系构建、强化基地建设与示范推广等工作进行系统设计和有机集成，站位高、措施实，对保障工程顺利实施具有重大指导意义。

第二，该方案按照“增产增效并重、良种良法配套、农机农艺结合、生产生态协调”的总体思路，确定“生态优先、节水改土、稳夏增秋、棉改增粮、粮饲结合、集

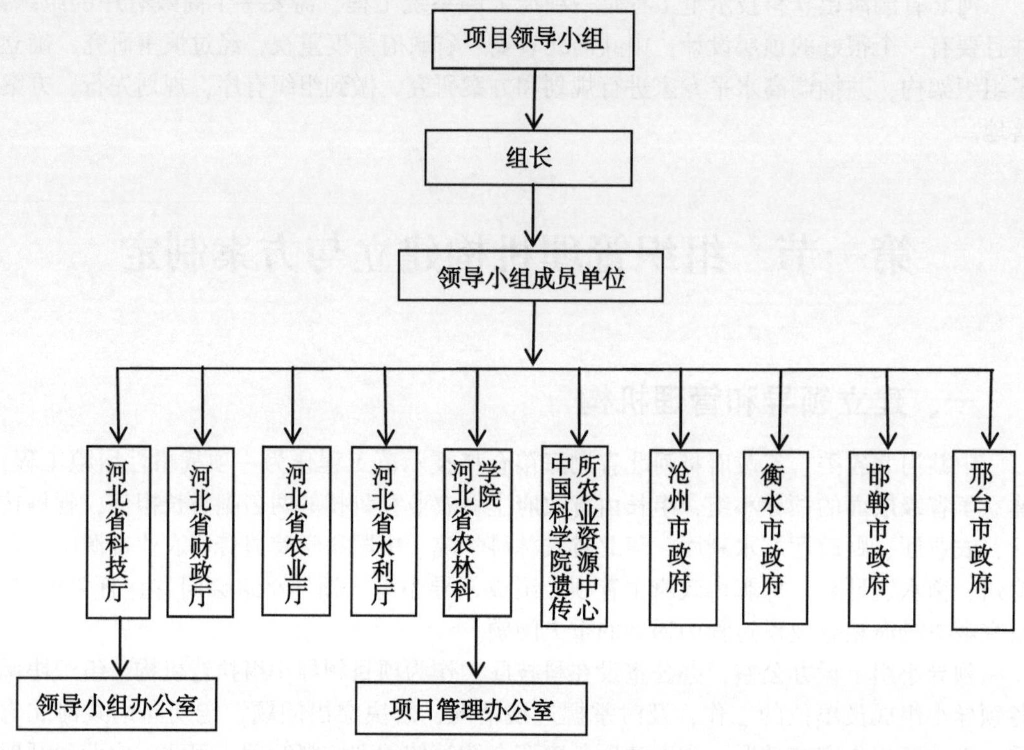

图 1　河北省渤海粮仓科技示范工程管理组织机构

约经营”的技术路线，科学合理，符合区域特点和生产实际，切实可行，具有可操作性。

第三，该方案根据任务统一、分区分类设立 19 个专题，专题设置科学，分工明确。筛选的八大主推技术先进适用。

第四，该方案提出的“县长行政负责、特派团技术负责、物化服务体系支撑、先导性园区引领、新型经营主体实施”的工作机制，可促进各类资源有效整合，是对生产经营管理机制的有益探索。

第五，该方案提出的 2014 年度重点工作任务具体、目标合理，符合中共河北省委、省政府“2014 年打基础、2015 年见成效、2016 年全面铺开、2017 年组织验收”的总体建设要求。

第六，项目建设资金预算编制合理。

论证专家组一致认为，项目方案总体思路清晰、目标明确、设计合理，对河北省渤海粮仓建设工作具有支撑和引导意义。同意通过论证并建议按此方案抓紧落实、尽快实施、尽早见效。

在《河北省渤海粮仓建设工程 2014 年实施方案》的基础上，领导小组抽调精干力量组成工程行动方案研究小组，历经一年的实地调研、专家咨询、研讨，根据区域资源、农业现状、粮食生产环境等条件，编制完成了《河北省渤海粮仓科技示范工程行动方案

（2014—2017 年）》（以下简称《方案》）。为了确保《方案》的科学性、先进性和适用性，2014 年 11 月 23 日，工程领导小组特别邀请了国家最高科技奖获得者、渤海粮仓项目发起人中国科学院李振声院士等专家组成论证委员会对《方案》进行了论证。

论证委员会由李振声院士任主任、石家庄市农林科学研究院名誉院长郭进考研究员任副主任，论证委员会成员由来自山东省农业科学院、中国科学院科技发展局、中国科学院南京土壤研究所、天津市农业技术推广站、沈阳农业大学知名专家学者及河北渤海粮仓示范县负责人代表、合作企业代表等组成。论证委员会听取了《方案》编制介绍，审阅了方案，一致认为：

第一，《方案》以党的十八届三中全会和中共河北省委八届六次会议精神为指导，在认真分析区域光温水土资源的基础上，设置“节水、增粮”两个目标，到 2017 年实现增粮 15 亿 kg、节水 7 亿 m^3；到 2020 年实现增粮 25 亿 kg、节水 10 亿 m^3。提出了“增产增效并重、良种良法配套、农机农艺结合、生产生态协调”总体思路和“生态优先、节水改土、稳夏增秋、棉改增粮、粮饲结合、集约经营”技术路线，工作思路清晰，符合区域特点和生产实际，具有科学性、先进性和适用性。

第二，《方案》立足于项目区自然生态条件和经济社会发展需要，提出树立“大粮食”观念，调整种植结构，在充分发挥棉花生产区位优势的同时，着力提高中低产田粮食综合生产能力和粮食当量水平。按照推广、示范、研发“三层次、三步走”原则，提出主推适宜各区域的技术模式、示范成熟的科技成果和研发关键技术等方案措施，依据充分，任务明确，切合实际，具有针对性。

第三，《方案》注重机制创新、着眼开放合作、强化科技支撑，在组建创新团队、发挥当地农技推广队伍作用的同时，把面向“国内外、京津冀、产学研”招标示范成果、构建服务体系作为重要抓手，采取建立“百亩试验田、千亩示范方、万亩辐射区”工作方法，明确责任主体，实行合同管理，加强组织领导，完善配套政策，强化绩效考核。措施具体，切实可行。

第四，《方案》工作思路清晰，技术路线可行，目标任务明确，进度安排合理，保障措施有力。《方案》的实施，可促进河北省渤海粮仓科技示范工程顺利进行，确保“节水、增粮”目标实现。

论证委员会一致同意通过论证，并建议在《方案》中进一步明确实现节水目标的具体措施，凝练示范推广的成熟技术，瞄准规模化生产、集约化经营，研发水肥一体化、以肥调水等与机械化配套的操作技术，为农业转型发展提供新的技术支撑。修订完善后尽快上报，予以实施。

最后，李振声院士强调：一是要充分肯定《方案》，并且认为在环渤海三省一市渤海粮仓科技示范工程项目进展中，河北省领导高度重视，各部门积极协助，工作走在了前列；二是《方案》一经确定，就要一分部署，九分落实，打组合拳，把工作抓实抓细，落实到农田、地块，不折不扣地全面完成；三是拟定明年上半年在河北省召开“三省一市”渤海粮仓科技示范工程现场会，以此推动全国渤海粮仓科技示范工程项目的实施。

《方案》由工程领导小组成员单位联合印发，全面指导工程落实，保障任务实施效果。

第二节　制定管理办法

一、制定项目管理办法

为进一步规范河北省渤海粮仓科技示范工程项目管理，落实《方案》目标任务，加快推动工程实施，结合国家、省有关规定，领导小组制定了《河北省渤海粮仓科技示范工程项目管理办法》(以下简称《项目管理办法》)。

《项目管理办法》要求根据河北省渤海粮仓科技示范工程建设需要，由示范工程管理部门立项，在划定区域内实施，开展科研开发、成果转化、技术推广等活动。项目管理遵循公开、公平、公正原则。在项目的组织、立项、实施、监督等管理过程中，突出市场导向与前瞻布局相结合、稳定支持与适度竞争相结合、专家论证与统筹决策相结合，强化对项目的监督检查、总结验收和绩效评价。《项目管理办法》共分7章27条，包括：总则、项目组织与管理、立项程序、实施与监督、项目验收、罚则和附则。

二、制定项目资金管理办法

为加强河北省渤海粮仓科技示范工程省级财政专项资金管理，促进渤海粮仓科技示范工程建设，根据《中华人民共和国农业技术推广法》《河北省科学技术进步条例》《国务院关于改进加强中央财政科研项目和资金管理的若干意见》（国发〔2014〕11号)、《中央财政农业科技成果转化与技术推广服务补助资金管理办法》（财农〔2014〕31号)、《河北省省级科技计划专项资金管理办法》(冀财教〔2013〕29号）等规定，结合工作实际，领导小组制定了《河北省渤海粮仓科技示范工程省级财政专项资金管理办法（试行）》(以下简称《资金管理办法》)。

河北省渤海粮仓科技示范工程的专项资金，按照项目类型分为技术研发类项目资金、成果转化类项目资金和技术推广类项目资金。专项资金实行分类管理，设定绩效目标。总体绩效目标是提高渤海粮仓科技示范工程实施区域的粮食综合生产能力。按照资金的不同类别，分类设置绩效指标。绩效指标主要包括资金管理指标、产出指标和效果指标。其中，资金管理指标包括资金管理规范性、资金到位情况等；产出指标包括科技成果转化量化效果、示范基地建设面积和增量、关键技术研发成果等；效果指标包括经济效益指标和社会效益指标。

《资金管理办法》共分7章28条。包括：总则、资金管理职责、技术研发类项目资金使用管理、成果转化类项目资金使用管理、技术推广类项目资金使用管理、专项资金监督检查、附则。办法的制定大大提高了资金使用效率，保证了各类资金规范使用。

第三节　工程过程管理

一、项目启动

2013 年 4 月 27 日，国家科技支撑计划渤海粮仓科技示范工程项目河北课题“环渤海河北增粮技术集成与示范”启动。河北省科技厅和河北省农林科学院相关管理部门的领导和子课题承担单位中国科学院遗传与发育生物学研究所农业资源研究研究中心、河北省农林科学院旱作农业研究所、河北省农林科学院棉花研究所、沧州市农林科学院及课题示范任务参与单位国家半干旱农业工程技术研究中心等相关负责人及技术骨干30 余人参加会议。

项目首席河北省农林科学院王慧军院长介绍了课题背景意义、课题概况、总体目标、研究思路、研究内容、关键技术及创新点、课题组织实施及管理情况。子课题负责人分别汇报了承担任务的总体目标、研究内容、考核指标、技术方案、落实情况、已有研究基础及经费情况，明确了各自任务的核心示范区、示范区地点、规模及试验示范的实施方案。王慧军院长对课题相关科研人员提出如下要求。

第一，科研要建立标准化的试验，要有科学的数据支撑，数据规范，形成典型的试验田。

第二，注重核心示范区的建立，明晰核心示范区的地点及规模。

第三，密切与地方政府及相关管理部门的联系，参与结合到相关的具体项目中去。

第四，要打破传统思维，加强与新型农业经营主体联系。

第五，就与课题示范相关的土地占补平衡政策等机制创新突破方面进行了阐述，启发了科研人员思维。

第六，要求各子课题提供相关的已有成熟实用技术，汇编成技术手册，用于课题推广及培训，报课题办，5 月 30 日前汇总装订成册。

第七，课题要在 5 月中下旬选取课题观摩会地点，各子课题要着手准备，积极配合。

二、执行专家组会议

2013 年 5 月 21 日，国家科技支撑计划渤海粮仓科技示范工程第一次执行专家组会议召开。课题执行专家组成员及课题管理办公室等相关人员参加了此次会议。会议敲定了任务合约书；落实了示范基地、拟定了与相关示范县基地建设合约书；研讨了技术手册内容；安排布置召开课题调度会议。执行专家组讨论通过的任务布置内容如下。

任务一，要在研究内容上形成 1 套创新的技术模式，核心示范区地点有所变动，即在南皮建立两个核心示范点，有关辐射面积及粮食增加总量相关数据有所调整，通过技术模式适应性分析，按照单位面积增产量及技术辐射区域面积计算粮食增加总量。

任务二，研究内容要在微灌节水基础上拓宽研究领域，增加节水高产技术模式研究，技术辐射以衡水为主，核心示范区建立在景县、武强两个县。

任务三，研究内容要主抓3个棉花种植模式：即两年三作种植模式、粮棉套作种植模式和棉改粮种植模式，核心示范区建立在威县、南宫及曲周3个县。

任务四，研究内容要在形成的雨养旱作技术模式关键词上突破，核心示范区建立在黄骅，技术辐射带动黄骅市、盐山县、海兴县、南大港、孟村、沧县等县市类似生态地区的大面积生产种植。

任务五，要在研究内容上拓宽咸水结冰研究范围，增加相关品种、肥料的研究，核心示范区建立在海兴、南大港及唐海3个县。

任务六，要在研究内容上增加基于GIS的区域农业资源空间数据库构建，利于对课题基础数据进行科学系统的研究，同时对示范区建设相关内容改为对已形成的示范区进行评价。

三、工作总结与布置会

2015年2月6—7日，河北省渤海粮仓科技示范工程2014年度总结2015年工作部署会在石家庄召开。科技厅领导，工程项目承担单位负责人，衡水、沧州、邯郸、邢台、曹妃甸科技局主管负责人，项目执行专家组成员，课题主持人，示范县、服务体系负责人，项目合作企业代表，项目管理办公室成员等近百人参加会议。会议内容如下。

1. 课题主持人和技术负责人汇报

国家项目负责人中国科学院农业资源中心刘小京研究员介绍了国家项目设置、共性技术与示范区摆布，国家中期评估对河北工作的评价，认为河北的渤海粮仓科技示范工程工作领导重视、方案科学系统、工作扎实、成效显著，走在三省一市的前列。22位任务和体系负责人从项目组织管理、任务指标完成情况、现场观摩与培训情况、工作体会、存在问题与2015年工作计划等做了全面汇报。

2. 执行专家组工作点评

项目执行专家组听取汇报后，对各任务的工作完成情况进行了点评，形成一致意见如下。

① 将科技部支撑计划课题与河北渤海粮仓科技示范工程专项结合起来，保持整体设计的连续性；科技部支撑计划课题注重研发和试验，研发的目标要聚焦，河北省专项注重示范推广，“百千万”是试验、示范、推广的工作方法。

② 技术研究内容要密切联系生产实际，并加强集成技术的研究；应进一步明确技术模式的科学依据、先进性和效果，并注重技术研发工作的创新性、承载性和延续性；要结合项目区的实际情况，研发集成实用高效轻简化可操作性强的“傻瓜型”技术并尽快应用到实际生产当中去，将技术落地。

③ 加强科研单位与市县之间、各科研单位之间、各课题之间的配合沟通，既力争做到实验结果的一致性和系统性，又培育自我特色和优势；相互之间有机结合和衔接，

互通有无，全区域性地考虑问题，避免重复性技术研究。

④ 加强生产过程的全程机械化研究；应更多地进行总结，出更多的知识产权；粮食增产目标和示范面积要有充分的依据。

⑤ 加强市、县、乡、村的联动，密切与新型经营主体的结合，适应未来现代农业发展，更好地推进项目进展。注重合同任务的严肃性和经费使用的合理性。

⑥ 加强项目观摩、培训、宣传工作，统筹安排区域性的宣传培训，与国家和省主要新闻媒体联合推出一批典型。

3. 首席总结 2014 年工作布置 2015 年工作

河北省渤海粮仓科技示范工程首席专家河北省农林科学院院长王慧军在听取各任务年度汇报后，充分肯定各任务工作进展，对 2014 年工作做了总结发言，并结合新形势对 2015 年工作提出了具体要求。

（1）2014 年工作成绩显著

① 用 GIS 技术和卫星遥感技术将项目区的土壤、气候、作物种植类型进行了相对精确的分析，做到了底码清楚。

② 编制了《方案》并受到了省领导、李振声院士及有关专家的高度评价，张庆伟省长亲自批示由相关部门联发。沈小平副省长批示：大力实施、务求实效。

③ 各试点县工作成效显著：南皮示范县整县推进渤海粮仓建设，在多水源利用方面探索了路子，成立了渤海粮仓种子公司，建立了县级技术平台；黄骅示范县雨养旱作农业实现了标准化、规范化、科学化和规模化推广，大旱之年获得大丰收；景县示范区的实验证明磷钾肥在河北区域完全可以通过深松底施，解决了微喷水溶肥成本过高，农民难以接受的问题；宁晋示范县的试验证明粮和地下水压采可以实现有效结合，扭转了小麦是耗水作物的传统观念；海兴县的工作证明盐碱地植棉、棉花东移是可行的，棉田增粮是可以实现的。黄骅、威县和巨鹿县的试验证明，在黑龙港区域恢复河北省杂粮产业是可行的。以谷子为例，可使亩产稳定通过 300 kg，并实现生产全程机械化，经济效益与亩产 600 kg 玉米相当。黄骅、武强、威县的试验以及低酚棉的研发证明“大粮食”概念以及农牧结合的可行性，农牧的有效结合是农民增收的重要手段；曲周县的棉麦双丰证明在棉田中可以实现增收 400 kg 的小麦，播种和收获的机械化，使得棉田效益和增粮效益可同时实现。馆陶、威县以及南宫示范县的工作经验证明，渤海粮仓工程必须要走农业生产的全程机械化路径，没有机械化就没有标准化，农业生产就没有出路。

④“百千万”的工作方法是成功的，可实现主体技术的放大；“县域负责人+科技特派团+新型经营主体”工作机制是成功的，新型经营主体作为项目实施主体，适应现代农业减水、减肥、减药的发展要求。

⑤ 5 个服务体系的建立以及“产学研”联盟是成功的，中化集团、领先科技、中友机电等大型肥料、农机公司的进入，开展了全方位、无缝隙服务，完善了配套服务体系，实现了优势互补，为河北渤海粮仓总体目标的实现提供了有力的支撑。

⑥ 河北省渤海粮仓项目作为单项科技项目写入政府工作报告，并以政府名义召开现场观摩推进会，这在河北省发展的历史上是少有的。

（2）工作中存在一些问题

① 试验示范推广的实施上存在问题，还存在边试验、边示范、边推广的现象，这是违背科学规律的；试验示范推广要分三步走，试验允许失败、示范必须要成功，推广必须见效益。

② 多部门的联动以及宣传力度还不够；科技人员的思维还没有跟上社会的发展和农业生产方式变革的大形势，“只见树木、不见森林”的问题存在。

③ 2014 年的工作显得匆忙，初期研究不太透彻，经费到位晚，造成项目某些工作，如体系建设有些被动。

4. 2015 年工作部署

（1）新常态新形势下对项目提出了新的要求

2015 年，中央“一号文件”和河北省“一号文件”都强调了深化体制机制改革，促进农业现代化发展的新要求。科技部对计划项目进行整体思路调整，将 973 计划、863 计划、国家科技计划支撑等项目调整为重大研发需求项目，强调解决国家经济社会发展的重点问题。农业部将整体工作思路调整为“稳粮增收、提质增效、创新驱动”。京津冀一体化对河北农业提出新定位要求。这些都对河北省渤海粮仓科技示范工程提出了新的要求，我们应及时调整思路。按照“树立新理念、构建新布局、打造新模式、发展新业态、培育新主体、强化新支撑”的 6 个新要求和按照“稳粮增收，提质增效，创新驱动”的总体目标，“保口粮绝对安全，保谷物基本自给”；同时要做到“一节二省三转化”“一节”即节水，“二省”即省肥、省药，“三转化”即作物秸秆、畜禽废弃物和残膜回收的转化利用。

（2）工作谋划与具体要求

工作要“突出协同创新、突出大粮食理念、突出节水优先、突出培育新型主体、突出转化应用”，实现增粮、节水、增效目标。遵循“粮田增粮、棉田增粮、替代增粮”与“生物节水、农艺节水、工程节水、管理节水”技术路径。科技支撑方面要求组建创新团队，构建服务体系，选建示范基地，创新管理模式。进度安排要求“2014 年打基础、2015 年扩范围、2016 年全铺开、2017 年搞总结”。

2015 年工作总体要求：增粮节水增效并重，并实现规模化、标准化生产。转化工作要作为工作的重点，必须满足科学、技术、经济和机制的可行性要求。推广工作要分试验、示范、推广三步走，以示范为引领、为重点，推广培训要跟上，要创造氛围，放大示范效果。试验要求出数据、出专利、出标准、出品种、出机具、出肥料、出农药、出文章。示范主要解决不同区域不同模式标准化和展示性的问题，绝不允许失败。重点示范县要求必须建立百亩试验田、千亩示范方和万亩辐射区。一般县必须建立千亩示范方，要有重点推广技术内容、技术负责人、明确实施地点，设立标准化标牌。八大主体技术模式推广以需求为引领，要有物化的成果，要研发集成轻简化、傻瓜化、规模化的技术模式。

① 强化示范工作。鼓励地方积极性高、示范效果好的示范县采取竞争的方式提出申请，按照八大主推技术模式分区域召开大型观摩会，更好地展示技术示范推广效果。

② 开展项目联查工作。对 2015 年研发项目、示范推广项目和成果转化项目都要对照目标任务进行联合检查，确保工作目标的实现。

③ 重视档案管理。各任务要做好声像、文本等档案管理工作，项目实施结束后，要有一套完整的拿得出手图文并茂的文本、视频等档案资料。

④ 加强宣传工作。建立项目信息平台，加强各参与单位之间的沟通交流；要利用各种新闻媒体宣传项目理念、思想和做法、技术，扩大影响。

⑤ 高度重视经费管理工作。确保经费使用安全，经得住审计。

5. 科技厅领导提出要求

省科技厅陈卫滨副厅长充分肯定了 2014 年渤海粮仓科技示范工程取得的实效，并就如何做好 2015 年工作提出要求。

（1）要充分认识工程项目的重要性

渤海粮仓科技示范工程由科技部牵头，会同中国科学院在河北、山东、辽宁、天津“三省一市”启动实施，工程实施以来，中共河北省委、省政府高度重视，将其写入 2014 年、2015 年政府工作报告和 2015 年中共河北省委、省政府“一号文件”，作为全省的战略性增粮工程来抓，并成立了领导小组。时任河北省省长张庆伟、时任中共河北省委赵勇、时任河北省副省长沈小平、时任河北省副省长许宁等省领导在不同场合，就工程实施进行了多次指示。2014—2017 年，拿出专项资金予以支持，并编制了《方案》，另外，有关设区市、县领导和科技管理部门也都高度重视此项工作，对工程实施给予了大力的支持。工程实施已经得到了各级党委政府的高度重视和充分肯定，在政策支持和经费保障上面临着前所未有的发展机遇。大家对工程实施重要性的认识，要再深化、再加强，切实增强做好工作的主动性和紧迫性，确保工程顺利实施。

（2）工作开展要深入

① 关键技术创新要突出特色。紧紧抓住水资源匮乏、夏粮生产水平不高等关键问题，针对环渤海地区、黑龙港流域等地的生产生态特点，优化配置、系统集成单项技术，充分挖掘生产潜力。同时，要兼顾产量水平、成本投入、资源合理利用等多重目标，注重技术的经济化、量化和物化，拿出的成果要好而不贵，推广时要注意把成果简单化，变成傻瓜技术，要让农民朋友学得会、用得上、推得开。

② 示范区建设要加强新型主体培育。要进一步加强与种粮大户、农业专业合作社、家庭农场等新型农业经营主体的合作，依托这些新型经营主体建立示范区。在技术辐射推广中，要加大技术体系在这些新型农业经营主体中的应用推广力度，切实体现出科技的生产水平和效益。

③ 充分发挥科技特派团和科技特派员在工程实施中的作用。各市、县科技局要把特技特派员的下派工作和渤海粮仓科技示范工程深度结合。各设区市科技局，要组织与示范县主动与河北省农林科学院等科研院校对接，主动和项目区技术负责人联系，引进科技人员到示范区开展科技服务。河北省科技厅将在“三区”人才选派、农业科技成果转化资金、后补助奖励资金等方面给予支持。

(3) 要进一步加强项目管理

① 严格落实目标任务责任制。工程实施建设实行分级管理和任务合同管理。各主持人既是执行主体，更是责任主体。要按照任务书中确定的任务，一级一级抓落实，确保工程各项任务落到实处。各市、县科技局要紧抓示范推广工作，加强与政府主要部门领导沟通汇报，各市、县主管部门每年至少召开两次会议，年初总结部署工作，中期要进行工作检查。

② 加强资金管理。各项目承担单位要认真遵守财务管理制度，严格按照预算资金以及相关科目进行资金开支。河北省农林科学院作为河北省项目区牵头单位，要加强在经费使用中的审核监督作用，对本单位经费和外拨经费使用情况实行有效监管。

③ 抓好宣传报道。各市、县和项目承担单位要主动配合项目管理办公室，总结提炼经验模式和实施成效，多渠道、多方式对实施成效进行宣传。通过宣传，提高各级领导和群众对工程实施的认知程度，推动新成果、新技术快速与农民接触，转化成真正的生产力。

④ 认真总结工作经验。2015 年，全国性的渤海粮仓现场观摩会将在河北召开，要认真总结归纳河北省项目实施过程中好的经验做法，与其他省市进行很好的交流，更好地推进渤海粮仓科技项目工作。

四、工作推进与现场观摩会

河北渤海粮仓科技示范工程实施 5 年，共举行不同类型不同规模的工作推进和现场观摩会、技术培训会 300 场次以上，参加会议的技术人员、管理人员、新型经营主体负责人、农民等累计超 5 万人次，取得了显著的示范推广效果。其中 2014 年河北省渤海粮仓建设工程观摩推进会与 2015 年科技部工作推进与观摩会议影响深远。

1. 河北省渤海粮仓建设工程观摩推进会

2014 年 9 月 4—5 日，河北省政府在黄骅市组织召开河北省渤海粮仓建设工程观摩推进会，旨在总结河北省渤海粮仓建设工程进展情况，宣传典型经验和做法，观摩交流经验，推广共性技术，安排部署下步工作。沈小平副省长及领导小组成员单位负责同志；沧州、衡水、邯郸、邢台市政府分管负责同志和牵头部门主要负责同志；项目区(市) 政府分管负责同志及牵头部门主要负责同志；2014 年项目先行示范县及技术服务体系技术负责人等共计 150 余人参加会议。

会议代表观摩了黄骅市羊三木乡羊三村的粮草轮作苜蓿产业技术示范区和齐家务乡二科牛村的旱作玉米高产技术示范区，两个示范区通过构建农牧结合模式，实现了生态改土培肥、奶牛高产优质高效、农牧业协调发展，从而为河北省渤海粮仓建设工程构建“藏粮于地、以草节粮”的发展战略提供重大技术模式支撑；雨养旱作区蓄墒保播增收“两年三作”耕作种植制度、春玉米“起垄覆膜侧播”种植技术、夏玉米宽窄行单双株增密增产种植技术等在基地成效显著，并实现了全程的机械化，产生了良好的经济效益和社会影响，平均每年增产 160 kg/亩以上，每亩增效 300 余元。通过现场观摩，与会代表对黄骅的经验有了更直观的感受，促进了各示范县之间互相学习，相互借鉴经验。

沈小平副省长就如何加快项目建设提出以下 3 点要求。

（1）高度重视，形成共识

加快渤海粮仓建设，对提高河北省粮仓综合生产能力，推动区域水土资源高效利用，加快现代农业发展步伐意义重大。工程实施后，将极大地促进农业增产、农民增收和农村发展，惠泽项目区各个方面，体现在“4 个有利于”，即有利于提高耕地质量促进粮食生产、有利于提高用水效率促进农业高效节水、有利于提高种植效益促进农民增收、有利于提高科技水平促进成果推广应用。

（2）统筹安排，突出重点

要按照增产增效并重、良种良法配套、农机农艺结合、生产生态协调的总体思路，依据生态优先、节水改土、稳夏增秋、棉改增粮、粮饲结合、集约经营的技术路线，突出抓好粮食增产、农业节水、主体培育、示范推广等关键环节，着力提高工程区粮食综合生产能力和农业水资源综合利用效率。到 2017 年项目要实现增粮 15 亿 kg、节水 7 亿 m^3，到 2020 年实现增粮 25 亿 kg、节水 10 亿 m^3。下一步工作推进中要做到 4 个注重。

① 注重规划先行。按照“2014 年打基础，2015 年扩范围，2016 年见成效，2017 搞验收”的要求，河北省科技厅、河北省农林科学院要抓紧会同有关部门，组织专门力量高质量高效率地完成总体规划编制，总体规划要在 10 月底前完成；项目区市县要主动作为，加强衔接沟通，同步开展配套规划编制工作，根据不同区域类型特点，分别制定市县具体的实施规划，确定增粮节水的具体目标，年底前完成。

② 注重科技支撑。要着力抓好关键技术研发、配套技术集成和实用技术推广 3 个重点环节。

③ 注重节水优先。把渤海粮仓建设与地下水超采综合治理有机结合，协调推进，要在结构节水、工程节水、管理节水和农艺节水上下功夫、做文章。

④ 注重机制创新，包括主体培育机制创新、资源共享机制创新、工程管理机制创新和考核评价机制创新。

（3）精心组织，全力保障

渤海粮仓建设是一项系统工程，为确保各项目标任务落到实处，要切实做好“4 动”。

① 宣传发动。各地各有关部门要利用多种渠道，深入宣传实施项目的重要性和必要性，营造良好氛围；发挥好示范区的引领作用，及时总结经验，把培育的优质品种、集成的增粮技术、创新的增产模式汇编成册，通过各种方式及时传递到各类需求人员当中。

② 政策驱动。加大资金保障，各地市筹措专项资金，配套用于项目建设，统筹安排使用；河北省科技厅、河北省农林科学院要会同有关部门抓紧研究制定相关政策。

③ 协调联动。河北省科技厅要继续发挥好牵头作用，加强组织协调，及时掌握进展情况，解决突出问题；河北省农林科学院要加强项目管理工作，严格组织实施；河北省财政厅要加强资金统筹使用和监督管理；河北省农业厅要搞好示范技术推广工作等各项服务；河北省水利厅加大节水压采试点等工作；相关部门要各司其职、各负其责、紧

密配合，有关市县要加强统筹协调、落实配套政策，为项目实施提供保障。

④ 督导推动。河北省科技厅、河北省农林科学院要会同有关部门，定时检查建设进度是否符合节点要求，实施质量是否达到预定标准，资金使用是否规范严格，示范成果是否客观真实等。要通过督导促尽责、查落实，促求真、查原因，促进度，查成效。

2. 科技部工作推进与现场观摩会

2015 年 6 月 1—2 日，科技部在沧州南皮、衡水景县召开渤海粮仓科技示范工程工作推进会及现场观摩会。科技部农村科技司、农村中心领导、中国科学院科技促进发展局领导、河北省科技厅领导、沧州市领导，河北、山东、辽宁、天津项目区主要负责人、课题负责人以及新型经营主体代表等 100 余人参加会议。

（1）观摩参观

与会领导和代表参观考察了中国科学院遗传所南皮试验站、南皮五拨示范区，景县示范区、深州前营小麦繁种基地、河北省农林科学院旱作所节水农业示范站。南皮示范区主要示范微咸水补灌技术，选用小偃 81、小偃 60 为骨干品种的高产、耐盐、抗逆新品种并配套“双早双晚技术模式”，控氮增磷补钾、微肥有机无机结合的高效清洁施肥技术、农情实时诊断的精准农业技术和专业化控统治等，冬小麦夏玉米年粮食生产能力突破1 100 kg/亩。

景县示范区主要向与会代表展示了咸淡混浇与精准智能控制系统、微灌水肥一体化、测墒灌溉技术和吡虫啉拌种全生育期控制麦蚜技术成果等；与会代表还参观了深州前营小麦品种繁种基地，景县“以草代粮农牧结合”节水高效种植模式示范基地，华北地区马铃薯种植新技术示范基地，河北省农林科学院旱作农业研究所节水农业试验站。

沧州市作为渤海粮仓科技示范工程的发源地和核心区，自项目实施以来，成立了项目工作推进领导小组，制定了整体实施方案和年度细化工作方案，按照时间节点逐步推进计划，将任务目标落实到田间地块，责任分工分解到单位人头，加强宣传，及时指导，形成合力，扎实推进，取得了阶段性的明显成效。2014 年示范区覆盖 10 个县（市），示范推广面积达到 60 万亩，实现增粮 0.6 亿 kg；2015 年推广县（市）扩大到 14 个、示范推广面积扩大到 100 万亩，力争实现增粮 1 亿 kg 的目标。

河北省渤海粮仓涉及黑龙港地区沧州、衡水、邯郸、邢台 4 个设区市 43 个县（市），中共河北省委省政府将渤海粮仓科技示范工程写入河北省“一号文件”和政府工作报告，并于 2014 年 9 月以省政府名义在沧州黄骅召开项目现场观摩推进会，有力地推进了项目实施。

工作重点打了 3 个硬仗。一是技术攻关硬仗，省部协同，北京天津协同、部门之间协同，整合高校、科研单位等的技术力量协同攻关、跨界攻关；二是推广应用硬仗，在 43 个县搞百亩核心区、千亩示范方，在重点示范县搞万亩辐射区，梯次放大梯次推进，大面积推广示范技术模式；三是成果转化硬仗，以企业为主体在项目区大面积转化一批技术成果。

(2) 中国科学院科技促进发展局领导提要求

中国科学院科技促进发展局领导提出要求如下。

① 始终坚持以改造盐碱荒地和中低产田为主要目标的项目方向，实施过程中要丰富工作内容，但不能偏离项目目标，坚持到2017年增产30亿kg、2020年增产50亿kg的目标不能动摇。

② 深入研究咸水有效利用方式，把60亿 m^3的咸水利用起来，把坑塘水利用起来，实现节水压采的目标，做到增产不增加淡水开采，节约淡水资源。

③ 以土壤改良和节本增产为突破口，结合现代农业园区的建设，促进农业生产方式的转变。坚持成果落地，不摆花架子，重点示范县建立万亩辐射区，从万亩辐射区走向县域整体推进，从“百千万”工程走向增产节水目标的实现。

④ 充分发挥协同创新机制效果，把国家、省、地方研究单位、农技推广单位、政府力量、企业力量都结合起来，实现项目目标。注重培养年轻人和年轻科技骨干力量，做到政府满意、企业满意、农民满意。

(3) 科技部农村司领导提出要求

科技部农村司马连芳司长充分肯定并高度评价河北省渤海粮仓科技示范工程的各项工作，认为渤海粮仓工作开了一个好头，但下一步工作任务艰巨，要针对我国农业基础薄弱的特点，结合农业工作的长期性、基础性、公益性和区域性，在认真总结的基础上提供一些技术、提供一些模式，将成果写在大地上。具体要求如下。

① 认真梳理渤海粮仓科技示范工程的目标任务，既要找出短板，又要总结成果，为“十三五”进一步做好下一步工作打下坚实的基础。

② 在现有工作基础上，把科研和推广结合起来，进一步加强技术指导和配套，认真地进行成果的推广示范应用。

③ 项目参与单位要协同创新，发挥各自优势和特点，新形势下赋予协同创新新内涵、新内容、新做法、新模式，给农业插上科技的翅膀。

五、宣传推动与绩效考核激励

1. 宣传推动

河北渤海粮仓科技示范工程实施过程中，领导小组高度重视宣传工作，5年来项目管理办公室编写印发信息简报47篇，发往领导小组成员单位、科技部、中国科学院、各示范县以及课题执行单位，交流了情况，促进了相互学习。利用各种媒体手段宣传示范工程的成效、先进技术、工作方法，人民日报、中央电视台、科技日报、河北日报、河北电视台、河北经济日报予以长篇报道，各种媒体宣传达19篇（次）。

项目设立了信息服务任务组，全程跟踪记录实用技术从播种、田间管理到收获过程，宣传推广了项目的科技成果；记录项目实施中的重要会议和重大事件，制作完成项目实施纪实专题片4部，完整展示了项目的实施过程。并拍摄了专项技术片15部，大大提高了技术传播效率。

工程领导小组组织编写了《渤海粮仓河北项目区推荐技术》手册，发放2 100册，与渤海粮仓科技示范工程其他省市共同完成“渤海粮仓增产增效新技术”口袋书，将科技服务及时有效地送到了田间地头，方便了广大科技特派员、种养大户、专业合作社和农民等利用现代农业科学知识，促进了工程实施主体的增产增收。

2. 表彰激励

为鼓励先进、树立榜样，领导小组组织专家进行评审，对在技术研发、成果转化、示范推广做出突出贡献的先进团队、示范县、企业、服务体系、新型经营主体进行了物质和精神奖励。授牌表彰奖励了以下先进单位和团队：

（1）优秀示范县（市）

威县、景县、南皮县、曲周县、宁晋县、黄骅市、泊头市、大名县、馆陶县和枣强县。

（2）优秀专业创新团队

① 微咸水补灌与土壤保育技术研究与示范团队。

② 农牧结合循环经济发展模式与关键技术研究团队。

③ 河北东部低平原区雨养旱作技术模式研究与示范团队。

④ 农田改土培肥与高效施肥关键技术研究与应用团队。

⑤ 棉田增粮技术创新团队。

⑥ 小麦玉米微灌水肥一体化技术模式研究与示范团队。

（3）优秀技术服务体系

① 河北省农业技术推广总站。

② 农机服务体系联盟。

③ 邱县农牧局技术站。

④ 肃宁县农业局技术植保站。

（4）优秀示范推广基地

① 南宫市冀科棉粮种植服务专业合作社。

② 津龙现代农业科技有限公司。

③ 献县秋江农机服务专业合作社。

（5）优秀成果转化企业

① 河北治海农业科技有限公司。

② 河北兰德泽农种业有限公司。

3. 绩效评价

根据河北省财政厅关于做好年度省直部门财政支出项目绩效评价相关文件要求，2016 年 4 月 18 日及 2017 年 5 月 14 日，项目管理办公室分别邀请农业、水利、财务管理、科技管理等相关专家组成评审组，按照《河北省预算绩效管理办法（试行）》（冀政〔2010〕138 号）、《河北省财政支出绩效评价管理办法》（冀财预〔2011〕68 号）文件规定的相关要求对年度项目任务目标、完成情况和项目绩效逐项打分并进行评价，对渤海粮仓任务完成情况及经费使用情况做出绩效评价。

专家组在听取汇报、审阅相关材料基础上认为，工程按照“增产增效并重，良种良法配套、农机农艺结合、生产生态协调”的基本思路，以“突出协同创新、突出‘大粮食’理念、突出节水优先、突出培育新型主体、突出转化应用”为基本原则，通过“粮田增粮、棉田增粮、替代增粮”“生物节水、农艺节水、工程节水、管理节水”技术路径实现增粮节水目标，技术示范推广稳步推进，技术体系不断完善，科技成果转化持续推进，示范基地建设扎实开展；同时，“渤海粮仓”实施与产业发展更加紧密，表现在渤海粮仓种业顺利起步，农业科技园区建设进一步加强，社会化、市场化的农业科技服务体系日趋完善，全面提高了区域粮食可持续生产能力。

河北省渤海粮仓科技示范工程建设 110 个千亩示范方，95 个万亩辐射区，其中，2016 年辐射面积超过 1 040 万亩，实现增粮 9. 95 亿 kg，节水 4. 6 亿 m^3，节本增收 19. 9 亿元，取得了良好的经济效益、社会效益和生态效益。2015、2016 年度得分分别为 97. 58 分、96. 6 分，全面完成各年度任务指标，绩效评价为优。

第四章

河北省渤海粮仓科技示范工程管理的成效与体会

第一节　注重顶层设计与课题纵深配置

一、顶层设计

1. 明确指导思想

河北省渤海粮仓科技示范工程明确了指导全省行动的指导思想，一以贯之的贯彻执行，保证工作不偏不散、不乱不断。始终以“增产增效并重、良种良法配套、农机农艺结合、生产生态协调”为总体思路；以“生态优先、节水改土、稳夏增秋、棉改增粮、粮饲结合、集约经营”为技术路线；以全面提高区域大粮食可持续生产能力为根本目标；加强领导、统筹资源、完善政策，逐步构建起适水发展的区域农业生产体系、跨界融合的农业协同创新体系、机制灵活的农业科技成果转化体系、快捷高效的农技推广服务体系，为全省中低产田改造、稳定粮食生产、维系粮食安全、增加农民收益提供可靠技术支撑。

2. 坚持基本原则不动摇

(1) 突出协同创新

统筹国家、省、市、县科技力量，优化资源配置，充分调动当地政府、科研单位、大专院校和农民及各类新型农业经营主体的积极性，提高参与程度，加大支持力度，构建起产学研、农科教相结合的技术协同创新和示范推广体系，为工程实施提供强有力的科技支撑。

(2) 突出“大粮食”理念

统筹解决口粮、饲料和工业用粮问题，通过中低产田改造和棉田改制，扩大粮食种植面积，增加小麦、玉米等主要粮食作物产量，并按照“农牧结合、粮饲结合”原则，调整种植结构，适当发展青贮玉米、杂粮、薯类、牧草等作物，提升粮食生产能力和粮食当量水平。

(3) 突出节水优先

结合落实全省地下水超采综合治理试点、山水林田湖生态修复等工作的重要部署，以当地可利用水资源为硬约束条件，以提高水资源利用效率为核心，生物节水、农艺节水、工程节水和管理节水相结合，逐步构建起适水发展的粮食生产体系，努力实现项目区“节水、增产”双目标。

(4) 突出培育新型主体

支持龙头企业、专业合作社、家庭农场等新型农业经营主体参与工程实施，培育专业化、现代化的农业生产、经营、服务企业，用农业经营规模化带动农业机械化，用农业机械化带动农业标准化和农业现代化。

（5）突出转化应用

积极探索成果转化的市场化、商业化模式，推进农业高新技术的规模化、产业化示范应用。以县为单元，完善试验区—核心区—示范区—辐射区的技术推广模式，明确任务目标、工作重点、实施步骤及组织领导、扶持政策、推动措施等，加快技术的示范推广。

3. 明确目标任务

（1）总体目标

渤海粮仓建设科技支撑作用进一步凸显，农业产业结构进一步优化，资源利用效率明显提高，主要农作物耕种收综合机械化水平明显提升，粮食生产可持续发展能力明显增强。到2017年，实现新增粮食产能15亿kg，节水7亿m^3。

（2）具体目标

① 筛选培育出适于中低产区的小麦、玉米、杂粮、牧草等品种8～10个，开发新型盐碱地专用肥料10个，开发智能化农机装备6～8项，申请专利8～10项。

② 形成咸水安全利用、盐碱地改良、雨养旱作、棉田增粮等技术规程、地方标准10项。

③ 建成两家省级以上农业科技园区，建立稳定的百亩试验田、千亩示范方、万亩辐射区100个以上，形成农技、种子、植保、肥料、农机等五位一体的综合技术服务体系。

④ 农业科技进步贡献率提高5%，耕种收综合机械水平提高5%，水分利用率从1.2 kg/m^3提高到1.5 kg/m^3。

二、注重整体工作布局

1. 确立技术路径

（1）增粮路径

① 粮田增粮。通过“土、肥、水、种、密、保、管、工”等实用技术成果应用和构建节水灌溉、微咸水补灌、蓄雨旱作粮食生产体系，提高中低产粮田单产水平。

② 棉田增粮。通过调整棉田区域布局、实施棉花东移战略，发展粮棉套种和适宜棉田种植制度改革，增加粮食播种面积。

③ 替代增粮。利用瘠薄旱地和盐碱荒地种植牧草，发展青贮玉米及低酚棉，改良土壤，培肥地力，草粮轮作，藏粮于饲、以草代粮，拓展作物种植空间，增加饲料蛋白资源，提高粮食当量水平。

（2）节水路径

① 生物节水。通过调整种植结构，优化作物布局，发展节水耐旱作物，推广节水抗旱品种，压缩高耗水作物或品种实现节水。

② 农艺节水。治碱改土、培肥土壤、深松覆盖、提高土壤蓄水保墒能力，推广冬小麦春一水节水稳产配套技术、春玉米雨养旱作保护性耕作技术以及小麦、玉米水肥一

体化节水技术等。

③ 工程节水。加强农田水利基础设施建设，大力推广垄沟防渗和小畦灌溉，积极发展微灌、喷灌等高效节水灌溉模式。加强坑塘集雨工程建设，合理利用浅层微咸水资源，以减少对深层淡水的开采。

④ 管理节水。建立符合市场导向的农业水价调节机制，推进农水管理体制改革，推广测墒灌溉、定额配水、智能节水、节奖超罚、水权交易等措施，严格控制地下水的无序开采。

2. 科技支撑

（1）组建创新团队

以中国科学院、河北省农林科学院、项目区所在地的农业科研单位和大专院校为主体，组建技术创新研发队伍，组织开展适宜技术的研发、引进与技术集成，为项目实施提供科技支撑和培训服务。创新团队下设科技特派团，派驻各重点示范县，与地方技术力量结合，围绕“百亩试验田、千亩示范方、万亩辐射区”开展工作。

（2）构建服务体系

积极发展用水、施肥、农机、植保等专业化、市场化服务组织，以创新团队为技术支撑，结合基层农技推广、农机推广、水利技术试验推广等体系建设，建设粮棉品种、改良肥料、节水技术装备、高效植保、全程机械化等服务体系，做好专业技术服务。

（3）选建示范基地

以沧州为先行示范市，以南皮、景县、威县、曲周等 13 个有代表性的县（市）为先行示范县，以新型经营主体为建设主体，建设一批地点成方连片、基础设施良好、增产节水效果好的示范基地，作为技术规模应用试点、辐射带动源头、示范观摩基地。在先行示范的基础上，逐步将工程扩大到 4 个设区市、43 个县，建设示范基地，整市整县推进工程实施。

（4）创新管理模式

采用“县域总指挥+科技特派团+新型经营主体”管理模式。县政府负责同志任县域总指挥，负责工程总体协调；科技特派团团长任技术负责人，负责技术推广服务体系建设；新型经营主体为实施实体，负责建设示范基地。

3. 进度安排

（1）2014 年打基础

组建创新团队，建立服务体系，选建核心示范基地。根据各区域特点和技术特色，初步筛选各示范基地的主推技术模式，示范应用取得初步效果。

（2）2015 年扩范围

优化核心示范基地布局，完善主推技术模式。发挥科技特派团和核心示范基地的引领带动作用，与当地政府、农业科技园区和农业经营主体结合，在项目区各县（市）建立主推技术模式的千亩示范方、万亩辐射区。

(3) 2016 年全铺开

进一步完善各区域主推技术模式，充分发挥千亩示范方和万亩辐射区的引领带动作用，通过组织现场观摩和技术培训，使主推技术模式在适宜推广区域得到全面推广应用。

(4) 2017 年搞总结

根据水土资源状况、障碍因素、生产条件等不同区域特点，形成盐碱地改良、雨养旱作、棉田增粮等一批增粮节水技术规程，进一步扩大主推技术模式应用面积，全面完成工程实施目标。

第二节　纵深配置任务课题

为解决以往科技示范工程项目课题设置层次不清，往往出现“边试验、边示范、边推广”的违背推广规律问题，河北渤海粮仓科技示范工程分层次设立“技术研发、成果转化、示范推广”三类课题，坚持试验一代，示范一代，推广一代。试验重在创新，示范重在展示效果，推广重在取得规模效益。

一、技术研发

工程共设立技术研发课题9个，依托区域大专院校、科研单位协同创新，研发关键技术，为渤海粮仓整体项目提供技术储备研究，解决共性问题和生产发展的重点问题。比如，为适应节水增粮新需求，工程发挥河北农科院旱作所是小麦品种抗旱鉴定国家标准及河北省地方标准的制定单位的作用，开展作物抗旱节水品种的鉴定工作。以往进行的抗旱鉴定主要是分旱地品种和足水品种进行鉴定。随着渤海粮仓及地下水超采治理及节水栽培技术和对抗旱节水品种产生的新要求，他们将原来统称为抗旱节水品种的小麦品种细分为纯旱地品种、春浇1水品种、春季2水品种和足水品种的鉴定工作。并将鉴定出的节水品种向整个河北平原区推荐应用，保证了生物节水目标的实现。

在河北省以小麦玉米主要种植制度的粮食生产体系中，生产的玉米70%以上是作为饲料粮。饲草作物主要是收获营养体，不需要收获成熟籽实，其生产对环境条件要求较粮食作物要宽松许多，因此直接引入节水饲草代替部分粮食作物，较生产出粮食再做成饲料既节水又提高种植和养殖效益。如：牧草中苜蓿在低平原栽培需要灌溉水较少，一般一年仅浇1水即可，年可产苜蓿干草约1 t，与吨粮田的粮食产量相当，而蛋白含量丰富，是营养价值很高的高档饲草。工程开展了优质牧草的培育工作，培育出一批苜蓿、高丹草，青刈黑麦等具有抗旱、节水、高产特点的优良品种。在低平原区雨养种植或浇1水，可亩产鲜草7 t以上，较小麦玉米亩节水100～150 m^3，而经济效益相当。

二、成果转化

以企业为主体，面向京津冀地区，产学研结合引进一批重大科技成果进行规模化转化，根据不同区域特点，建立一批万亩以上示范基地，河北渤海粮仓科技示范工程共有96家种子、肥料、农药、机械设备企业，参加或协作转化示范课题的工作，加速了技术的物化、简化。同时，示范工程培育出河北领先科技、河北肥尔得肥料、河北兰德泽农种业、农哈哈、大地种业等一批涉农企业和知名品牌产品。

2014年6月25日，河北省渤海粮仓科技示范工程办公室在石家庄河北中友机电公司组织召开新型服务体系合作联盟签约大会，各服务体系负责人、合作联盟企业负责人、各示范县技术负责人等50多人参加会议。会议的主题是“建设渤海粮仓，诚信服务‘三农’，务实合作共赢”。目的是实施产学研有效结合，整合多方资源、技术、人才和服务平台优势，提升农业科技水平与服务“三农”的能力。以开放的理念和心态创新体制机制，完善技、物结合的配套服务体系，实现优势互补，政技物共同发力，为河北渤海粮仓建设项目总体目标的实现，提供有力支撑。

这种新型服务体系做到了5个结合：一是与现代农业装备企业结合；二是与现代服务业结合；三是与新型经营主体结合；四是与京津冀一体化、压采地下水、山水林田湖等生态建设结合；五是与农牧和杂粮产业发展结合。以动态和开放的机制吸引更多、更好的讲诚信，有实力的优秀企业参加到项目建设中来。走出“项目搭台、技术编导、企业唱戏”的发展服务模式，整体提升了“政、技、物”结合水平和服务能力，开展了全方位、无缝隙服务。

威县河北宏博牧业公司以“河北省渤海粮仓科技示范工程”为合作平台，在威县共同探索生态优先、农牧结合、食品安全、节本增效、培植产业、循环经济、可持续发展的技术模式。产学研协同创新，解决农牧结合问题。集优质高效和环保于一体，串联“种、养、加”，种植业与牧业对接、产业链延伸与畜禽废弃物处理结合，创建了渤海粮仓农牧结合高效生态农业和绿色循环发展威县模式。

河北兰德泽农种业有限公司和河北省农林科学院旱作农业研究所共同承担冬小麦新品种河农130、衡4399成果转化课题，课题组紧紧围绕河北低平原区严重干旱缺水的突出问题，以品种节水理论为指导，通过示范基地建设，技术指导、技术培训和技术宣传等，带动节水小麦品种规模化生产，为小麦生产持续稳定发展提供技术支撑，提高小麦综合生产能力。课题组采取示范与繁种、公司与基地县相结合的方法，在衡水、沧州、邢台、邯郸等地共建立示范基地13个，面积78 580.8亩，基地建设责任到人，目标明确，管理规范，规模化程度高，示范作用明显。

2015年5月23日，河北省渤海粮仓科技示范工程管理办公室邀请有关专家组成检测组，对衡水武强县街关镇西刘庄村衡4399千亩示范方和沧州吴桥安陵镇的万亩辐射区方进行田间检测，检测结果如下。

千亩示范方：中上等地力，水肥一体化灌溉，亩灌水量70 m^3，亩产663.97 kg，比对照鲁原502增产82.31 kg/亩，增产14.2%。

万亩辐射区：中等地力，春季浇水1次，亩灌水量55 m^3，亩产562.58 kg，比对照济麦22增产85.5 kg/亩，增产17.9%。

当地主管部门对其他示范基地组织专家进行检测，平均亩产519.95 kg，比当地生产其他品种增产65.75 kg，增产12.04%。示范基地总增产530.4万kg，总节水量386.9万m^3。

三、示范推广

涉及项目区43个示范县（市），由河北省农业技术推广总站总指导，以八大主体技术模式技术为基础，结合当地具体情况，突出节水、旱作、稳产、高效，规划4个以稳量增效为主的示范推广模式区，即节水及雨养旱作增产模式区、咸淡水混浇及微灌水肥一体化稳产模式区、棉粮轮作及麦棉套种增粮模式区、节水灌溉及微灌水肥一体化吨粮模式区。

为让技术落地生根，河北省农业技术推广总站根据实际需要，在项目区通过行政+推广、技术+培训、物资+服务等多种推广方法和技术服务体系，进基地、到田间地头，深入开展实地培训和巡回服务，在项目主体单位建立百亩核心区、千亩示范方的基础上，实施万亩以上大面积示范推广，迅速将先进技术在示范县进行示范推广。

2016 年推广节水及雨养旱作增产模式区推广面积 135 万亩。该区主要推广小麦、玉米一年两熟节水增产技术、小麦玉米一年两熟雨养旱作技术和盐碱地治理改良及配套植棉技术等 3 项主体技术模式。咸淡水混浇及微灌水肥一体化稳产模式区示范推广面积 100 万亩。该区主要推广小麦玉米咸淡水混浇种植技术和小麦玉米一年两熟水肥一体化技术等两项主体技术模式。棉粮轮作及麦棉套种增粮模式区示范推广面积 95 万亩。该区主要推广棉粮两年三熟轮作种植技术、麦棉套种种植技术和小麦棉花一年两熟栽培技术等 3 项主体技术模式。节水灌溉及微灌水肥一体化吨粮模式区示范推广面积 60 万亩。该区主要推广技术为小麦玉米一年两熟水肥一体化技术和小麦玉米一年两熟节水吨粮集成技术等两项主体技术模式。

2016 年，各县举办技术培训班 5 期次，重点培养县乡农业技术推广人员 30 名，培训生产合作社（协会）技术人员、村农技人员、种植大户等 600 名，印发技术明白纸 5 000份，进行技术宣传 3 期次，全面推进农业科技创新服务进村、到户，用科技点亮了现代农业发展的曙光。

推进渤海粮仓示范县主体技术示范推广，必须有技术、物资、资金的支持，但由于项目经费有限，无法做到在技术领域全方位覆盖。项目县农业局整合项目资源，将渤海粮仓项目与重大农业项目相结合进行；与高产创建项目相结合，核心示范方田统一品种；与配方施肥项目相结合，项目区所有方田全部进行测土配方施肥；与节水小麦产业项目相结合，地下防渗管道铺设和机耕路的修建对项目区重点扶持；与大型农机具购置补贴相结合，大型农机具购置补贴向项目区倾斜，实行统一机耕、机播、机收等。

要求各县建立示范方，各市在县级示范方基础之上建立市级示范方。各地通过将支农惠农政策向示范方倾斜的方法，将其打造成观摩示范的重点，并以此为平台集中展示新品种、新技术，创新了形式多样的农技推广方式方法。在技术推广方式上，建立并完善了“专家组+试验示范基地+农技人员+科技示范户+辐射带动户”的农业科技成果转化的模式和快速反应机制，推行“农技人员直接到户，技术要领直接到人，良种良法直接到田”的技术服务新机制，并根据农户需求，技物结合，现场指导，开展“直通车”服务。通过抓点示范，建立重点科技示范基地，培育科技示范户，充分发挥了示范展示、辐射带动作用。

第三节 创新管理机制与方法

一、管理机制创新

1. 构建新型科技管理模式

河北省渤海粮仓科技示范工程项目采取“县域总指挥+科技特派团+新型经营主体”的管理模式。主管县长任县域总指挥，技术负责人任科技特派团长，市县有关部门抽调专门人员与技术依托单位技术人员组成科技特派团；新型经营主体为项目实施的法人实体，共同推进示范区渤海粮仓科技示范工程实施。

项目搭建了京津冀协同创新、产学研一体化的平台，组建了中国科学院、中国农业科学院、中国农业大学、河北省农林科学院、地方农科院等科研院校参与的国家队、省级队和地方队相结合的技术研发队伍；以企业为主体一批农机公司、肥料公司、种业公司通过参与项目实施，促进了新品种、新技术、新机具、新设备和信息化管理等先进科技成果在项目区的规模化转化，组织配套服务体系全方位、无缝隙、保姆式服务，以农业推广部门和新型经营主体为主体开展技术推广，取得规模效益。

2. 实施“5 家握手”行动促产学研紧密结合

河北省渤海粮仓科技示范工程实施过程中力求做到产学研紧密结合，打通学术孤岛，在推广的农牧结合模式中，为了将种植、养殖、废弃物利用和循环经济评价多专业、多学科有效融合，引进集成京津冀、国内外先进技术，创新驱动现代农业的健康、可持续发展，工程实施了政治家、科学家、企业家、金融和保险 5 家握手行动。

2015 年 3 月 13 日，省渤海粮仓工程项目区威县举行了“农牧结合生态循环农业战略联盟‘握手行动’座谈会暨签约仪式”。威县人民政府、河北省农林科学院、河北省农业开发银行、河北省人财保险公司、河北九知农业科技有限公司签订了“农牧结合生态循环农业战略合作联盟协议书”。

2015 年 3 月 29 日，在威县召开“5 家握手”行动推进会，贯彻落实 2015 年 3 月 13 日“农牧结合生态循环农业战略合作联盟协议书”座谈会及“5 家握手”行动的推进会。参会各方对创立中国现代农业的威县模式给予充分肯定，经过充分讨论和友好协商，初步达成共识，明确了科技园区、科技局、农业局等各职能部门工作任务及相关人员职责。

2015 年 11 月 20 日，农牧结合循环经济重点项目推进会暨签约仪式在威县举行，共签署了 3 个协议：一是威县人民政府与河北九知农业科技有限公司签署种养结合废弃物资源化利用产业化项目投资协议；二是华油惠博普科技股份有限公司与河北九知农业科技有限公司签署（河北优净生物公司年产 30 万吨生物有机肥）项目合作协议；三是河北省农林科学院遗传研究所与河北优净生物公司签署产学研战略合作协议。

威县农牧结合循环经济重点项目的推进是建立产出高效、产品安全、资源节约、环境友好现代农业的具体体现。农牧结合是循环经济链的重要结点，畜禽废弃物无害化处理是工作的抓手，将种植业的生产、畜牧业的转化、微生物业的分解形成完整链条，实现绿色发展。创新驱动，必须依靠科技创新、产业创新、机制创新和商业模式创新，政治家、企业家、科学家、投资家、保险家“5 家握手”解决了当前成果转化中的瓶颈问题，突破了部门管理的条条框框与互置前提，使科技成果尽快落地，打通了最后一千米，达到了多方满意，合作共赢。

二、创立“百千万”示范推广法

河北省渤海粮仓科技示范工程要求，13 个重点示范县在科技依托单位的指导下建立百亩试验田，百亩试验田重在实验数据的获得，解决科技支撑的基础问题。项目要求 43 个示范县要建立千亩示范方和万亩辐射区。千亩示范方重在展示规模效果，万亩辐射区重在为农民增收增效服务。

通过“百千万”工作法，使示范效果得到展示，并在此基础上推广成熟技术模式，实现主体技术的逐级放大，使示范技术大面积推广至整个项目区，实现粮食增产，农民增收，农业增效。工程实施中，共建立百亩试验田 40 个，千亩示范方 110 个，万亩辐射区 95 个，并按照规模化、集约化、标准化要求建立国家级示范园区 3 个，省级示范园区 22 个，起到了试验、示范、推广梯次推进的效果。

第四节　突出绿色发展理念集成技术模式

在确保口粮安全的前提下，科技示范工程贯彻“藏粮于地、藏粮于技、藏粮于水”宗旨，以土壤改良和节本增效为突破口，推广节水节肥生态健康型粮食生产技术，弱化绝对增加粮食产量观念，根据水资源状况、市场需求、生态红线等统筹考虑粮食生产问题，树立“大粮食”思维。统筹解决口粮、饲料和工业用粮问题，通过中低产田改造和棉田改制，扩大粮食种植面积，以水定产、以地定产、以需定产，并按照“农牧结合、粮饲结合”原则，调整种植结构，适当发展青贮玉米、杂粮、薯类、牧草等作物，农田与草地结合，草粮耦合，立草为业，提高畜牧业转化水平，大幅提升粮食生产能力和粮食当量水平。通过工程实施，河北渤海粮仓技术团队研发集成了适宜不同区域条件的八大技术模式。

1. 环渤海低平原多水源高效利用技术模式

针对环渤海区粮食生产中淡水资源极度短缺，水分利用效率低，同时该区浅层微咸水资源和降水资源较丰富的现状，中国科学院遗传所农业资源研究中心研发团队，以“集蓄雨水、用好咸水、节约淡水、合理引水”为主题，开展以挖掘咸水利用潜力、提高地下淡水与雨水利用效率研究，突破了微咸水长期安全利用难题，发展了微咸水安全利用机理和技术；通过高效利用雨水资源的栽培种植技术变革，提升了雨养旱作农田生产力，实现以咸补淡、以淡调盐、多水源互补高效利用，粮食增产。适水种植技术在南皮示范县应用，节约淡水 50%，雨水利用效率提高 20%，实现吨粮，为环渤海中低产区增粮工程的实施提供了水资源保障。

2. 微灌水肥一体化技术模式

为彻底改变区域小麦玉米传统的大水漫灌灌溉方式，以河北省农林科学院粮油作物所和邢台市农业科学研究院为主的研发团队，在基地设置了微喷、卷盘式喷淋、摇臂喷头式、自动伸缩式、平移式 5 种不同喷灌方式下的水肥一体化栽培试验与示范，解决了传统小麦生产的产量结构不合理、无效耗水多、水分利用率低的问题，玉米种植密度增加，后期叶片功能增强，粒重显著提高。该技术模式在宁晋示范基地连续 3 年实现节水 50%，节肥 20%，省工 20%，节地 8%，小麦玉米亩增产 150～200 kg，亩节本增效 300 元以上。该模式在 20 多个示范县进行了推广应用，并辐射到京津等周边省市，为水资源匮乏区实现粮食增产、农民增收、农业增效提供了成功技术模式示范。

3. 低平原浅层微咸水补灌高效用水技术模式

中国科学院遗传所农业资源中心研发团队集成了以“抗逆品种筛选—土壤培肥改良—多水源高效利用—耕作栽培配套”为核心的环渤海低平原小麦玉米微咸水补灌吨

粮技术模式，用 5 g/L 以下的微咸水替代深层淡水灌溉，增产 15%以上，每亩节约淡水 50 m^3，亩节本增效 120 元。

河北省农林科学院旱作农业研究所研发团队，探索出作物正常生长的耐盐阈值，合理的咸淡混浇比例与时期，配置了“一淡两咸”专利井泵，实现了节约深层淡水 25%～35%，增产 8%，亩节本增效 100～110 元。

4. 棉改增粮技术模式

以河北省农林科学院棉花研究所和邯郸市农业科学院为主的研发团队，采用“滨海盐碱拓棉，内地棉改增粮”的技术路线，向滨海盐碱地要棉花，向冀中南棉田要粮食，实现土地资源的高效综合利用。该技术模式主要涵盖了 3 项技术内容：一是研发了以“台田抑盐—隔层隔盐—抽提降水—库池蓄水—压盐灌溉”为核心的盐碱地棉花五位一体生态种植技术，改良滨海中重度盐碱地，促进河北省棉田东移；二是通过发明可伸缩护苗挡板、可调式拢禾装置等专利技术，实现小麦机械化收获，构建了麦棉套作一年两熟技术模式，在冀南光热资源充足的传统一熟棉区，在棉花不减产的基础上，亩增收小麦 400 kg 以上，实现了棉麦双丰；三是通过对土壤耕层重构，均衡分布土壤养分，提高土壤蓄水保墒能力，构建了“棉花—小麦—玉米”两年三熟模式，棉花增产 7%以上，粮食增产 10%以上。

该团队还开发低酚棉及其利用技术，通过选育低酚棉品种，实现棉花品种棉粮饲一体化，在皮棉产量不降低的条件下，低酚高蛋白棉籽亩增收百元以上。

5. 东部低平原雨养旱作节水增粮技术模式

针对河北东部低平原春季少雨干旱、有效降雨少、产量低而不稳现状，沧州市农林科学院研发团队从耕作制度升级出发，开展雨养旱作区蓄墒保播增收“两年三作”耕作制度及关键技术研究，研发了春玉米起垄覆膜侧播、玉米宽窄行单双株增密、小麦春季追施水溶肥、微垄覆膜侧播、冬小麦旱作“六步法”等技术，集成了“两年三作”稳定耕作种植制度。配合新技术模式，研发出 2BYLM-4 型春玉米起垄覆膜侧播双垄四行播种机、夏玉米宽窄行单双株播种机、冬小麦水溶肥追施机、冬小麦微垄覆膜侧播机等机具，实现了农机农艺配套。示范区玉米亩增产 16%以上；小麦增产 15%以上。

6. 杂粮轻简化栽培技术模式

由河北省农林科学院谷子研究所、邢台市农业科学研究院和中国科学院遗传所农业资源研究中心组成的研发团队，针对渤海粮仓中低产田对杂粮作物生产技术的需求，将品种、栽培技术、肥料、农机深度融合，形成了品种混搭贴茬播种、深播浅埋微集雨、谷子农机农艺结合、高粱绿色轻简化生产技术，集成了谷子因地制宜保全苗、雨养旱作栽培技术模式，实现了亩增产 50 kg 以上，节工 3～5 个，节本增效 300 元以上。

7. 农牧结合循环农业发展技术模式

以河北省农林科学院棉花所、农业资源环境研究所、粮油所奶牛研究中心和河北九知农业组成的研发团队，通过筛选适宜的燕麦、甜高粱、青贮玉米、苜蓿等优质饲料作物品种，构建了燕麦—青贮夏玉米、燕麦—青贮甜高粱一年两熟技术模式；研发了高水分苜蓿加枣粉青贮和苜蓿—冬小麦—夏玉米轮作技术，实现了以种促养，以养带种。通过畜禽粪便快速发酵处理和高效发酵菌剂关键技术的突破，发酵时间由传统的 15～30 d，缩短到 6～10 h，面源污染小，环境友好，全封闭自动化和规范化生产生物有机肥，实现了畜禽废弃物的无害化处理、高值化利用，构建了新型农牧结合循环农业发展模式，为农牧结合发展“大粮食”拓宽了渠道，为推动农业供给侧结构性改革提供了新思路与技术支撑，种植提质、养殖加工增值。通过施用优质生物有机肥，优化了土壤生态环境，使种植业生产、畜牧业转化、微生物分解形成了完整的循环链，为河北乃至京津冀现代农牧业的健康发展做出了示范。

8. 小麦玉米一年两熟全程机械化技术模式

以河北省农林科学院粮油作物所牵头的技术研发创新团队，针对区域小麦玉米两熟种植中存在的小麦灌水过量、费工，玉米播种保苗难，植保机械不配套等难题，研发出了小麦玉米淋灌机、麦茬玉米清垄免耕施肥精播机、高地隙植保施药机等专利机械，其中麦茬玉米清垄免耕施肥精播机具有条带清理秸秆、免耕精量播种、侧施肥、覆土镇压、喷药、工作状态监测等功能，使玉米初期保苗和防止二点委夜蛾效果提高 90% 以上。通过农机农艺技术的有机融合，形成了 100～1 000 亩规模经营用户的农机配置解决方案，实现了亩节工 3～5 个，节水 30% 以上，耕种、管理、收获效率提高 50% 以上。

今后，河北渤海粮仓团队要继续围绕乡村振兴战略，针对农业增效、农民增收，绿色发展，改善环渤海地区生态环境的需求，农牧结合，粮饲结合，立草为业，筛选一批耐盐经济植物，构建“梯次推进”改良重度盐碱地模式，生产、生活、生态三位一体，一、二、三产业融合，为滨海盐碱区农业绿色高效发展和生态环境改善提供重要科技支撑。

附　　录

附件 1
《河北省渤海粮仓科技示范工程行动方案（2014—2017 年）》

渤海粮仓科技示范工程，是由科技部、中国科学院联合河北、山东、辽宁、天津等省市共同实施的国家重大科技工程。河北省是工程实施的主要区域，实施面积占工程总面积的 60%，也是粮食单产最低的区域，增产潜力巨大。2013 年工程启动以来，中共河北省省委、省政府高度重视，将其作为促进农业增效、农民增收的重大举措和战略性增粮工程来抓。为切实推动工程实施，按照国家渤海粮仓科技示范工程的总体部署，结合我省实际，制定本方案。

一、实施基础

1. 区域自然条件

工程实施区域主要包括位于冀中南低平原和滨海平原的 43 个县（市、区），耕地面积约3 000万亩，占全省耕地总面积的 34. 8%。属暖温带半干旱半湿润大陆性季风气候，年均气温 12. 5～13. 6℃，活动积温（≥0℃）4 833. 6～5 144. 9℃，无霜期 199～218 d。年均日照时数2 270. 1～2 737. 7 h，年均太阳总辐射量 121. 1～138. 6 kcal/cm^2。降雨量年均 449. 1～547. 1 mm，时空分布不均，年际变化大，水资源严重短缺。

2. 农业生产现状

近年来，在中共河北省委、省政府的重视和支持下，相关市县政府不断转变农业发展方式，调整农业产业结构，加强农业基础设施建设，加快新品种和新技术推广，粮棉产量不断增加，畜牧、蔬菜等特色产业发展迅速，农业综合生产能力持续提高。

（1）产业结构

2013 年，该区域农业总产值为1 751. 32亿元，其中农、林、牧、渔及服务业产值分别占总产值的 57. 4%、0. 9%、31. 2%、1. 2%和 10. 7%。该区域粮棉种植业是农业第一主导产业，畜牧业占农业总产值的比重与全省平均水平（31. 2%）持平，但邢台、沧州项目区比全省平均水平分别低 7. 2%和 1. 9%。

（2）种植结构

2013 年，该区域农作物总播种面积 324. 12 万 hm^2，其中粮、棉、油、菜播种面积分别占总播种面积的 71. 2%、14. 6%、4. 0%和 8. 5%。在粮食生产上，该区域小麦、玉米常年种植面积约占全省的 40%，产量约占全省小麦玉米总产量的 45%。同时，该区域还是河北省棉花集中产区，种植面积占全省的 98%。

(3) 生产水平

2013年，该区域粮、棉、油总产量分别为144.48亿kg、5. 47亿kg和4.42亿kg，分别占全省总产量的42.9%、99%和29.2%。粮食平均亩产417.5 kg（其中：小麦410.3 kg、玉米438.1 kg、大豆164.5 kg），棉花平均亩产77.1 kg，均高于全省平均水平。

3. 有利条件

该区域经济发展迅速、农业基础较好，是国家重要的粮食生产基地，也是环渤海地区新兴经济增长区域和国家重点开发区域，为工程实施提供了坚实基础。

(1) 规模经营趋势明显，有利于科技成果快速转化

长期以来，分散的农业生产经营方式使得成果转化后的经济效益没有得到充分体现，制约了新技术、新产品的规模化快速应用。近年来，随着该区域土地流转的加快，培育出一批专业大户、家庭农场、农民合作社、农业龙头企业等新型农业经营主体，实现了农业生产的适度规模化经营，为科技成果的快速转化奠定了良好基础。

(2) 土地资源丰富，为粮食增产提供大量空间

该区域有大量的劣质耕地、沙荒地和盐碱荒地，通过种植饲草作物，以草改土，培肥土壤，改造成可利用耕地。近年来，我省把发展滨海盐碱地棉花生产作为保证粮食安全、稳定棉花面积的一项战略性措施，加快棉田东移步伐，开发滨海盐碱旱地发展棉花，利用腾出耕地资源发展粮食和蔬菜生产，为扩大粮食生产面积、保证工程实施提供较大空间。

(3) 水利基础设施日趋完善，缓解了水资源紧张局面

随着南水北调中线一期工程、引黄工程、农田水利设施建设等水利基础设施的建设完工，河北省工农业用水的紧张局面将得到缓解，也为工程的全面实施提供了有利条件。

(4) 农业科技创新能力不断增强，破解了中低产田改良的技术瓶颈

河北省农林科学院、中国科学院农业资源研究中心、有关市农科院整合力量，加强协同创新，在抗逆农作物品种选育、粮棉高效生产、盐碱荒地治理等领域，已形成了一支总体水平较高、部分领域领先的中低产田改良科技创新队伍，取得了节水小麦品种、浅层微咸水利用、微灌水肥一体化等一批突破性的科技成果，为全面完成任务目标提供了有力技术支撑和智力保障。

4. 突出问题

从总体上看，该区域农业生产依然存在着科技水平不高、基础条件薄弱、稳产能力不强等问题。突出体现在如下几点。

(1) 水资源约束日趋加重

地下水是该区域最主要的灌溉水源，浅层地下水每亩年可开采量在40 m^3左右、深层地下水每亩年可开采量在15 m^3左右，较目前的亩均灌水量260 m^3仍有较大缺口，2014年，河北省又启动了地下水超采综合治理试点工作，水资源约束成为制约该区域农业发展的主要因素。

(2) 科技成果转化推广渠道不畅

受农业比较效益差、单户生产面积不大、转化机制不健全等因素制约，该区域农业生产领域的科技成果，特别是不能物化、带有公益性的科技成果，难以快速转化推广。

(3) 农业生产基础条件较差

土壤盐碱、瘠薄，肥力普遍较低。缺氮、磷、速效钾的耕地占到耕地总面积的56.3%、38.7%和28.6%，土壤有机质含量低于1.0%的耕地占耕地总面积的12.6%。农田水利设施薄弱，仍是影响农业稳定发展和粮食安全的重要因素。

(4) 农村经济发展缓慢

该区域贫困县市集中，有国家扶贫开发工作重点县14个、省级扶贫开发工作重点县11个。2013年，25个贫困县的农民人均可支配收入平均为6 693.3元，较全省平均水平9 187.7元低27.1%，农业投入水平低、自我发展能力差。

二、总体要求

1. 指导思想

贯彻落实中央农村工作会议、全省经济工作会议重要部署。以“增产增效并重、良种良法配套、农机农艺结合、生产生态协调”为基本思路，以“生态优先、节水改土、稳夏增秋、棉改增粮、粮饲结合、集约经营”为技术路线，以全面提高区域粮食可持续生产能力为根本目标。加强领导、统筹资源、完善政策，逐步构建起适水发展的区域农业生产体系、跨界融合的农业协同创新体系、机制灵活的农业科技成果转化体系、快捷高效的农技推广服务体系，为稳定全省粮食生产提供可靠支撑。

2. 基本原则

(1) 突出协同创新

统筹国家、省、市、县科技力量，优化资源配置。充分调动当地政府、科研单位、大专院校和农民及各类新型农业经营主体的积极性。提高参与程度，加大支持力度，构建起产学研、农科教相结合的技术协同创新和示范推广体系，为工程实施提供强有力的科技支撑。

(2) 突出“大粮食”理念

统筹解决口粮、饲料和工业用粮问题，通过中低产田改造和棉田改制，扩大粮食种植面积，增加小麦、玉米等主要粮食作物产量，并按照“农牧结合、粮饲结合”原则，调整种植结构，适当发展青贮玉米、杂粮、薯类、牧草等作物，提升粮食生产能力和粮食当量水平。

(3) 突出节水优先

结合落实全省地下水超采综合治理试点、山水林田湖生态修复等工作的重要部署，以当地可利用水资源为硬约束条件，以提高水资源利用效率为核心，生物节水、农艺节水、工程节水和管理节水相结合，逐步构建起适水发展的粮食生产体系，努力实现项目区“节水、增产”双目标。

（4）突出培育新型主体

支持龙头企业、专业合作社、家庭农场等新型农业经营主体参与工程实施，培育专业化、现代化的农业生产、经营、服务企业，用农业经营规模化带动农业机械化，用农业机械化带动农业标准化和农业现代化。

（5）突出转化应用

积极探索成果转化的市场化、商业化模式，推进农业高新技术的规模化、产业化示范应用。以县为单元，完善试验区—核心区—示范区—辐射区的技术推广模式，明确任务目标、工作重点、实施步骤及组织领导、扶持政策、推动措施等，加快技术的示范推广。

3. 目标任务

（1）总体目标

渤海粮仓建设科技支撑作用进一步凸显，农业产业结构进一步优化，资源利用效率明显提高，主要农作物耕种收综合机械化水平明显提升，粮食生产可持续发展能力明显增强。到2017年，实现新增粮食产能15亿kg，节水7亿m^3。

（2）具体目标

① 筛选培育出适于中低产区的小麦、玉米、杂粮、牧草等品种8～10个，开发新型盐碱地专用肥料10个，开发智能化农机装备6～8项，申请专利8～10项。

② 形成咸水安全利用、盐碱地改良、雨养旱作、棉田增粮等技术规程、地方标准10项。

③ 建成两家省级以上农业科技园区，建立稳定的百亩试验田、千亩示范方、万亩示范区100个以上，形成农技、种子、植保、肥料、农机等五位一体的综合技术服务体系。

④ 农业科技进步贡献率提高了5%，耕种收综合机械水平提高了5%，水分利用率从1.2 kg/m^3提高到1.5 kg/m^3。

三、工作布局

1. 技术路径

（1）增粮路径

① 粮田增粮。通过“土、肥、水、种、密、保、管、工”等实用技术成果应用和构建节水灌溉、微咸水补灌、蓄雨旱作粮食生产体系，提高中低产粮田单产水平。

② 棉田增粮。通过调整棉田区域布局、实施棉花东移战略，发展粮棉套种和适宜棉田种植制度改革，增加粮食播种面积。

③ 替代增粮。利用瘠薄旱地和盐碱荒地种植牧草，发展青贮玉米及低酚棉，改良土壤，培肥地力，草粮轮作，藏粮于饲、以草代粮，拓展作物种植空间，增加饲料蛋白资源，提高粮食当量水平。

(2) 节水路径

① 生物节水。通过调整种植结构，优化作物布局，发展节水耐旱作物，推广节水抗旱品种，压缩高耗水作物或品种实现节水。

② 农艺节水。治碱改土，培肥土壤，深松覆盖、提高土壤蓄水保墒能力。推广冬小麦春一水节水稳产配套技术，春玉米雨养旱作保护性耕作技术以及小麦、玉米水肥一体化节水技术等。

③ 工程节水。加强农田水利基础设施建设，大力推广垄沟防渗和小畦灌溉，积极发展微灌、喷灌等高效节水灌溉模式。加强坑塘集雨工程建设，合理利用浅层微咸水资源，以减少对深层淡水的开采。

④ 管理节水。建立符合市场导向的农业水价调节机制，推进农水管理体制改革，推广测墒灌溉、定额配水、智能节水、节奖超罚、水权交易等措施，严格控制地下水的无序开采。

2. 科技支撑

(1) 组建创新团队

以中国科学院、河北省农林科学院、项目区所在地的农业科研单位和大专院校为主体，组建技术创新研发队伍，组织开展适宜技术的研发、引进与技术集成，为项目实施提供科技支撑和培训服务。创新团队下设科技特派团，派驻各重点示范县，与地方技术力量结合，围绕“百亩试验田、千亩示范方、万亩示范区”开展工作。

(2) 构建服务体系

积极发展用水、施肥、农机、植保等专业化、市场化服务组织，以创新团队为技术支撑，结合基层农技推广、农机推广、水利技术试验推广等体系建设，建设粮棉品种、改良肥料、节水技术装备、高效植保、全程机械化等服务体系，做好专业技术服务。

(3) 选建示范基地

以沧州为先行示范市，以南皮、景县、威县、曲周等13个有代表性的县（市）为先行示范县，以新型经营主体为建设主体，建设一批地点成方连片、基础设施良好、增产节水效果好的示范基地，作为技术规模应用试点、辐射带动源头、示范观摩基地。在先行示范的基础上，逐步将工程扩大到4个设区市、43个县，建设示范基地，整市整县推进工程实施。

(4) 创新管理模式

采用“县域总指挥+科技特派团+新型经营主体”管理模式。县政府负责同志任县域总指挥，负责工程总体协调。科技特派团团长任技术负责人，负责技术推广服务体系建设。新型经营主体为实施实体，负责建设示范基地。

3. 进度安排

(1) 2014年打基础

组建创新团队，建立服务体系，选建核心示范基地。根据各区域特点和技术特色，初步筛选各示范基地的主推技术模式，示范应用取得初步效果。

（2）2015 年扩范围

优化核心示范基地布局，完善主推技术模式。发挥科技特派团和核心示范基地的引领带动作用，与当地政府、农业科技园区和农业经营主体结合，在项目区各县（市）建立主推技术模式的千亩示范方、万亩示范区。

（3）2016 年全铺开

进一步完善各区域主推技术模式，充分发挥千亩示范方和万亩示范区的引领带动作用，通过组织现场观摩和技术培训，使主推技术模式在适宜推广区域得到全面推广应用。

（4）2017 年搞总结

根据水土资源状况、障碍因素、生产条件等不同区域特点，形成盐碱地改良、雨养旱作、棉田增粮等一批增粮节水技术规程，进一步扩大主推技术模式应用面积，全面完成工程实施目标。

四、重点任务

按照“推广、示范、研发”3 个层次，统筹安排部署。

1. 主推一批技术模式

以示范县（市）政府为主导，根据农业资源特点，按照节水、增粮技术路径要求，推广一批成熟的技术模式。

（1）棉麦双丰一年两熟栽培技术模式

技术核心：改连作棉田为棉麦“一年两熟”。

适宜范围：冀中南低平原灌溉条件较好的棉田。

推广面积：10 万亩。

技术指标：棉花基本不受影响，亩增收小麦 350 kg，亩节水 50 m^3。

（2）两年三熟棉粮轮作栽培技术模式

技术核心：改连作棉田为棉花与“小麦+夏玉米”“小麦+夏谷”和“油葵+夏谷”轮作，实现两年三熟、增产增效。

适宜范围：冀中南低平原灌溉条件较好的棉田。

推广面积：120 万亩。

技术指标：亩产小麦 350 kg、玉米 450 kg 或谷子 250 kg，亩节水 50 m^3。

（3）农牧结合型低酚棉栽培技术模式

技术核心：改普通棉品种为低酚棉品种，把纤维、油脂与饲料蛋白生产结合起来，集中连片种植，注意与普通棉品种隔离。

适宜范围：河北低平原。

推广面积：10 万亩。

技术指标：皮棉产量基本不受影响，实现亩产无毒棉籽仁 90 kg。

（4）小麦、玉米微灌节水水肥一体化超吨粮田技术模式

技术核心：采用不同限水微灌技术，实现水肥一体，提高水肥利用率。

适宜范围：冀中南低平原土壤肥力较高的灌溉粮田。

推广面积：10 万亩。

技术指标：年亩产小麦玉米 1 200 kg 以上，亩节水 70 m^3。

（5）小麦、玉米微咸水补灌与节水微灌吨粮田技术模式

技术核心：合理利用浅层微咸水。

适宜范围：河北低平原浅层微咸水分布区。

推广面积：1 500 万亩。

技术指标：年亩产小麦玉米 1 000 kg 以上，亩节淡水 50 m^3以上。

（6）杂粮轻简化高效栽培技术模式

技术核心：谷子轻简化栽培技术，棉豆套种。

适宜范围：河北低平原夏谷区、棉区。

推广面积：夏谷 60 万亩，棉豆套种 10 万亩。

技术指标：亩产谷子 250 kg 以上，亩增收杂豆 50 kg 以上。

（7）雨养旱作亩增粮百公斤技术模式

技术核心：深耕蓄雨、覆盖保墒、合理密植、科学施肥。

适宜范围：河北低平原雨养旱作区。

推广面积：50 万亩。

技术指标：年亩增粮 100 kg 以上。

（8）粮草轮作增产增效技术模式

技术核心：推广耐盐耐瘠牧草、改土培肥，实行草粮轮作。

适宜范围：河北低平原及滨海平原瘠薄旱地和盐碱荒地。

推广面积：10 万亩。

技术指标：饲草、玉米单产分别提高 20%以上，肥料和降雨利用效率提高 15%以上，土壤肥力提升，亩节本增效 150 元以上。

2. 转化一批科技成果

围绕实现节水、增粮目标，从省内外特别是京津科研院所、高校、企业中，采取公开申报、择优支持的方式，筛选一批科技成果在千亩示范方、万亩示范区进行规模化转化、示范。重点包括：抗旱耐盐、节水稳产、适合机收粮棉作物品种，适用杂粮、牧草品种，盐碱地治理、高效安全植保、农业节水、粮食生产全程机械化等技术及产品。

3. 研发一批关键技术

针对节水、增产中的关键共性问题，组织各级科技力量，协同开展技术研发。统一设计、多点试验，用空间争取时间，加快技术创新和对现有技术模式的完善。重点包括以下研发方向。

（1）粮棉作物新品种抗旱节水耐盐丰产性能评价及鉴选

在模拟和自然条件下，研究不同小麦、玉米、棉花新品种的抗旱、节水、耐盐、丰产性能，在不同区域布置品种比较试验，为不同生态区及不同种植模式推荐适宜品种。

（2）小麦玉米不同节水灌溉方式及水肥一体关键技术模式研究

筛选小麦春一水亩产稳定通过 400 kg 的品种，研究夏玉米增密度、防早衰关键技术，实现周年节水高效亩产吨粮目标。开展小麦、玉米不同节水灌溉方式及水肥一体技术模式研究，在控制地下水超采条件下，建立不同区域超吨粮的现代节水型粮食高效种植制度。

（3）杂粮轻简高效生产及综合利用关键技术研究

以谷子、高粱为重点，研究盐碱旱地配套栽培技术、不同区域最佳间作轮作模式、农机与农艺配套技术，推动环渤海杂粮轻简高效生产。以谷子、高粱、黍子等杂粮及其副产品为对象，研究营养成分复配、现代发酵、干燥等技术在杂粮产品综合利用中的应用，开发新型杂粮加工产品，提高杂粮综合利用效率，延长杂粮产业链。

（4）棉改粮不同种植模式及滨海盐碱地植棉关键技术研究

以水资源为农作物空间布局依据，研究棉花与不同作物套种轮作模式下的土壤生态及施肥技术、病害发生及防治技术，实行农机农艺结合，逐步实现全程机械化。研究与之相适应的作物（品种）组合模式，提高光热水土资源利用率。研究不同环境条件下低酚棉配套栽培技术，开展牧草式低酚棉及低酚棉副产品综合利用试验，建立低酚棉高产种植、高效利用新模式，促进粮棉、农牧共同发展。研究滨海重度盐碱地棉花出苗保苗和后期盐害治理关键技术，开发利用苦咸水资源，为棉花东移拓粮战略实施提供技术支撑。

（5）治碱改土、培肥地力、提高土壤供肥能力关键技术研究

实行工程措施与生物措施结合，建立植被梯次演替生物改良技术模式，实现“滨海盐土—强盐渍化土—中度盐渍化土”梯次降级，土壤理化性状梯次改善，为盐碱荒地种粮、增粮提供技术支撑。通过研究渤海粮仓项目区主要种植模式下的农田土壤肥力特征、土壤养分供应特征、作物养分需求特征、作物生长发育特征和产量形成特征，构建不同种植模式下最佳养分管理技术模式。

（6）高矿化度微咸水安全灌溉技术研究

研究冬小麦—夏玉米、棉花等作物对高矿化度（4～5 g/L）微咸水灌溉的反应，通过土壤生态调控和耕作栽培技术消减其不利影响，为渤海粮仓建设提供水资源支撑。

（7）雨养旱作区及雨洪水资源高效利用关键技术研究

研究提出适宜雨养旱作的粮食生产种植模式，明确品种、密度、肥水管理和病虫害防治等关键技术，研发配套农机具，实现农机农艺结合。研究雨洪资源形成过程，提高坑塘雨洪蓄积能力，根据水质情况科学利用雨洪资源，构建坑塘雨洪集蓄转化与高效利用技术规范。

（8）节水养地型草粮双丰高效种植模式及配套技术研究

在盐碱地、沙荒地、冬闲田条件下，筛选适宜牧草及作物品种，研究栽培管理关键技术，改土培肥效果，集成建立节水养地型草粮双丰种植模式，提高粮食当量水平。

(9) 农牧结合循环经济发展模式与关键技术研究

以循环经济的视角，建立现代农业示范园区，研发农牧结合的关键技术，探究示范区农牧结合循环经济的运行机理。构建种植业、养殖业、加工业链条式循环经济的发展模式。形成农牧结合循环经济发展模式的推广实施方案。引领种植业、畜牧业向循环农业、生态农业、环境友好型农业方向发展。

(10) 技术模式的适应性和综合效益评价研究

通过对各种技术模式和主推技术的科学性、技术性、经济性和机制性评价，选定技术模式的最佳示范和推广区域，评价其技术效果、经济、社会和生态效益。

五、保障措施

1. 加强组织领导

在中共河北省委、省政府领导下，建立由省政府主管领导任组长，省科技厅、农业厅、财政厅、水利厅、河北省农林科学院和邯郸、邢台、衡水、沧州市政府主管领导为成员的领导小组，负责研究解决项目执行中遇到的重大问题。成立领导小组办公室，设在省科技厅，负责制定工程总体方案、年度项目计划、配套管理制度，对实施情况进行监督检查和绩效评价。成立项目管理办公室，设在河北省农林科学院，负责项目日常管理具体工作。有关设区市、县（市）成立相应领导小组和办公室，负责本行政区域内工程的组织管理与督导落实。

2. 强化资源统筹

按照“渠道不乱、用途不变、分口管理”的原则，以县（市、区）人民政府为责任主体，以负责同志为责任人，整合相关的涉农项目和资金，重点向示范区倾斜，改善粮食生产条件，挖掘农业生产潜能。探索良种、农机、肥料等物化补贴机制，引导推进土地流转，实现粮食生产规模经营，提高粮食种植规模效益。创新金融产品、优化信贷环境，建立多元化投融资体制，广泛吸纳社会资金支持粮食生产。加大农业政策性保险力度，降低粮食生产风险。

3. 严格项目管理

按照权责一致、择优立项、绩效考核的原则，研究制定项目管理办法和资金管理办法，明确项目立项程序、实施主体、监管责任。实行定向征集与公开招标相结合的立项方式。对技术研发、技术推广类项目，经专家咨询论证后，定向由基础较好、管理完善、效果明显的科研院校、技术推广单位承担。对科技成果转化类项目，要面向全社会进行公开招标，择优立项。实行项目法人责任制、合同管理制、绩效评价制，建立公开透明的监督管理机制。各级项目主管部门和实施单位要按规定使用资金，确保资金运行安全规范、使用高效。各级项目主管部门和财政部门加强资金使用监督。

4. 营造良好氛围

广泛宣传工程实施的重要意义，加强对各地典型经验、工作成效的观摩交流。积极引进京津智力及创新资源，鼓励和支持各类市场主体参与项目实施，增强科技支撑能力。充分利用阳光工程科技培训、新型职业农民培育、农民田间学校等平台，开展内容丰富、形式多样的技术培训活动，调动广大农民参与工程实施的积极性。努力形成政府部门推动、科技单位支撑、市场主体参与、农民积极响应的良好氛围。

附件 2
沧州市人民政府关于推进“渤海粮仓科技示范工程”项目的实施方案
（沧政字〔2014〕1 号）

“渤海粮仓科技示范工程”是由科技部、中国科学院联合实施的国家重大科技支撑项目，是战略性增产工程，旨在保障国家粮食安全。沧州是该项目发源地和实施的核心区，自 2012 年立项以来，开展了区域增粮途径的关键技术研究，目前已建立了 3 个精品示范区，示范区面积达到 3 万多亩，取得了初步成效。为贯彻落实省领导的指示精神，大力推进项目的实施，特制定本实施方案。

一、指导思想

针对沧州市中低产区淡水资源匮乏、土壤瘠薄盐碱制约粮食生产问题，全力实施“渤海粮仓科技示范工程”项目，挖掘沧州市中低产田、盐碱荒地增产潜力，促进先进科技成果的转化、示范、推广工作，解决粮食增产与水土资源约束矛盾，提高农业经营的规模化、产业化、科学化水平，实现沧州市粮食增产、农业增效、富民惠民，为保障国家粮食安全做出重要贡献。

二、总体目标

以整体推进沧州市粮食增产、农业增效为目标，以“调结构、扩面积、增单产、水保障”为核心，整合农技、农资、农机综合服务资源，改善生态环境，研发、集成、示范推广抗逆作物品种及土、肥、水等集成技术成果 20 项以上，构建一批区域特色的增粮增效技术模式。建立一批粮食增产增效示范区，核心区粮食增产 100～150 kg/亩，示范区粮食增产 60～100 kg/亩，大幅度提升中低产田和盐碱荒地粮食增产能力和效益。到 2014 年示范辐射面积达到 50 万亩，增粮 5 000万 kg。到 2015 年示范辐射面积达到 100 万亩，增粮 1 亿 kg。到 2016 年推广面积达到 300 万亩，增粮 3 亿 kg。到 2017 年推广面积达到 500 万亩，实现增粮 5 亿 kg，发展盐碱地棉花 20 万亩，增产籽棉 100 万 kg。到 2020 年增粮 7. 5 亿 kg。通过项目的实施，带动全市粮食增产提质增效，为河北省乃至全国提供增粮技术示范。

三、重点任务

围绕实现沧州市中低产田、盐碱荒地粮食增产增效总体目标，实施“四个工程”，即：技术工程、种子工程、示范工程、推广工程。

1. 技术工程

开展中低产区粮食增产增效关键技术创新研究与推广，突破制约区域粮食增产的土、肥、水、种等一批关键技术。重点研发、示范、推广关键技术16项。

节水灌溉方面：咸水、微咸水安全灌溉，雨养旱作节水增产，微灌节水增粮等技术。

栽培技术方面：夏玉米“一穴双株”增密种植、春玉米覆膜增产种植模式、冬小麦—夏玉米双早双晚栽培、东部旱薄盐碱地冬小麦节水增产、盐碱地棉花简化栽培、棉改增粮等技术。

土肥方面：盐碱地改良、深松改土、测土配方施肥、秸秆还田、高效微生物肥料等技术。

2. 种子工程

一是重点开展小麦和玉米抗逆高产新品种的鉴选，推广试验耐盐优质小麦品种小偃81、小偃60、冀麦32、沧麦6001等，玉米新品种科育1号等。二是以南皮县为主，建立耐盐优质小麦、玉米良种繁育及示范基地，形成辐射黄淮海主要粮食生产区的种业基地。小麦新品种：2014年达到2万亩，2015年达到3万亩，2017年达到5万亩。玉米利用异交不亲和技术进行无隔离制种，建立试验示范基地，待示范成功审定后在全市首先推广。

3. 示范工程

建立粮食增产增效示范区，将专业示范和全面推广相结合，梯次发展、逐步实施，扎实推进。2014年在南皮、海兴、黄骅3个县市建立精品示范区的基础上，再扩大7个县市（吴桥、东光、盐山、孟村、沧县、泊头、青县），总数达到10个县市。2014年每个示范县市建立1个万亩规模示范区；10个示范县市建设50万亩示范田。各示范县市要根据各自的区域特点，集中人力、物力、财力，突出抓好万亩示范方的建设，严格按照操作标准，从16项主推技术中选择适用的技术成果，进行示范推广，成为各具特色的示范样板。于2015年至2017年进行大面积示范推广。

4. 推广工程

实行政府引导，市场运作，农民参与的运行机制。建立完善项目区市、县、乡、村技术推广体系，发展专业种植合作社25家、种粮大户和家庭农场50家。由种植大户、农民合作组织牵头，把农民组织起来，开展示范推广。实行科技特派员选派制度，按照“派一人、抓一村、兴一业、富一方”的目标，进行新品种和实用新技术的推广，开展农业技术培训和农村所需技能的培训，给派驻地提供最新科技信息，为专业合作社、种粮大户和家庭农场大户、企业提供科技服务。在南皮组建渤海粮仓种子经营公司，探索利用利益机制在种子补贴等方面的做法，形成多元化、多渠道的项目示范推广新机制、新体制。

四、保障措施

1. 领导保障体系

成立沧州市“渤海粮仓科技示范工程”领导小组，组长由市政府市长王大虎担任，副组长由市委副书记、南皮县委书记梅世彤，市委常委、常务副市长陈平，市委常委、副市长贾发林，市政府咨询张在月担任，市科技局、市农牧局、市财政局、市发改委、市农开办、市国土局、市水务局、市粮食局、信用联社、示范县（市）为成员单位，下设项目管理办公室，办公室设在市科技局。领导小组负责项目的组织实施、督导检查、考核验收等工作。市科技局负责示范阶段项目组织协调，牵头组织召开现场观摩会，组织专家现场论证等。市农牧局负责项目示范推广工作，成立项目推广组，建立市、县、乡、村四级推广体系。市财政局负责项目实施资金保障，旱作农业等涉农项目向示范区倾斜。市水务局负责项目区水利基础设施建设。市农开办以农业开发为平台，负责精品示范区和规模示范区建设，高标准基本农田建设、中低产田改造等项目向示范区倾斜。市国土局负责土地整治项目区倾斜。市发改委负责节水灌溉等涉农项目向示范区倾斜。市粮食局负责在项目实施区新建一批仓储设施。各部门按照职责，共同推进，要从不同角度，包装项目，争取省部级支持。各示范县（市）也要成立相应的领导小组，按照要求，制定具体实施方案。确定示范区地点、面积，责任落实到人。形成政府主导，市场化运作，上下联动，左右互动的机制，抓好项目的实施。

2. 技术保障体系

为保证示范推广技术的质量，一是组建专家团队。依托河北省中国科学院南皮生态农业试验站院士工作站，建立由中国科学院院士李振声为组长，成员由中国科学院、市县农业科研部门组成，依靠中国科学院的科技力量，结合沧州市现有科技队伍，形成强大的技术团队，解决示范推广中的技术难题，开展技术服务、现场指导、组织培训等工作，为示范推广提供技术保障。二是组建农技推广团队。借助专家团队的实力，由市县农业技术推广部门的技术推广人员与农民技术骨干组成，深入田间地头，进行现场操作指导，保证技术不走样。

3. 政策保障体系

一是各成员部门，发挥各自优势，积极争取上级土地、项目、资金等支农惠农政策向沧州市示范区倾斜，引导金融、保险部门和民间资本参与示范推广。二是整合涉农资金。各部门要将上级涉农资金和市本级涉农资金捆绑使用，发挥资金的最大效能。市级设立“渤海粮仓科技示范工程”项目专项基金，项目实施期内市财政每年拿出1 000万元，主要用于项目区种子补贴、示范区基础设施建设、技术研发推广、技术人员培训等工作，对示范推广面积大、增粮效果较好的示范区给予重点支持。示范县（市）也要安排相应配套资金。三是建立农业科技基金担保机构，为涉农企业提供融资、贷款担保等。四是明确目标，建立健全考核奖惩机制。把目标任务分解到各有关县（市）及相关部门，明确责任领导，责任到人，加强督导检查，将目标任务完成情况列入年度考核内容，严格奖惩。各部门要根据此方案，制定具体实施方案。市领导小组每年调度、检查两次，建立定期通报制度，每年11月底进行总结表彰，充分调动相关县市实施渤海粮仓的积极性。

4. 技术培训保障体系

制订培训计划，组织项目专家对农技推广人员、合作社技术人员、种植大户开展大培训，培育一批专业技术人才和职业骨干农民，为实施好该项目提供人才支撑。加大项目宣传力度，宣传部门要设立专栏宣传“渤海粮仓科技示范工程”，做到家喻户晓。

附件 3
中共南皮县委南皮县人民政府关于推进“渤海粮仓”建设的实施方案
（南发〔2014〕16 号）

“渤海粮仓科技示范工程”是由科技部、中国科学院联合实施的国家重大科技支撑项目，是战略性增产工程，旨在提高农民种粮收益，保障国家粮食安全。南皮县是该项目的发源地和实施的核心区，经过多年对增粮途径的关键技术研究，达到了粮食增产增效的目的，目前全县示范区面积已达 2 万多亩，取得了良好成效。为深入贯彻落实省、市的指示精神，快速、健康、稳步推进渤海粮仓建设，特制定本实施方案。

一、指导思想

根据《全国新增 1 000 亿斤粮食生产能力规划（2009—2020 年）》分区增产任务规划和南皮县实际状况，针对南皮县中低产区淡水资源匮乏、土壤瘠薄盐碱等制约粮食生产的问题，以粮食增产、农业增效为目标，以“扩面积、增单产、水保障”为核心，创新示范推广体制，提高农业规模化、产业化经营，以中国科学院南皮生态实验站为支撑，把南皮县打造成渤海粮仓的种子基地和示范样板，全力推进“渤海粮仓”建设，为保障国家粮食安全做出重要贡献。

二、总体目标

以推进粮食增产、农业增效为目标，集成抗逆作物品种、盐碱地改良利用、中低产田改造、咸淡混浇、雨养旱作等土、肥、水、种技术成果，建立核心区、示范区和辐射区“三区”联动模式，为解决粮食增产、农民增收、农业增效问题提供科技支撑，通过提高农田基础设施建设水平、加强中低产田改造升级和地力提升，发展现代节水农业，实现中低产田粮食增产。

充分合理开发利用南皮县盐碱土地资源，依靠科技支撑和产业结构调整，以提高土地利用率、劳动生产率、粮食产出率为目标，集中开展盐碱荒地的改造和优质良种试验示范及推广，建设基础设施齐全、技术集成程度高、效果显示度强的高标准农业示范区。通过典型示范、辐射带动，全面普及高效农业技术，提高南皮县粮食综合产量和农民收益。通过示范推广，提高南皮县农业的规模化、产业化、科学化水平，逐步实现南皮县粮食种植的专业化、商品化、现代化，实现南皮县粮食增产、农业增效，为保障国家粮食安全做出重要贡献。

计划到 2017 年全县粮食播种面积 78.5 万亩，亩产达到 530 kg，比 2011 年（粮食面积 73.4 万亩，亩产 404.5 kg）全县增产粮食 0.75 亿 kg。到 2020 年全县粮食面积 79.1 万亩单产达到 542.5 kg，比 2011 年增产粮食 1 亿 kg 的目标。

三、重点任务

为充分发挥区域土地资源、咸水资源、县域经济快速发展的优势，挖掘南皮县中低产田、盐碱荒地增产潜力，加快先进科技成果转化、示范、推广，以中国科学院南皮生态实验站为支撑，重点突破区域土、肥、水、种等关键技术，创新示范机制，构建适度规模经营的现代农业生产技术体系，逐步推广粮食增产增效新技术，大幅度提升南皮县中低产田粮食增产能力。

1. 科技工程

以中国科学院南皮生态实验站和南皮院士工作站为依托，开展中低产区粮食增产增效关键技术创新与研究，研发、集成、示范推广盐碱地高效改良利用与快速培肥、微咸水安全灌溉与雨水高效利用等技术。重点突破耐盐高产小麦玉米作物品种的培育筛选应用、农田多水源协同高效利用、盐碱地改良与培肥等关键技术，集成建立咸水补灌吨粮技术体系、雨养旱作亩增百千克技术体系、抗逆作物品种生产技术等技术体系。

2. 节水灌溉工程

由于南皮县淡水资源缺乏，微咸水资源较丰富。到目前节水灌溉面积已达到 6 万亩，计划今后 3 年投资 2 亿元，建设集中连片的高标准的低压管道输水灌溉节水工程，新增灌溉面积 30 万亩，涉及全县 9 个乡镇。由水务局、国土局、农开办负责。

3. 土地治理工程

从 20 世纪 80 年代至今，改造中低产田 20 万亩。围绕渤海粮仓项目，已建设高标农田 2 万亩。今后 3 年投资6 000万元建设高标准示范田 4 万亩，投资 1. 5 亿元治理基本农田 25 万亩，为农业科技成果转化和粮食持续增产奠定基础。计划 2014 年全县测土配方施肥面积 30 万亩，争取利用 3 年时间实现测土配方施肥的全覆盖，加强提升土壤有机质建设，增施有机肥，推广秸秆还田技术，还田率达到 90%以上，年深松面积 15 万亩，3～5 年深松 1 次。由农业局、国土局、农开办负责。

4. 示范创新工程

建立粮食增产增效示范区，创新示范工程推广机制，完善示范推广网络，建立专业合作社和种粮大户为主体的规模化示范体系。目前已建立了以白坊子村“小偃谷物种植专业合作社”和穆三拨村“绿丰谷物种植专业合作社”等合作社为主体的示范区 7 个。范围涉及南皮镇、乌马营、王寺、潞灌 4 个乡镇，面积 2 万亩。明年全县所有乡镇都建立示范区，争取实现 2014—2017 年共建设千亩示范样板田 99 个，万亩示范样板田 27 个的目标。高标准示范田在现有的 2 万亩基础上，每年增加 1 万亩高标准示范田，争取到 2015 年高标准示范田达到 5 万亩，到 2020 年达到 35 万亩目标。由农业局、国土局、农开办负责。

5. 种子工程

借助中国科学院南皮站和院士工作站技术优势和科研成果，加快科技成果转化，繁育小偃等抗逆高产小麦品种，利用玉米自交系异交不亲和技术进行无隔离制种，为渤海粮仓建设提供优良品种。进一步推进渤海粮仓良种基地建设，发展耐盐优质小麦、玉米良种繁育及示范基地1.5万亩，到2017年发展良种繁育基地5万亩。协调省市相关部门加快小偃60、HN866和HN138玉米新品种等优质耐盐品种的审定工作。为大面积推广，组建渤海粮仓种子经营公司，推广耐盐优质小麦品种小偃81、小偃60，玉米新品种南科1号等，探索利用利益机制在种子补贴等方面的做法，财政、农业等相关部门要加快对"良种物化补贴"方案的可行性研究，形成多元化、多渠道的种子推广新机制、新体制。由农业局、财政局负责。

6. 推广工程

加快良种推广体系建设，实行政府引导，市场运作，农民参与的运作机制，建立以专业合作社和种粮大户为主体的良种推广体系，通过协会和专业合作社的形式，生产、销售优良品种，并让利于民。由种植大户、农民合作组织牵头，把农民组织起来，开展示范推广。计划到2017年谷物种植专业合作覆盖全县所有村庄。切实实现粮食增产、农民增收，全面带动中低产区粮食增产和现代农业的发展，使南皮县成为渤海粮仓建设的亮点。由农业局、工商局负责。

四、保障措施

1. 建立领导保障体系

成立南皮县渤海粮仓建设领导小组，由沧州市委副书记、南皮县委书记梅世彤任组长，由县委副书记、代县长徐志连任第一副组长，由县委副书记贺治起任常务副组长，副县长郑义森任副组长，农业局、科技局、水务局、财政局、发改局、国土局、农开办、气象局、工商局、南皮商行为成员单位。领导小组下设办公室，办公室设在农业局。领导小组负责渤海粮仓建设的组织实施、督导检查、考核验收工作。科技局负责项目的协调联络工作，农业局负责渤海粮仓建设示范推广工作，财政局负责资金保障，水务局负责水利基础设施建设，农开办负责精品示范区和规模示范区建设，其他部门按照职责，积极协助项目的建设。渤海粮仓建设建立考核机制，将粮食增产计划分解到各乡镇，并将渤海粮仓良种基地和示范样板建设列入年度考核内容，建立考核奖惩机制，明责加压，严格奖惩。

2. 建立技术队伍保障体系

一是强化上级技术指导。以中国科学院南皮生态实验站和沧州市农业科学院为主体，加强与中国科学院、河北省农林科学院、河北农业大学等机构合作，组织专家队伍定期来南皮县进行农技知识普及对接活动，做好项目的方案设计和技术指导工作。二是完善农业科技普及体系建设。落实县级领导包乡包片，农技推广人员包村包户的工作制度，继续实施“科技特派员”工程，在全县范围内评选出更多科技能手到基层进行创业实践活动，打造科技特派员创业产业链，加快产学研相结合的步伐，推进科技成果转化为现实的生产力，促进科技人员更广泛深入有效的服务基层和“三农”。三是强化专业培训力度。继续加大技术性农业专业人员的培训力度，2013 年按照培训实施方案和培训计划，培训农机操作员 100 人，村级机防手 100 人，肥料配方师 100 人。培训农民 5 000人次，争取到 2020 年每年培训人数递增 20%。由农业局、人社局、扶贫办负责。

3. 建立技术推广保障体系

一是加快新型农业技术推广。组织专业技术队伍深入基层，大力推广测土配方、节水灌溉、快速培肥、微咸水安全灌溉与雨水高效利用等农业实用技术，重点推广耐盐小麦玉米品种、微咸水灌溉技术、咸水结冰灌溉技术、旱地地膜玉米技术、玉米“一穴双株”技术、双早双晚增粮技术、土壤蓄水营养层构建技术、微灌节水增粮技术、农机农艺结合技术等适用于南皮县盐碱土壤的新型技术。二是提升农业生产效率。扩大农业专业化统防统治区域面积，提高农业生产的效率和效果。加强包括沃土工程、ETS 微生物有机肥、苦碱水利用、作物无公害栽培等农业新型实用技术的研发，逐步向全县范围内进行推广。并适时申报国家、省农业科技成果转化项目，争取上级支持。由农业局负责。

4. 建立资金保障体系

积极协调争取国家、省、市支农惠农资金、政策向南皮县示范区支持，将“渤海粮仓”建设列入县年度财政预算，设立南皮县“渤海粮仓”项目专项资金，重点支持项目科研攻关、新成果推广应用等工作。集成农业、水利、国土、农开等方面的资金，向“渤海粮仓”建设倾斜。充分发挥渤海粮仓示范工程推进领导小组成员单位的积极性和主动性，围绕做好这项工作，科学合理的整合项目资金，进一步加强农田水利基础设施建设、科研成果应用和技术推广。由财政局、农业局、水务局、国土局、农开办负责。

5. 建立以产业化龙头企业为主体的市场经营保障体系

通过渤海粮仓建设，逐步在南皮县开展优良品种的自选、自繁、自产、自用、自己加工、自己包装，组建渤海粮仓种子生产企业，打造种子基地，形成“4 个产品、面向两个市场”，即：耐盐小麦、耐盐玉米（无隔离制种和糯甜玉米）、优质小麦面粉、糯（甜）玉米产品。小麦玉米种子面向农村市场，小麦玉米产品面向城市市场。为切实实现粮食增产、农民增收，全面带动中低产区粮食增产和现代农业的发展，使南皮县真正成为渤海粮仓建设的亮点。一是提高农业产业化水平。积极推进龙头企业进入项目市场，协调有实力、带动能力强的农业产业化龙头企业落户南皮，采取“公司+基地+农户”的方式，扩大良种繁育面积和生物有机肥料的生产。二是打造优质粮食产品生产基地。开展优质粮食精深加工，拓展包括粮食储藏、物流配送、品牌打造、市场营销等环节，积极打造国内驰名的优质粮食产品品牌。出台奖励政策，促进谷物种植专业合作社、种粮大户和家庭农场的发展。落实上级支农惠农政策，引导县域金融部门加大对三农的资金支持力度，形成完整产业链条，优化产业结构，促进产业升级。由农工部、农业局负责。

附件 4
《河北省渤海粮仓科技示范工程项目管理办法》
(冀科农〔2015〕5 号)

第一章　总　则

第一条　为进一步规范河北省渤海粮仓科技示范工程项目（以下简称项目）管理，落实《河北省渤海粮仓科技示范工程行动方案（2014—2017 年）》目标任务，加快推动工程实施，结合国家、省有关规定，特制订本办法。

第二条　本办法所指项目，是根据河北省渤海粮仓科技示范工程（以下简称示范工程）建设需要，由示范工程管理部门立项，在划定区域内实施，获得省级财政专项资金资助组织开展的科研开发、成果转化、技术推广等活动。

第三条　项目管理遵循公开、公平、公正原则。在项目的组织、立项、实施、监督等管理过程中，突出市场导向与前瞻布局相结合、稳定支持与适度竞争相结合、专家论证与统筹决策相结合，强化对项目的监督检查、总结验收和绩效评价。

第二章　组织与管理

第四条　成立河北省渤海粮仓科技示范工程领导小组，由省政府分管领导任组长，省科技厅、省财政厅、省水利厅、省农业厅、河北省农林科学院以及沧州、衡水、邢台、邯郸市政府分管领导为成员。领导小组办公室设在省科技厅，负责示范工程日常事务工作。项目管理办公室设在河北省农林科学院，负责技术牵总和具体项目过程管理。

第五条　领导小组办公室的主要职责。

（一）制订工程总体方案、年度项目计划、配套管理制度等工程实施的相关政策和规定。

（二）调研工程实施重大需求，研究确定资金支持方向。

（三）负责编制专项资金预算，监督专项资金预算执行，发布项目申报指南。

（四）研究确定项目立项、评审、验收等项目管理重大事项。

（五）与项目管理办公室签订《河北省渤海粮仓科技示范工程项目总任务书》，对示范工程整体实施情况进行监督检查和绩效评价。

（六）落实省政府交办的有关事项，向省政府报告项目有关情况。

第六条　项目管理办公室的主要职责。

（一）研究提出项目管理建议。

（二）按领导小组办公室要求，组织项目的征集、申报、评审、论证等工作。

（三）按绩效预算管理改革要求，编制项目绩效预算，确定项目绩效目标和绩效指标。

（四）与项目承担单位签订《河北省渤海粮仓科技示范工程项目任务书》，落实目标任务。

（五）负责项目调度评议和监督检查，协调解决项目实施中的有关问题，根据项目执行情况提出项目调整、终止及撤销建议。

（六）组织项目验收，确认项目完成，形成项目档案。

（七）落实领导小组办公室会议的议定事项。

第七条　有关省直单位、设区市和省直管县科技行政管理部门以及经批准的其他单位，是项目归口管理部门，负责项目的监管工作。主要职责如下。

（一）按要求组织、审查和推荐本地区、本系统的项目，对项目的真实性、规范性、可行性和项目实施结果负责。

（二）按要求对项目执行和经费使用情况进行检查和监督，协调解决项目实施中的有关问题。

（三）按期组织承担单位上报项目执行情况及相关材料。

（四）按要求完成项目验收工作。

第八条　项目牵头承担单位，是实施责任主体。主要职责如下。

（一）组织项目实施，落实配套条件。按照项目任务书要求协调项目协作单位，按照完成项目任务。

（二）按照《河北省渤海粮仓科技示范工程资金管理办法》要求，管理、使用项目经费。

（三）报告项目实施中的重大事件，协助完成项目的调度评议和监督检查等工作。

（四）按要求完成项目验收工作。

（五）配合完成其他交办工作。

第三章　立项程序

第九条　项目分为技术研发、成果转化和推广应用 3 类。

技术研发类项目，主要是解决当前示范工程实施中的关键共性技术问题。以科研院所、高校为主要承担单位。

成果转化类项目，主要是针对示范工程实施实际，转化一批农业重大科技成果。优先支持项目实施区域内的企事业单位，与省内外科研单位、高等院校、企业合作实施。

推广应用类项目，主要是支持示范工程区域内县（市），依托农业新型经营主体，推广应用成熟的新技术、新产品，建立技术示范区。

第十条　项目组织方式，分为公开申报和定向征集两类。领导小组办公室根据工作需要，确定各类项目的组织方式。

（一）公开申报，是指根据示范工程建设方向，公开向省内外进行项目征集，择优进行支持。主要包括发布指南、申报、立项、签订任务书等程序。

1. 发布指南。领导小组办公室根据示范工程实施重点，发布项目申报指南，明确项目支持的重点领域、目标方向、任务要求，确定项目申请的时间、渠道、方式和对实施单位的要求。

2. 申报。申报单位根据指南要求，编写项目申请书及附件材料，经归口管理部门审核后报送项目管理办公室。

3. 立项。项目管理办公室组织初审和专家评审、论证，并提出立项建议。由领导小组办公室报请领导小组同意后，正式下达立项。

4. 签订任务书。立项后，项目实施单位按要求填报项目任务书，经归口管理部门审核后报项目管理办公室，项目管理办公室审签盖章（河北省农林科学院代章）后生效。

（二）定向征集，是指根据示范工程实施方向，提出具体的任务指标，向有前期实施基础、技术优势的具体单位进行征集。除不发布申报指南外，其他程序与公开申报相同。

定向征集和公开申报，一般均应进行专家咨询和论证。

第十一条 牵头承担单位应具备下列基本条件。

（一）应为河北省行政区域内注册、具有独立法人资格的单位，省外高等学校、科研院所、企业等可作为协作单位参与承担项目。

（二）具有与项目实施相匹配的人才、技术、装备等基础条件，有健全的管理制度。

（三）项目负责人需为在职人员，具有完成项目所需的组织管理和协调能力。

（四）符合项目申报的其他要求。

第四章 实施与监督

第十二条 领导小组办公室和项目管理办公室，根据需要适时组织项目实施情况检查，了解掌握项目进展。

第十三条 项目牵头承担单位，要按照任务书要求组织开展工作。每年 6 月底前提交上半年工作小结，11 月底前提交年度执行情况报告。对于执行过程中出现的有关问题，应及时向项目管理办公室报告。

第十四条 项目牵头承担单位应接受领导小组办公室、项目管理办公室以及财政、审计等部门的监督检查，配合完成有关工作。

第十五条 项目实施过程中，因不可抗拒因素导致项目无法按照项目任务书要求继续实施，可对项目做出调整或终止。由项目牵头承担单位提出申请，经归口管理部门审核，项目管理办公室提出书面意见，报领导小组办公室同意。项目管理办公室也可根据项目执行情况，直接提出项目调整、终止建议，经领导小组办公室同意后执行。

对于终止的项目，项目牵头承担单位还应对已开展工作、经费使用、已购置仪器设备、阶段性成果、知识产权等情况做出书面报告，报项目管理办公室进行核查备案。

第十六条 出现下列情况之一，由项目管理办公室，领导小组办公室同意后，对项目做撤销处理。

（一）在项目申请或实施过程中用剽窃、篡改、假冒等方式侵害他人成果或者弄虚作假。

（二）组织管理不力等人为因素致使项目难以实施。

（三）不按项目任务书执行或未经批准终止项目任务。

（四）违规使用项目经费并造成严重后果。

（五）逾期不申请验收。

（六）拒不接受监督检查。

（七）其他主观因素导致项目执行出现重大问题的。

第五章 项目验收

第十七条 项目按计划完成后需进行验收，验收工作由项目管理办公室组织开展。验收采取专家评议方式，专家组由相关技术、财务、管理方面的专家组成，人数不少于5人。

第十八条 对于项目任务书中的技术、经济、社会效益等任务指标，由项目管理办公室统一组织或委托项目归口管理部门组织专家进行现场检测。检测报告作为项目验收的重要依据文件。

第十九条 验收以项目任务书为基本依据，对项目完成、经费预算执行、经济社会效益、知识产权、科技人才培养、组织管理等情况做出客观评价。验收结论分为通过验收和不通过验收。

第二十条 存在下列情况之一不通过验收。

（一）主要目标、任务未完成。

（二）提供不真实验收文件、资料、数据。

（三）未经批准修改项目任务书内容。

（四）资金使用不符合《河北省渤海粮仓科技示范工程项目资金管理办法》有关要求的。

第二十一条 项目实施单位对验收结论有异议的，可在60日内向项目管理办公室提出复议申请。

第二十二条 项目通过验收后，结余的专项经费按照财政结余资金管理有关规定执行。

第六章 罚 则

第二十三条 项目负责人有下列行为之一的，记入不良信用记录。构成违纪的，建议有关部门给予纪律处分；涉嫌犯罪的，移交司法机关处理。

（一）不按本办法规定履行相关义务。

（二）在项目申请、实施和验收中存在欺骗行为。

（三）所负责项目被撤销。

第二十四条 项目承担单位不按本办法履行相关职责的，记入不良信用记录，情节严重的给予通报批评等处罚。

第二十五条 对项目负责人和项目承担单位的具体处罚意见，由项目管理办公室视情况提出建议，报领导小组办公室研究决定。

第七章 附 则

第二十六条 本办法由省科技厅牵头，由领导小组有关单位进行解释。

第二十七条 本办法自发布之日起施行，示范工程结束时，本办法自动失效。

附件 5
《河北省渤海粮仓科技示范工程省级财政专项资金管理办法（试行）》
（冀财农〔2015〕101 号）

第一章　总　则

第一条　为加强河北省渤海粮仓科技示范工程省级财政专项资金管理，促进渤海粮仓科技示范工程建设，根据《中华人民共和国农业技术推广法》《河北省科学技术进步条例》《国务院关于改进加强中央财政科研项目和资金管理的若干意见》（国发〔2014〕11 号）、《中央财政农业科技成果转化与技术推广服务补助资金管理办法》（财农〔2014〕31 号）、《河北省省级科技计划专项资金管理办法》（冀财教〔2013〕29 号）等规定，结合工作实际，制定本办法。

第二条　河北省渤海粮仓示范工程省级财政专项资金（以下简称专项资金）是指省级财政年初预算安排的，专项用于支持实施河北省渤海粮仓科技示范工程的专项资金。按照项目类型，分为技术研发类项目资金、成果转化类项目资金、技术推广类项目资金。

第三条　专项资金的总体绩效目标是提高渤海粮仓科技示范工程实施区域的粮食综合生产能力。按照资金的不同类别，分类设置绩效指标。绩效指标主要包括资金管理指标、产出指标和效果指标。其中，资金管理指标包括资金管理规范性、资金到位情况等；产出指标包括科技成果转化量化效果、示范基地建设面积和增量、关键技术研发成果等；效果指标包括经济效益指标和社会效益指标。

第二章　专项资金管理职责

第四条　省科技厅负责项目预算编制、资金使用安全、监督资金执行、开展绩效评价、信息公开等，对专项资金执行结果负责。按照绩效预算管理改革要求，组织编制项目绩效预算，确定绩效目标、绩效指标及具体指标值。

省财政厅负责审核项目预算，主要包括资金使用是否符合规定范围，支出是否符合规定标准，项目支出是否符合绩效管理的有关要求，并按规定程序及时拨付资金。

第五条　设区市科技局、财政局和省直有关单位，按照要求统筹本地区、本系统示范工程建设的目标任务、资金投入，负责示范工程项目的汇总、审核和申报工作。

市县科技部门负责对申报材料的真实性进行审核，财政部门负责对资金支出范围进行审核。省科技厅对项目的真实性、规范性、可行性负责，重点审核项目申请者及其合作方的资质、科研能力等，加强项目查重，避免一题多报或重复资助。

第六条　县（市、区）人民政府、相关科研院校和企业作为项目承担单位，是项目实施的责任主体，对申报材料的真实性和专项资金使用的规范性、安全性、有效性负直接责任。专项资金要实行专人管理、专账核算、专款专用，确保资金安全、规范和高效使用。

第七条 项目立项后，省财政厅按照预算及国库管理有关规定，将专项资金拨付省直有关单位、下达市县财政部门。市县财政部门要及时办理资金下达和拨付手续。

第八条 每年4月底前，省科技厅组织开展项目绩效自评，形成绩效自评报告，报省财政厅。每年9月底前，省财政厅对项目绩效情况进行绩效评价，形成绩效评价报告。评价结果将作为安排下一年度部门预算的依据。

第三章 技术研发类项目资金使用管理

第九条 技术研发类项目是指根据示范工程实施方向和具体任务指标，向有前期实施基础、技术优势的科研院所、高校定向征集的项目，主要解决示范工程实施中的关键共性技术问题。

第十条 技术研发类项目资金的支出范围。

（一）直接经费。项目实施过程中发生的设备费、材料费、测试化验加工费、燃料动力费、差旅费、会议费、国际合作与交流费、出版/文献/信息传播/知识产权事务费、劳务费、专家咨询费等。

（二）间接经费。为项目实施提供的现有仪器设备及房屋消耗，水、电、气、暖消耗，有关管理费用的补助支出，绩效管理支出等间接支出。间接费用按照不超过项目经费中直接费用扣除设备购置费后的一定比例核定，其中：100万元及以下部分不超过20%；100万元至300万元的部分不超过13%；超过300万元的部分不超过10%。间接费用中绩效支出不超过直接费用扣除设备购置费后的5%。项目承担单位和项目合作单位不得在核定的间接费用以外再以任何名义在项目经费中重复提取、列支相关费用。

第十一条 技术研发类项目资金绩效评价指标包括。

（一）资金到位情况、支出进度和资金管理规范性等。

（二）取得科技成果、发明专利、地方标准等情况。

（三）形成技术模式、技术规程、技术体系情况。

（四）发表论文、专著、报告等情况。

（五）其他相关情况。

第十二条 技术研发类项目实行定向征集。

（一）河北省农林科学院作为技术支撑牵头单位，负责协调有关单位，根据科研需要，提出具体的任务指标和项目征集要求，报示范工程领导小组办公室审定。

（二）河北省农林科学院负责按照示范工程领导小组办公室审定的征集要求，向省内有前期实施基础、技术优势的科研、教学等单位征集项目，组织项目报送，进行项目审核。

（三）河北省农林科学院会同有关单位，组织专家对项目进行评审、论证，择优提出立项建议。由领导小组办公室报请领导小组同意后，正式下达立项。

第四章　成果转化类项目资金使用管理

第十三条　成果转化类项目是指针对示范工程实施中存在的关键技术瓶颈，引进转化一批农业重大科技成果的项目。

第十四条　成果转化类项目的实施主体是示范工程实施区域内的企事业单位，鼓励省内外科研单位、高等院校、企业合作参与实施。

第十五条　成果转化类项目资金的支出范围。

（一）材料、农资、小型仪器设备等技术物化投入品的购置。

（二）试验示范田租用及整理，推广服务、宣传培训、技术咨询。

第十六条　成果转化类项目资金绩效评价指标包括。

（一）资金到位情况、支出进度和资金管理规范性等。

（二）引进转化适用农业科技成果情况。

（三）示范基地建设情况。

（四）与当地同类成果应用效果相比，增产、节水、增效等情况。

（五）其他相关情况。

第十七条　成果转化类项目采取公平竞争择优的遴选机制，实行公开申报制。

（一）省科技厅会同有关单位，研究项目年度支持重点，发布项目申报指南，明确申报要求。

（二）设区市和省直管县科技局会同有关单位，根据申报要求组织本行政区域内、本系统的项目申报，进行项目审核和推荐，逐级汇总上报省科技厅。省直有关单位按申报要求进行项目申报，报省科技厅。

（三）河北省农林科学院会同有关单位，组织专家对项目进行评审、论证，择优提出立项建议。由领导小组办公室报请领导小组同意后，正式下达立项。

第五章　推广应用类项目资金使用管理

第十八条　推广应用类项目是指依托农业新型经营主体，推广应用成熟的新技术、新产品，建立技术示范区的项目。

第十九条　推广应用类项目的实施主体是示范工程区域内的县（市、区）人民政府，专业大户、家庭农场、专业合作社等农业新型经营主体可作为依托主体。

第二十条　推广应用类项目资金的支出范围。

（一）材料、农资、小型仪器设备等技术物化投入品的购置。

（二）试验示范田租用及整理，推广服务、宣传培训、技术咨询。

第二十一条　推广应用类项目资金绩效评价指标如下。

（一）资金到位情况、支出进度和资金管理规范性等。

（二）筛选适宜、成熟技术体系情况。

（三）培育、壮大新型农业经营主体情况。

（四）技术示范区面积建设情况。

（五）其他相关情况。

第二十二条 推广应用类项目实行定向征集。

（一）省科技厅会同省财政厅等单位，研究项目年度支持重点，发布项目申报通知，明确申报要求。

（二）设区市科技局根据申报要求组织本行政区域内的项目申报，进行项目审核和推荐，逐级汇总上报省科技厅。省直管县人民政府可直接将项目报省科技厅。

（三）省农林科学院会同有关单位，组织专家对项目进行评审、论证，择优提出立项建议。由领导小组办公室报请领导小组同意后，正式下达立项。

第六章 专项资金监督检查

第二十三条 各级科技、财政部门应严格按规定使用资金，不得擅自扩大支出范围，确保资金专款专用、安全有效。

第二十四条 市县科技部门要加强示范项目工程全过程监督。县级财政部门要加强示范工程项目资金全过程监督。市级财政部门、科技部门要对示范项目工程资金使用情况进行抽查。

第二十五条 各级财政、科技部门要自觉接受审计、监察等部门和社会监督。

第二十六条 对违反本办法规定骗取、截留、挤占、挪用资金的行为，依据《财政违法行为处罚处分条例》有关规定进行处理。

第七章 附 则

第二十七条 本办法由省财政厅会同省科技厅负责解释。

第二十八条 本办法自印发之日起施行。有效期2年。

附件 6
信息简报摘编

2013 年

国家课题启动会召开

2013 年 4 月 27 日，国家科技支撑计划渤海粮仓科技示范工程项目河北课题“环渤海河北增粮技术集成与示范”启动会在河北省农林科学院召开。河北省科技厅和河北省农林科学院相关管理部门的领导和子课题承担单位中国科学院遗传与发育生物学研究所农业资源研究研究中心、河北省农林科学院旱作农业研究所、河北省农林科学院棉花研究所、沧州市农林科学院及课题示范任务参与单位国家半干旱农业工程技术研究中心等相关负责人及技术骨干 30 余人参加会议。

该课题集聚区域相关优势力量，联合攻关，针对河北省环渤海低平原区光热资源丰富粮食增产潜力大，但受缺水、干旱、瘠薄、盐碱等影响造成实际产量低的情况，针对性地研究和综合应用节水灌溉、微咸水补灌、旱作技术、土壤保育、轮作技术、粮棉土地置换扩大耕地等技术措施，建立粮食大幅增产技术模式，并规模示范应用，实现河北环渤海低平原的粮食增产 15 亿 kg 目标。全面提升河北环渤海中低产区粮食生产水平和效益，为国家粮食安全提供重要支撑。会议主要包括以下内容。

1. 课题负责人介绍课题总体情况

课题负责人王慧军院长介绍了课题背景意义、课题概况、总体目标、研究思路、研究内容、关键技术及创新点、课题组织实施及管理情况。

2. 子课题负责人分别汇报任务实施情况

子课题负责人分别汇报了承担任务的总体目标、研究内容、考核指标、技术方案、落实情况、已有研究基础及经费情况，明确了各自任务的核心示范区、示范区地点、规模及试验示范的实施方案。

3. 讨论课题相关管理细则及执行专家组名单

河北省农林科学院科技处陈霞副处长宣读了《渤海粮仓科技示范工程项目河北课题经费管理办法（讨论稿）》《渤海粮仓科技示范工程项目河北课题任务管理办法（讨论稿）》。经讨论研究，与会专家一致认为，课题制定的两个管理办法要基于国家科技支撑计划管理办法，管理办法改名为管理细则更为合适，并将课题示范参与单位国家半干旱农业工程技术研究中心和课题8个核心示范区即成安县、曲周县、威县、武强县、景县、南皮县、黄骅市及海兴县纳入课题管理细则中来，征求各参与单位意见后，修改完善两个细则。同时，会上讨论通过了课题执行专家组成员名单，课题负责人王慧军担任项目区域首席，并明确了课题实行执行专家组决策制度。

4. 课题负责人总结发言

讨论结束后，课题负责人王慧军院长说明了此次启动会议召开的背景、到位经费下拨、执行专家组职能等情况，要求各子课题负责人根据已签订的课题任务书，按照科技部统一格式，完善细化各自研究内容、任务指标、考核指标等，会后起草子课题合约书，准备签订，课题将严格按照合同管理，形成协调联动机制。此次会议要形成会议纪要，上报科技厅、科技部等课题管理部门。

王慧军院长指出，课题要依法管理，按照课题的两个管理细则的具体章程进行科学管理。两个管理细则和子课题合约书，一同发送给各子课题负责人修改完善，5月10日前返回课题办定稿。最后，王慧军院长对课题相关科研人员提出以下要求。

① 科研要建立标准化的试验，要有科学的数据支撑，数据规范，形成典型的试验田。

② 注重核心示范区的建立，明晰核心示范区的地点及规模。

③ 密切与地方政府及相关管理部门的联系，参与结合到相关的具体项目中去。

④ 要打破传统思维，加强与新型农业经营主体联系。

⑤ 就与课题示范相关的土地占补平衡政策等机制创新突破方面进行了阐述，启发了科研人员思维。

⑥ 要求各子课题提供相关的已有成熟实用技术，汇编成技术手册，用于课题推广及培训，报课题办，5月30日前汇总装订成册。

⑦ 课题要在5月中下旬选取课题观摩会地点，各子课题要着手准备，积极配合。

5. 河北省科技厅农村处处长出席启动会并讲话

① 首先介绍了项目立项背景。项目是在保证国家粮食生产安全及河北省增粮第一要务、粮食单产提高困难、粮食生产比较效益低下的背景下，挖掘研究低平原低产区及环渤海盐碱荒地的增产潜力的重要性日渐突出，因此，李振声院长提出了“十二五”渤海粮仓工程项目并得到了科技部认可，该项目主要针对中低产区粮田改造和增产潜力的挖掘。

② 介绍了项目启动会议情况，传达了有关领导的讲话精神。

③ 介绍了项目课题设置及组织管理情况。项目下设8个课题，4个共性课题，4个区域课题。本课题为项目第五课题，包括6个子课题及9项内容即国家半干旱农业工程技术研究中心和8个核心示范区的示范内容。同时，明确了国家半干旱农业工程技术研究中心的示范任务，半干旱示范任务要纳入课题的统一管理，要求半干旱中心在充分发挥水肥一体化、棉花新品种等技术优势前提下，在本课题区域范围所涉及的44个县市内选择合适示范地点开展和课题研究任务相关的示范工作，注重与6个子课题示范任务

的对接，形成包括示范点选取、示范规模及具体示范内容在内的示范方案，落实示范计划，5 月 10 日前交课题办。管理模式包括领导小组、执行专家组和课题组，组成科技特派团，在 8 个核心示范区设置 8 位科技特派员。

④ 对课题管理提出了具体要求：签订的子课题合约书、课题管理细则及课题实施方案将作为课题任务落实的依据，要严格按照执行；严格按照经费管理细则进行经费管理；加强课题宣传报道，及时向上级及相关部门汇报工作，并将此项工作纳入课题任务管理细则中去。

国家课题执行专家组第一次会议召开

2013 年 5 月 21 日，国家科技支撑计划渤海粮仓科技示范工程项目河北课题“环渤海河北增粮技术集成与示范”在河北省农林科学院召开第一次执行专家组会议。课题执行专家组成员及课题管理办公室等相关人员参加了此次会议。

会议议题主要包括 4 个方面内容：敲定研究任务合约书；落实示范基地、拟定与相关示范县基地建设合约书；研讨技术手册相关内容；安排布置即将召开的课题调度会议相关事宜。具体内容如下。

1. 子课题负责人分别汇报研究任务合约书

为保证更好地完成课题任务指标，各子课题负责人根据启动会议要求，对比已签订的课题任务书，按照上报到课题办的研究任务合约书，就研究内容，考核指标及示范基地地点、面积等情况进行了重点汇报。

任务一，在研究内容上要形成 1 套创新的技术模式，核心示范区地点有所变动，即在南皮建立两个核心示范点，有关辐射面积及粮食增加总量相关数据有所调整，通过技术模式适应性分析，按照单位面积增产量及技术辐射区域面积计算粮食增加总量。

任务二，研究内容在微灌节水基础上拓宽研究领域，增加节水高产技术模式研究，技术辐射以衡水为主，核心示范区建立在景县及武强两个县。

任务三，研究内容主抓 3 个棉花种植模式：即两年三作种植模式、粮棉套作种植模式和棉改粮种植模式，核心示范区建立在威县、南宫及曲周 3 个县。

任务四，研究内容要在形成的雨养旱作技术模式关键词上突破，核心示范区建立在黄骅，技术辐射带动黄骅市、盐山县、海兴县、南大港、孟村、沧县等县市类似生态地区的大面积生产种植。

任务五，在研究内容上拓宽咸水结冰研究范围，增加相关品种、肥料的研究，核心示范区建立在海兴、南大港及唐海 3 个县。

任务六，在研究内容上增加了基于 GIS 的区域农业资源空间数据库构建，利于对课题基础数据进行科学系统的研究，同时对示范区建设相关内容改为对已形成的示范区进行评价。

上述研讨内容经执行专家组讨论一致通过，各子课题根据会议要求，修改研究任务合约书，25 日之前上报到课题办，准备在即将召开的课题调度会议签订。

2. 商讨与 10 个示范县签订基地建设合约书事宜

执行专家组经研讨确定了各子课题相关的 10 个示范县：即南皮、景县、武强、南宫、威县、曲周、南大港、海兴、唐海、黄骅。

讨论还决定了与各示范县签订的示范区建设合约书相关内容，具体内容包括：合约书名称、引言背景、示范内容（包括示范主体技术、示范区地点、面积、负责人等）、权责利条款、参加人员、签字盖章（包括相关县政府、子课题单位及相关负责人），并一致决定各签约示范县建设经费实行向子课题负责单位报账制。

与示范县签订的合约书经课题办统一制定合约书格式，发送到各子课题，各子课题将写好的合约书 25 日之前发回课题办，准备在即将召开的课题调度会议上与各示范县负责人签订合约。

3. 商讨技术手册相关事宜

执行专家组根据已上报的各子课题技术手册，经研讨提出了修改意见：技术手册名称定为渤海粮仓河北示范区推荐技术，任命李科江为主编，课题办负责参与编制，目录按照品种介绍、灌溉技术、种植技术、施肥技术、盐碱地改良技术、配套农业机械等进行分类汇总，增加图片信息，实现图文并茂。其中任务 1 除已上报的 5 个技术，要增加小偃 81 品种介绍，微生物菌肥介绍。经专家组讨论，初步确定了要推荐的配套农机具，并责成相关人员负责收集上报到课题办，其中王慧军教授负责提供精播机，小麦、玉米收获机械，深松施肥机信息，阎旭东研究员负责提供起垄覆膜机，精播机信息，胡春胜研究员负责提供秸秆还田机信息，刘小京研究员负责自走式喷药机信息，李科江研究员负责提供灌溉机械与设备信息。

各子课题负责人根据上述技术手册修改意见，对上报内容重新进行分类、整理，增加相关信息，并与 5 月 25 日之前上报到课题办，统一排版、印制，5 月 31 日之前装订成册。

4. 布置安排课题调度会议相关事宜

（1）参加人员

① 科技部、科技厅有关领导。

② 课题负责人、6 个子课题负责人、子课题所在单位负责人，课题管理人员。

③ 10 个示范县负责人、邯郸、邢台、沧州及衡水 4 个市主管市长及科技局有关人员。

（2）会议地点

石家庄，会期半天。

（3）会议内容

① 总体背景介绍。

② 王慧军院长介绍课题情况，课题办制作 PPT。

③ 课题与子课题负责人签订研究任务合约。

④ 与示范县签订建设合约书。

⑤ 阎旭东研究员代表课题科技人员讲话。

⑥ 示范县代表讲话，责成刘小京研究员负责联系南皮县负责人。

调度会议由科技厅负责通知。此次会议上述研讨内容初步定于 5 月 25 日与科技厅相关领导进行商讨，由科技处陈霞副处长负责联系科技厅相关人员。同时，将经农科院科技处、财务处审阅后的课题管理细则发送给各子课题。

此次会议各项决定经课题执行专家组成员一致讨论通过，并签字确定。

项目推进会在沧州召开

2013 年 6 月 4 日，河北省渤海粮仓科技示范工程项目推进会在河北省沧州市召开。6 月 3 日晚省长张庆伟会见了前来参加会议的中国科学院院长白春礼、副院长张亚平一行，对长期以来中国科学院对河北省科技工作的支持表示感谢，并要求省有关部门和单位全力做好“渤海粮仓”项目，为国家粮食安全、河北农民增产增收作出贡献。

本次会议主要参会人员有：中国科学院白春礼院长，张亚平副院长，课题顾问组组长李振声院士及中国科学院科技发展促进局负责同志等。国家科技部农村司郭志伟副司长等出席会议。河北省参加会议的有许宁副省长，科技厅、农业厅、财政厅、水利厅、河北农林科学院负责同志，河北课题项目组成员，邯郸市、邢台市、衡水市、沧州市负责同志，以及曲周县、威县、南宫市、景县、武强县等 8 个示范县（市）主管县（市）长、科技局局长等共计 100 余人。与会人员首先参观了中国科学院农业资源中心的南皮试验站、穆三拨‘小偃 81’示范田及南皮县乌玛营镇万亩示范区。

推进会由河北省科技厅贾红星厅长主持。沧州市市长王大虎首先致辞，他对中国科学院白春礼院长、张亚平副院长、李振声院士、国家科技部农村司郭志伟副司长、许宁副省长亲临会议指导表示感谢，并表示以“渤海粮仓”项目为契机，支持和配合课题组专家工作，为专家提供全方位服务，在专家指导下进行沧州地区中低产田的全面改造，为国家粮食安全以及农民增产增收作出贡献。

李振声院士介绍了渤海粮仓科技示范工程背景和总体安排。“渤海粮仓”科技工程的主要思路是：通过盐碱地改良、棉改增粮实现扩大粮田面积；通过提升农田基本建设水平、抗逆品种应用、中低产田改造升级和地力提升实现中低产田粮食增产；通过挖掘当地非常规水源和适度外地调水，并发展现代节水农业，为粮食增产提供水资源保障，突破渤海粮仓建设的水土资源约束与可持续增产的关键科学问题和技术，在河北、山东、辽宁、天津等省市，以核心区、示范区和辐射区三区联动方式推动，目标是在 2011 年产量的基础上，在环渤海低平原区实现 2017 年增粮 30 亿 kg、2020 年增粮 50 亿 kg的增产能力，建成名副其实的“渤海粮仓”。“渤海粮仓”建设对保障国家粮食安全、实现“千亿斤”粮食增产目标具有重要的战略意义。

河北课题主持人、区域首席河北省农林科学院院长王慧军教授汇报了河北课题的安排和实施进展情况。河北区是渤海粮仓科技工程实施的重点，具有任务大、区域特征明显、代表性强的特征。河北课题的任务主要是针对干旱缺水、土壤盐碱瘠薄、盐碱荒地的土地资源和微咸水资源丰富的特点，设置 6 个子课题：小麦玉米浅层微咸水补灌吨粮技术集成研究与示范；小麦—玉米微灌节水超吨粮技术集成与示范；棉田增粮技术模式研究与示范；低平原雨养旱作区增产增效技术模式研究与示范；盐碱地改良与咸灌棉花种植技术研究与示范；区域增粮集成模式适用性技术经济评价与优化应用示范。

课题已取得以下进展：一是 2013 年 4 月 27 日召开了课题启动会议，科技厅领导、各任务负责人、承担单位负责人、管理部门共计 30 多人参加了会议，布置了课题任务，研究了实施方案，制订了管理细则，提出了任务及考核要求。二是 2013 年 5 月 21 日召开了第一次执行专家组会议，确认了各任务合约，通过了管理细则，确定建立曹妃甸区、南大港、黄骅市、海兴县、南皮县、景县、武强县、威县、曲周县 10 个重点示范县。三是课题管理办公室组织 33 名科技人员总结了 6 大类 37 项实用技术，编辑成册开始向河北项目区推荐。四是各任务承担单位落实了试验、示范基地。

国家科技部农村司郭志伟副司长讲话强调，河北项目区要加强管理，建立领导小组，配套研究经费，制定切实可行的实施方案，进行课题的全产业链设计。创新体制和机制，课题研究与产业园区建设、新型经营主体打造、科技特派员制度结合。注重面上推动、绩效考核、进展跟踪、规范管理。

中国科学院白春礼院长在讲话中回顾了“渤海粮仓”示范工程在过去两年预研工作中取得的成绩，谈了对工程实施的几点意见：一是要强化科技创新、突破技术瓶颈。创新是中国科学院的核心价值。中国科学院联合河北和山东省的科研团队持续在环渤海中低产区做深入、细致的工作，针对该区淡水资源匮乏、土壤盐渍化、粮食产量不高的不利因素和浅层微咸水资源丰富、粮食增产潜力大的有利条件，研发出适宜当地农业生产的发展模式与技术体系，一直坚持通过科技创新促进地方农业发展，推进科技创新步伐，解决该区水土资源的硬约束，提升区域农业资源高效利用技术水平，在科技支撑层面上为圆满完成项目目标奠定坚实基础。二是要加强协同创新、推进技术转化。“渤海粮仓科技示范工程”项目是中国科学院与河北省的科技合作的重要内容之一，也是在科技部的支持下，在农业领域开展的重大合作项目。院省科研团队要继续完善顶层设计，细化实施方案，创新合作机制，强化协调创新，增强创新自信，努力拼搏进取，促进技术转化，确保该地区真正成为国家重要粮仓之一。三是要服务地方需求、促进农民增收。科研队伍要充分熟悉地方政府的发展战略目标，深入了解地方的科技需求，延伸技术成果的产业价值链，要有切实的机制保证科研成果在生产中开花结果、取得实效，为地方经济社会发展提供强有力的科技支撑。努力在高起点上实现新突破，为农业增产、农民增收和农村繁荣注入强劲动力。

白春礼同时要求以“渤海粮仓科技示范工程”项目为契机，进一步拓展省院合作。该项目是中国科学院深化机构改革后承担的第一项农业领域重大任务。为确保项目顺利实施，中国科学院将发挥机构创新改革的管理优势，充分调动项目承担单位和科研人员自主创新的积极性和主动性，完善和强化省院合作平台，将创新驱动发展贯穿到项目实施的各个环节。不仅要提交科技创新成果，而且要创新体制机制和管理模式，为国家粮食安全和河北省的经济社会发展作出新的、更大的贡献。

河北省许宁副省长做了重要讲话。许宁副省长强调要处理好 3 个关系：即处理好方向与方法的关系、规范与规模的关系和加速与加力的关系，并对河北渤海粮仓科技示范工程项目给予了高度评价，河北省政府对渤海粮仓项目也非常重视，要求省市县政府提高认识，各相关部门积极协调，各承担单位科技人员积极努力，做好项目的实施，使项目为河北省中低产区粮田改造和增产增效发挥出重要作用。

最后，会议主持人省科技厅贾红星厅长强调，各市、县要认真贯彻白春礼院长和许宁副省长的讲话精神和会议精神，加强协调配合，搞好服务和资金配套，力争全面完成课题任务。

中期推进会

2013 年 8 月 28 日国家科技支撑计划“渤海粮仓科技示范工程”项目“环渤海河北增粮技术集成与示范”课题组召开了 2013 年中期推进会。会议由河北课题主持人、河北省农林科学院院长王慧军教授主持，参会人员有各任务负责人、课题骨干及课题办公室人员共计 25 人。

会议分为两个阶段，第一阶段与会人员对“环渤海河北增粮技术集成与示范”课题的黄骅、海兴、南皮和旱作所深州试验站等代表性的示范试验点进行了现场考察和实际调研。第二阶段在河北农科院旱作所深州试验站各项任务负责人就各项任务总目标、2013 年阶段目标、本年度开展的工作情况与主要进展、经费到位与支出情况、存在的主要问题以及下步工作安排等进行了汇报，汇报结束后，就各任务进展情况、存在问题等展开了深入讨论和总结。

讨论中刘小京研究员介绍了“渤海粮仓科技示范工程”项目的总体研究情况、目前任务完成情况以及需要注意的几个问题。他提出：要将“渤海粮仓科技示范工程”做成样板工程，特别需要注意做好渤海粮仓项目的宣传工作；在工作中要注意试验示范结合问题；要清楚这个工程要突出的重点、最后形成的主体及其配套技术模式；项目中目前示范还是偏弱，要学习山东等省市先进经验，为了做好示范工作要考虑推进方法，从体制上做出自己的特色；做好小偃系小麦品种的示范工作。

胡春胜研究员就上半年项目启动以来，已经确定的 9 个示范区提出了两点意见：一是确定项目的主导模式。注重生产上的实际效果，成果不要求多，但要注重细致性和生产上的效果，要在生产上能推广开来，有必要地针对某个课题进行研讨和评估。另外，考核指标能否高质量完成也是需要注意的。所以各课题要提前规划出一个主导模式来。二是示范区建设需要和承担研究任务的政府部门紧密结合。李科江研究员就 9 个示范县的建设和经费拨付情况进行了汇报。

课题主持人王慧军院长对会议做了总结。他指出：现在看来，在整个项目的实施过程中，示范是弱项，也是一定要做好的工作。所以 6 个子课题要形成合力，按照李振声院士提出的要求，河北的粮食产量要在 5 年内增产 15 亿 kg，要在这个基础上开展工作，特别要做好“集成与示范”工作。他提出可考虑形成 10 项主体示范技术：咸水结冰灌溉技术，旱地地膜玉米技术，玉米“一穴双株”技术，棉花轻简化栽培技术，深松加施肥技术，微灌技术，咸水利用技术，土壤改良剂技术，适宜不同区域的优良品种的筛选技术和相关农业机械、设备的应用技术。王慧军院长对接下来的工作提出如下要求。

① 各任务承担单位必须做好标准化试验，用数据说话。要从小麦季开始，围绕十

项技术有针对性地布置试验，在此基础上明年考虑集成问题，要出一系列的规程、标准、专利、机具、肥料、品种等物化成果。要以“4 个可行性”即科学的可行性、技术的可行性、经济的可行性和机制的可行性为基础，实现集成的目标。

② 每个课题都要做好百亩试验田、千亩示范方、万亩辐射区，全面开展“百千万工程”。

③ 做好项目的宣传展示工作。要统一制作标准化的标牌。

④ 要针对技术模式特点做好对示范区农民的技术培训工作。

⑤ 要注意服务于新型经营主体，突破一家一户的经营模式，要与家庭农场、专业合作社、农业企业等新型经营主体有效结合。项目办要积极推进调研工作，了解新型经济主体的需求，最终达到“专业合作社式”“家庭农场式”等服务式主体的目标。

最后，王慧军院长强调在以后的研究工作中需要注意档案管理问题，做好“建档立案”工作；合理、合规使用经费；注意与地方政府搞好关系，以保证研究任务的顺利实施。

此次中期推动会成功召开，为下一步工作顺利、高效开展，奠定了坚实的基础。会议决定将前段工作向科技厅、中国科学院、科技部和李振声院士汇报。

河北省科技厅主持召开 2013 年工作调度会

2013 年 12 月 5 日，河北省科技厅在河北省石家庄市主持召开渤海粮仓科技示范工程工作调度会。河北项目区首席专家、河北省农林科学院王慧军院长，河北省科技厅陈卫滨副巡视员、科技厅农村处耿艳楼处长、高建锋副处长，河北省农林科学院科技处岳增良处长、陈霞副处长，课题承担单位河北省农林科学院旱作所、棉花所，中国科学院遗传所农业资源研究中心，沧州市农林科学院的主要技术骨干以及邯郸市、邢台市、衡水市、沧州市科技局主管，南皮、黄骅、海兴、曲周、威县、南宫、景县、武强、曹妃甸 9 个示范市县的科技局局长参加了会议，参加会议人员共计 50 余人。会议由河北省科技厅农村处处长耿艳楼主持。会议内容如下。

1. 课题首席、河北省农林科学院王慧军院长汇报主要进展、存在的问题和 2014 年重点工作安排

王慧军介绍了河北项目区总体发展目标是：到 2017 年实现区域增粮 15 亿 kg，2020 年增粮 25 亿 kg 目标。2013 年主要完成的工作包括以下内容。

① 2013 年 4 月 27 日召开课题启动会议，科技厅领导、各任务负责人、承担单位负责人、管理部门共计 30 多人参加了会议，布置了课题任务，研究了实施方案，制订了管理细则，提出了任务及考核要求。

② 2013 年 5 月 21 日召开第一次执行专家组会议。划分了河北项目分区，确定了重点示范县、示范内容、技术负责人。

③ 2013 年 6 月 4 日，在沧州市召开了河北省渤海粮仓科技示范工程项目推进会，中国科学院白春礼院长、张亚平副院长，河北省许宁副省长，科技部农村司郭志伟副司长出席会议并讲话。

④ 2013 年 7 月 22 日，河北省科技厅组织召开课题示范县工作安排会议，明确了河北项目区 9 个示范县的具体承担单位为各县的科技局，但必须与农牧局、水务局、农开办等有关单位结合，主管县长或科技局长为各县子课题负责人，负责千亩示范方和万亩辐射区的实施及经费的使用。技术负责人为各县科技特派团的团长，负责实施方案的制定和技术指导及监督落实情况，并负责建立百亩试验田。由国家半干旱农业工程技术研究中心统领各示范县的示范工作，负责组织联查、培训、现场会和绩效考核等工作。

⑤ 2013 年 8 月 28 日“环渤海河北增粮技术集成与示范”课题组在沧州召开了 2013 年中期推进会，并对试验和核心示范区进行了田间联查。

总体看，课题进展顺利，各级领导重视，一批成熟技术示范成效显著，但也存在课题与地方结合不够紧密，工作联动性差，宣传不够，百千万示范工程不够规范等问题。2014 年工作重点是：要在 9 个示范县落实“百千万”示范工程，重点抓 4 个万亩辐射区，9 个千亩方，1 个盐碱荒地梯次推进治理示范区。建设一条肥料生产线，两个良种繁育基地。同时按照实施方案，各研究单位做好标准化试验，集成和物化 10 项示范技术，提供大面积推广 。

2. 各示范市、国家半干旱农业工程技术研究中心，汇报了 2013 年协调推进工程实施的具体举措，交流讨论下一步加强技术示范推广工作的思路

国家半干旱农业工程技术研究中心顾时贵书记认为课题要围绕集成创新、集中示范、辐射示范、建设现代农业、维系生态安全展开。各示范市、县的示范工作主要包括技术培训、现场会、观摩会、联查、绩效考核等。

3. 河北省科技厅陈卫滨副巡视员做了会议总结

陈卫滨指出，国家和河北省领导对河北渤海粮仓科技示范工程课题高度重视，多次批示要统筹资源、加快推进工程的组织实施。就进一步抓好工程组织实施，他强调：

第一，要进一步提高对示范工程的认识。绝不能把示范工程仅仅当作一个科技项目来看，也不能把工作目标仅仅定位在完成项目任务书的工作内容。示范工程仅仅是一个起点，通过示范工程要把经过实践检验行之有效的技术从几个千亩试验田、万亩辐射区推广应用到3 500万亩耕地上，要把粮食的增产转变成农民的增收，要把农民的增收转变成建设新农村、发展现代农业的物质基础，实现良性循环，可持续发展。

第二，要把技术推广应用提上日程。要完成 15 亿 kg 粮食增产任务，仅靠 9 个示范县是不够的。要完成这个任务，没有一套机制是不行的。一是要学会发挥市场的作用。二是要加强政府的引导作用。三是要做好顶层规划。省科技厅一定做好协调工作。也希望各示范市、示范县，回去后主动与技术负责人联系，制订完整工作方案，及需要的政策支持，写成书面材料上报。同时，要主动与农业、财政、水利、土地等部门沟通，争取能出台几条过硬的措施。

第三，要更加注重技术集成和协调创新。应借示范工程实施，加强品种、土壤改良、节水灌溉、施肥、农机等技术集成，在注重技术先进性的同时，更加注重技术的集成性和适用性，力求见到实效。

第四，他希望课题组成员积极努力，扎扎实实做好各项工作，确保圆满完成各项研究和示范任务，为保障国家粮食安全做出应有的贡献。

2014 年

2014 年推进方案研讨会

2 月 19 日，2014 年河北省渤海粮仓建设推进方案研讨会在省农林科学院召开。河北省科学技术厅、河北省农业厅及相关单位领导专家 30 余人参加了此次会议。会议主要包括以下内容。

1. 学习讨论了《2014 年河北省渤海粮仓建设推进方案（讨论稿）》

王慧军院长介绍了河北省渤海粮仓建设的背景、整体思路、预期目标和有关要求。河北省农林科学院科技处岳增良处长对《2014 年河北省渤海粮仓建设推进方案（讨论稿）》做了详细说明。

2. 初步确定 2014 年重点示范县和物化服务体系的负责人及依托单位

与会领导专家在对《2014 年河北省渤海粮仓建设方案（讨论稿）》进行充分讨论的基础上，提出了选择重点示范县应具备的条件，包括：落实省渤海粮仓建设的准备情况、参与此项工作新型经营主体的资质、有无明确的技术特色、确定技术负责人和主体依托单位、配套条件等。根据以上要求，初步选定了河北省渤海粮仓建设区的 12 个重点示范县，确定了各示范县技术负责人和依托单位。同时，提出建设种子、肥料、植保、农机 4 个物化产品生产服务组织，并分别确定了负责人和依托单位。

会议要求各示范县技术负责人尽快与选定县进行沟通协调，对符合条件的县，要填报“2014 年河北省渤海粮仓建设专项任务书”，并于 2014 年 2 月 27 日以前报送至项目管理办公室。

3. 研究了专项任务运行管理机制

2014 年河北省渤海粮仓建设专项任务实行“示范县总指挥+科技特派团+农业科技园区（新型经营主体）”的运行方式，示范县总指挥为当地行政负责人，负责合同任务指标的完成；科技特派团团长为区域技术负责人，负责技术措施的制订与落实；农业科技园区（新型经营主体）为任务实施载体，具体承担千亩示范方和万亩辐射区的技术示范。3 方协同完成百亩试验田、千亩示范方和万亩辐射区建设。确定在南皮和深州建立技术示范先导园区，用于示范高新技术和先进农业经营模式。

4. 研究了经费预算的编制原则

河北渤海粮仓建设经费主要用于新技术示范和推广，用于在技术示范推广中必需的生产资料购置、必要的工程费用、以及用工和宣传培训费用等，预算格式参照省农业开发项目要求。示范县要根据示范的主体技术内容和推广应用规模编制预算。服务组织要按照服务类型，以优化和配备必要的设备、技术服务人员的培训、示范补贴为主编制预算；组织管理部门要以督导落实任务指标为主编制预算。

河北省科学技术厅高建锋副处长在会议总结时强调，河北省渤海粮仓建设工程是省政府重点工作，当前形势较好，各参与单位要齐心协力确保完成任务；任务实施过程中要以县和服务组织为单元，做好顶层设计，既要做好创新集成也要做好示范推广，各单位要及时总结经验；渤海粮仓建设是长期任务，要尽快制定系列管理办法，明确约束事项、奖励办法、重大事项报告制度等，以便更好地完成任务。

王慧军院长对下一步工作提出了具体要求。

首席专家王慧军院长到衡水、沧州市调研

2014 年 2 月 27 日—3 月 1 日，河北省渤海粮仓建设工程首席专家、河北省农林科学院王慧军院长和项目办公室相关工作人员到衡水市景县、沧州市海兴县、黄骅市等地实地调研，并与示范区领导、相关技术人员就河北渤海粮仓建设工程问题进行研讨。王院长对各示范县高度重视渤海粮仓工程建设、成立领导小组、制订实施方案及前期准备工作，给予充分肯定。对景县、海兴县、黄骅市 2014 年的具体工作提出了以下几点要求。

1. 2014 年景县示范县要以打造千亩方为亮点

示范点建设要与沧州、衡水、邯郸、邢台地下水超采漏斗区治理相对接，以“稳夏增秋、节水增粮”为目标，达到小麦春季浇一水亩产 400 kg、玉米亩增 100 kg，实现每亩节水 50～80 m^3的目标。增加农牧结合、以草增粮内容，与新型农业经营主体相结合；在实施建设河北渤海粮仓过程中，既要出文章又要出技术，要研究出一套实实在在、老百姓易于接受的又增产又节水的技术体系，与机械、肥料、种子、植保四套服务体系结合，并要申报地方标准；同时，要注重成果的宣传，比如制作光盘等手段，让用户能够一看就会，将技术“傻瓜化”。

2. 海兴县要作为 2014 年河北省渤海粮仓建设示范县中的重点示范县，要打造以盐碱地改良为重点的“海兴模式”

2014 年年底基本成型，明年达到成熟，彻底解决河北省盐碱地地区的“春旱夏涝秋吊”问题，使农民得到实实在在的效益；“海兴模式”要成为将来河北区域盐碱地改造的技术模式，并向全国推广，在海兴打造省级乃至国家级的先导型农业现代化园区。

棉花种植要围绕优良品种、简化栽培和全程机械化做文章。灌溉区小麦要实现每亩节水 50 m^3的目标，旱地压减小麦种植面积，增加春玉米的种植面积和提高种植效益；水稻种植方面，要注意压减耗水指标，并要充分利用当地光照、温度和特殊的泥质土壤质地条件生产优质产品、打造优势品牌。资金筹措，注重机制创新，吸纳社会资金，可以采用“公司造田—政府收购—政府拍卖”的方式，实现土地占补指标的平衡。

3. 黄骅市渤海粮仓建设要与地下水压采相结合

与河北省山水林田湖生态修复相对接，在 4 个方面打造渤海粮仓建设的“黄骅模式”，即旱作节水增粮、农牧草畜结合、全程机械化和创新体制机制。树立“立草为业、粮草结合”的概念，同时要注意品质安全和生态养地，并把品质安全、生态养地作为黄骅渤海粮仓建设提升档次的重要内容。

此外，王院长一行会同沧州市农林科学院、河北省农林科学院滨海农业研究所相关专家到位于黄骅市南大港的中国科学院国土资源部暗管排盐实验站实地参观考察，听取了实验站研究人员暗管排盐的原理及排盐效果的详细介绍，参观了工程现场的田间布置，并建议滨海所邀请中国科学院专家指导，借鉴其经验，展开相关试验、示范。

2014 年项目论证会在石家庄召开

3 月 18 日，2014 年河北省渤海粮仓建设工程项目论证会在石家庄召开。会议由省科技厅组织，农业厅、财政厅、水利厅等相关部门领导出席。论证专家组由中国农科院、中国农业大学、中国地质科学院等 5 位国内知名专家组成。会议由省科技厅农村处耿艳楼处长主持。会议内容如下。

1. 项目首席专家汇报了《2014 年河北省渤海粮仓建设实施方案（论证稿）》

项目首席、河北省农林科学院院长王慧军教授汇报了《2014 河北省渤海粮仓建设工程实施方案（论证稿）》的主要内容。介绍了项目背景、指导思想、基本原则、重点工作任务与目标、项目设置与主要内容、经费预算及分配、进度安排和保障措施等。

2. 项目论证专家组对《实施方案（论证稿）》进行了评议并形成论证

由中国农业科学院刘荣乐研究员为组长的专家组在听取汇报、广泛发表评议意见的基础上，经质疑答辩和认真讨论，形成以下论证意见。

① 该方案以加强国家科技支撑重点项目“渤海粮仓科技示范工程”和全省战略性增粮工程建设、保障国家粮食安全为目标，对农业科技进步、体制机制创新、新型技术与服务支撑体系构建、强化基地建设与示范推广等工作进行系统设计和有机集成，站位高、措施实，对保障工程顺利实施具有重大指导意义。

② 该方案按照“增产增效并重、良种良法配套、农机农艺结合、生产生态协调”的总体思路，确定“生态优先、节水改土、稳夏增秋、棉改增粮、粮饲结合、集约经营”的技术路线，科学合理，符合区域特点和生产实际，切实可行，具有可操作性。

③ 该方案根据任务统一、分区分类设立 19 个专题，专题设置科学，分工明确。筛选的八大主推技术先进适用。

④ 该方案提出的“县长行政负责、特派团技术负责、物化服务体系支撑、先导性园区引领、新型经营主体实施”的工作机制，可促进各类资源有效整合，是对生产经营管理机制的有益探索。

⑤ 该方案提出的2014年度重点工作任务具体、目标合理，符合中共河北省委、省政府“2014年打基础、2015年见成效、2016年全面铺开、2017年组织验收”的总体建设要求。

⑥ 项目建设资金预算编制合理。

论证专家组一致认为，项目方案总体思路清晰、目标明确、设计合理，对河北省渤海粮仓建设工作具有支撑和引导意义。同意通过论证并建议按此方案抓紧落实、尽快实施、尽早见效。

最后，项目组织单位领导省科技厅陈卫滨副巡视员做了会议总结，他对论证专家组成员参加论证并提出的宝贵修改意见表示衷心感谢，要求项目承担单位认真吸纳、修改，省科技厅做好项目的组织、协调和监督工作。项目承担单位河北省农林科学院郑彦平副院长表态，要把河北省渤海粮仓建设工程作为2014年院工作的重中之重，落实好各项具体工作要求，确保项目顺利实施。

新型服务体系工作会议

2014年4月12日，河北省渤海粮仓建设工程首席专家、河北省农林科学院院长王慧军教授主持召开项目新型服务体系工作问题会议，项目承担单位河北省农林科学院郑彦平副院长、5个服务体系负责人及技术骨干、河北省农林科学院科技处、财务处负责人及项目办相关人员参加了此次会议。

会议听取了5个新型服务体系前段工作的汇报，王慧军首席指出：5个体系是整个渤海粮仓建设项目工作的全局性问题，必须进一步重视和加强。如何较好地开展渤海粮仓项目区农技农资服务各方面都高度重视。要扎扎实实抓好服务体系建设工作，贯彻好整体项目的指导思想和基本工作原则，研究理顺服务体系内外相关关系、搞好技术物资、资金扶持投入计划、增强综合绩效目标的制定和绩效管理。各服务体系要尽早开展工作，为河北渤海粮仓建设项目提供服务支撑。会议形成如下意见。

一是服务体系建设项目工作必须统一思想，创新思维，工作定位是面向整个项目区域，2014年工作主要是抓好服务体系建设和重点县试点工作，以集成技术和物资服务先行，上规模，出模式。单个服务体系项目承担单位是责任主体和组织牵头单位、服务体系负责人是第一责任人，项目资金扶持、企业化运作、产学研结合、单项技术与集成技术并重，整体提升“政技物”结合和服务项目区的能力及水平，发挥其在渤海粮仓项目区的可放大、可推广、可持续与节本增效等方面的综合效应。

二是要建立服务体系联盟。引入市场机制，积极吸引省内外、特别是吸收讲诚信、产品优势强、拥有配套技术服务能力的企业参与项目区服务体系的共建工作和项目区服务工作，坚持多种资源优化集成、优势互补、共同发力、互惠互利、合作共赢的原则，进一步解放思想、勇于探索，按照各服务体系的特点，研究和制定这方面的政策、机制和措施。围绕项目区种植模式集成技术和新型农业经营主体，实行服务体系间和企业间的合作，争取建好功能完善、服务效果优秀的专业服务体系，为整个渤海粮仓项目增加内在动力及可持续发展的后劲。

三是各服务体系要按照这次会议精神，抓紧审视和修订本服务项目的任务合同书内容，特别是联盟建设和服务政策、机制、措施及绩效指标要当成硬任务来抓，计划和管理好、用好项目有限的资金，发挥好最大限度的作用。

四是会后各服务体系项目的组织承担单位和负责人要切实负起责任来，抓紧组织“任务合同书”的修改和“专业服务联盟合作章程”的制订，连同参与联盟单位的名单、企业简介（重点包括法人营业执照、企业产品优势、参与愿望等），于 2014 年 4 月 20 日前报河北省农林科学院河北省渤海粮仓项目管理办公室备审和备案。

王慧军首席到邯郸、邢台示范县调研

2014 年 5 月 13—14 日，河北省渤海粮仓建设工程首席专家、河北省农林科学院王慧军院长到 2014 年项目先行示范县邯郸市成安县、馆陶县、曲周县及邢台市威县、南宫市、巨鹿县就渤海粮仓的建设情况进行实地调研。王院长实地考察了各示范县百亩核心示范区及千亩示范方的建设情况，并听取各示范县（市）负责人、技术负责人对本县（市）渤海粮仓项目的进展情况介绍。邯郸市农业科学院、邢台市农业科学研究院相关领导陪同调研。

王院长肯定各示范县的前期工作进展，并强调以下几点。

1. 河北省渤海粮仓建设必须与压采地下水相结合

压采地下水不能单纯依靠压减小麦种植面积来实现，小麦不仅是粮食作物，同时也是冬季覆盖作物、生态作物，要坚持“稳夏增秋”的指导思想，足墒灌溉基础上关键时季浇一次水，稳定亩产在 400 kg，后季玉米雨热同期配合集成技术争创亩产 600 kg。

2. 项目建设必须要与新型农业经营主体相结合，推广百、千、万工作法，打造百亩核心示范区、千亩示范方和万亩辐射区

推广方式以百、千、万复制的方式展开；并实现作物播种、施肥与植保等田间管理技术和收获的全程机械化。

3. 注重农牧结合，明确“大粮食”概念

畜牧业有一定基础的示范县要在现有基础上注重农牧结合，加强畜牧业饲料作物的开发力度和农牧业废弃物的处理，与种植业形成良性循环，确保农业生态安全和可持续发展。

4. 各示范县要实事求是寻找真正适应本地需要的技术模式，打造亮点

① 成安县及邯郸市农业科学院要在低酚无毒棉上做文章，使棉花不仅仅是纤维作物和油料作物，还要成为营养食品和饲料作物，即集棉、粮、油、饲、药五位于一体的高效农作物，符合渤海粮仓项目倡导的“大粮食”概念的要求，要在冀南地区推广低酚棉的棉麦套种，并在河北省棉区东移中做好示范种植，进一步挖掘其潜力，有效缓解粮棉争地的矛盾，为项目总体目标的完成做贡献。

② 馆陶县要在粮食生产全程机械化做好示范，在生产过程的主要环节如秸秆处理、

整地、施肥、播种、植保、灌溉、收获、存储等均采用机械化方式作业，按机械化作业标准要求进行农田整治建设，进行机耕道、水利、电力设施的规划建设。下一步工作重点研发机械化田间管理技术和设备集成完善、对桁架式节水型淋喷灌设备机型完善设计和淋喷灌设备技术创新等，为实现作物播种、田间耕作、施肥与植保等管理技术和收获的全程机械化创出一条路子，为渤海粮仓建设项目工作大规模推进奠定基础。

③ 曲周县渤海粮仓建设组织程度高，要利用好地方党委和政府及现有优势条件搞好“棉麦双丰”新技术模式的建设和推广工作，考虑无毒低酚棉的种植推广，打造河北渤海粮仓建设的亮点。

④ 威县要根据县域无霜期长、日照充足的生产条件，根据当地和传统的种植模式，紧紧抓住地方大上农业产业的大好机遇，适应市场需求变化，在推行棉花—小麦、小麦—玉米、谷子—小麦轮作模式基础上，着力恢复河北的杂粮产业，推广棉花—绿豆间作种植、油葵—谷子复种、绿豆—谷子复种等种植模式，开放思维，寻求产学研结合模式，积极打造河北省渤海粮仓项目的亮点。

⑤ 南宫市要利用棉花主产区的优势条件，通过两年三熟粮棉轮作，提高单产，以扩大粮食种植面积，保障粮食安全；利用南宫市以畜牧业、乳业为未来支柱产业的契机，推广棉花与饲用黑麦一年两作种植模式，在保证棉花产量的前提下，增收一季牧草，推进当地畜牧业的发展。

⑥ 巨鹿县由于水资源匮乏、地下水超采严重，要更加注重水肥一体化技术的推广，提高水资源利用率；利用巨鹿县是张杂谷繁育基地的优势条件，发挥小杂粮产业的优势基础，下大力气抓好杂粮生产，延伸杂粮的产业链，促进杂粮生产产业化，特别是利用好当地的地方文化唱好“粟文化大戏”，探索和寻求利用“乱弹”文化推广谷子产业发展的新动力；大力扶持新型农业合作组织，着力引导和扶持现有粮食种植合作社走农牧结合发展的路子，达到粮食丰产畜牧增收的双赢局面。

宁晋基地小麦现场观摩会

2014 年 5 月 31 日，河北省渤海粮仓建设工程在宁晋基地召开小麦现场观摩会。参加会议的有项目首席专家河北省农林科学院王慧军院长、省水利厅白顺江巡视员、邢台市政府张守峰副秘书长、项目承担单位河北省农林科学院郑彦平副院长、省科技厅农村处耿艳楼处长、宁晋县相关领导、河北省农林科学院相关部门主要负责人、基地负责单位河北省农林科学院粮油作物所主要负责人、宁晋县农业局及科研院所负责人、项目各示范县及服务体系主要负责人、种植大户代表及项目办工作人员等共计 150 余人。本次会议有河北电视台、《河北日报》《河北科技报》《河北农民报》、邢台电视台等多家媒体参与采访报道。

观摩现场，河北省农林科学院粮油所贾秀领研究员介绍了宁晋基地总体情况和基地小麦管理技术，李辉研究员介绍了冀 585 等小麦新品种（系），基地技术人员演示介绍了基地微灌智能控制系统。

会议总结阶段，河北省水利厅白顺江巡视员高度评价宁晋基地小麦微灌节水技术和水肥一体化管理技术，认为节水可以通过农艺节水来实现，潜力巨大，为河北省节水压采工程提供了好的成果、新的思路和技术支撑，对实现河北省地下水压采目标意义重大，并计划组织水利科技人员进行观摩，推广应用好节水压采相关技术模式。

项目首席专家河北省农林科学院王慧军院长对会议进行了总结。王院长认为，宁晋县作为粮食生产、高产大县和河北省水资源短缺县市，粮食生产节水意义重大。河北省农林科学院粮油作物所基地技术人员通过利用微灌技术和水肥一体化技术，为压采地下水闯出了一条路子，在稳定产量基础上，可实现小麦每亩节水 50 m^3，通过该技术的推广，河北省3 500万亩小麦就可实现压采 17.5 亿 m^3地下水，为河北省渤海粮仓建设和地下水压采提供了科技支撑。在京津冀协同发展上升为国家战略的大背景下，河北农业定位为生态农业，使得粮食生产与生态环境保护矛盾更加突出，并且矛盾集中在水的问题上，应对农业布局和思路进行有效调整，从高产再高产向生态、安全、营养、健康、可持续的方向发展河北农业。

王院长对 2014 年河北省渤海粮仓建设工程 13 个示范县及 5 个服务体系提出以下几点具体要求。

一是项目 13 个示范县都要按宁晋基地小麦观摩会模式召开一次观摩会，观摩会要体现各自特点，用数据说话，打造各自亮点，展示最先进成果。

二是调整研究思路，注重生态优先、稳夏增秋、农牧结合、粮饲结合；项目必须与家庭农场、种粮大户、合作社、涉农企业等新型经营主体培育结合，必须把节水放在首要位置，实现增产增效。

三是建立百、千、万示范工程体系，百亩核心示范区重在实验数据，千亩示范方重在展示效果，万亩辐射区重在为农民增收增效服务；示范县主管县长任区域总指挥，技术负责人任科技特派团团长，新型经营主体作为项目实施的法人实体。

四是构建节水型粮食产业，与全省地下水压采紧密结合，山水林田湖生态修复相衔接，以当地水资源支撑力布局粮棉油、肉蛋奶、瓜果菜等，开源节流，发挥生物、农艺、工程、管理节水的作用，构建河北省节水型粮食生产体系。

五是重申“大粮食”概念，注重农牧结合、粮饲并重，同时要更加重视杂粮产业的发展，打造“杂粮主食化，主食产业化”中国粮食观。

六是项目与新型经营主体紧密结合实现规模化、产业化，与科技示范园建设相结合，同时吸收农业企业、工商资本的进入，引进高新技术，推进粮食生产的商品化、市场化、规模化、产业化。

七是各示范县及各服务体系都要进行现场检测验收工作，用数据说话，各示范县抓紧小麦的测产工作及玉米的备播工作；5 个体系要搭建服务平台，搞好项目宣传培训工作，将技术“傻瓜化”，服务于农民。项目实行奖励机制，对示范效果好的县市及体系提供肥料、农药及农机服务方面的奖励。

八是建立项目信息平台，加强各参与单位之间的沟通交流；要利用各种新闻媒体宣传项目理念、思想和做法、技术，扩大影响；另外，年底要做好实用技术等的汇编工作。

会议要求，会后各示范县要在行政、技术层面召开会议，将本次会议指导思想融入下一季工作中，并将小麦测产数据于 2014 年 6 月 5 日前上报项目管理办公室备案。

“水肥一体化”技术、“棉麦双丰”高效技术现场观摩会

1. 武强“水肥一体化”技术现场观摩会

2014年6月8日，河北省渤海粮仓建设工程办公室组织在武强召开“水肥一体化”技术现场观摩会。项目首席专家河北省农林科学院王慧军院长、省科技厅陈卫滨副巡视员、衡水市王世昆副市长、武强县相关领导及项目示范县、服务体系代表、武强县农牧局、科技局领导、农业公司、合作社、种植大户等共计100多人参加了会议。会议还特别邀请了中国工程院康绍忠院士、农业部全国农技中心高祥照处长、科技部农村科技司高旺盛处长参加。《河北日报》、河北电视台、《农民日报》多家媒体对现场观摩会进行采访报道。

与会代表观摩了武强县孙庄乡张红旗家庭农场小麦水肥一体化技术，该技术与相邻地块传统畦灌比较，表现出每亩产量增加100 kg、节水80 m^3、省工1.5个、省时50%、节地10%，节本增效效果显著，受到与会专家、领导及参会人员的一致好评。中国工程院康绍忠院士、农业部全国农技中心高祥照处长对武强县示范基地的工作给予高度评价。

科技部农村科技司高旺盛处长认为，我国的粮食安全是在缺水少地基础上的粮食安全，武强已经走出了一条节水条件下的粮食增产之路。他建议河北省渤海粮仓项目示范基地建设要与国家现代农业科技园区建设、国家现代农业示范区建设、新型城镇化综合示范区建设紧密结合起来，打造科技示范特色最明显、最具亮点的基地；建议渤海粮仓的技术选择、项目设计要按照粮食高效产业链、对接创新链的思路进行，延伸渤海粮仓的经济效益链、农产品加工链和市场流通链；科研人员要与种粮大户、家庭农场等形成科研、技术、利益共同体，探索科技特派员领办、家庭农场协办的粮食和农产品合作社新模式。

项目首席专家河北省农林科学院王慧军院长要求各示范县建立百千万示范推广机制，技术依托单位一定要有自己的百亩试验田，要出实验数据，千亩示范方出规模，万亩辐射区要出效益。实验成果转化工作要注重科学、技术、机制、经济的可行性，强调与新型经营主体的适度规模紧密配合。各示范县及5个体系一定要加强对好经验、好做法的总结与宣传，以推动全省的工作。

河北省科技厅陈卫滨副巡视员对会议总结如下。

一是要高度重视和充分认识发展节水增产工作的紧迫性和重要性。目前粮食增产资源和环境代价不断加大，黑龙港地区地下水水位不断下降，水和肥的利用率也远远低于发达国家，粮食生产的可持续和生态安全问题面临巨大挑战，迫切需要依靠技术创新降低粮食高产的代价，水肥一体化技术正是大力发展节水灌溉、着力调整农业结构、积极探索节水压采稳粮的新措施。

二是要认真实践，找准技术示范应用点，将水肥一体化技术应用到粮食生产过程中。技术实施单位和技术依托单位要认真总结技术示范经验，特别是结合我省农业生产实际情况，找准技术推广的着力点，加强水肥一体化技术的力度和示范基地的建设。

三是要完善技术体系，不断创新，发挥技术优势，做好粮食节水增产工作。粮食生产过程中的节水增产是一项复杂的工作，任务繁重、使命光荣、责任重大，要进一步总

结经验，不断完善技术体系，不断创新，与当地政府紧密联系，充分发挥水肥一体化技术优势，加快推进节水农业技术推广服务体系建设，打造一支技术过硬、装备精良、作风扎实的节水农业专业技术队伍，努力开创粮食增产新局面。

2. 曲周“棉麦双丰”高效技术现场观摩会

6月10日，河北省渤海粮仓建设工程办公室与省棉花产业技术体系联合在曲周召开“棉麦双丰”高效技术现场观摩会。项目首席专家王慧军院长、省农业厅总农艺师段玲玲、邯郸市农业局暴常青局长、省农业厅经作处邓祥顺处长、农业厅科教处魏瑞敏副处长、邯郸邢台各示范县相关负责人、农机植保体系负责人、曲周县相关领导及农牧局人员、技术站站长、种粮大户等120余人参加了此次会议。会议有《河北日报》《河北科技报》《河北农民报》、邯郸电视台等多家媒体参与采访报道。

与会人员现场观摩了河北省农林科学院棉花所“棉麦双丰”项目曲周示范基地棉麦双丰节水技术及效果、棉麦双丰示范田全程机械化技术及效果、棉麦双丰示范田棉花小麦配套品种等。曲周示范县技术负责人河北省农林科学院棉花所张寒霜研究员介绍了“棉麦双丰”技术，包括棉麦复种背景、曲周棉麦复种主要模式、棉麦双丰套种技术和示范效果。河北省农林科学院棉花所张香云所长做了“升级种植制度，稳定产业发展”的报告，介绍了冀中南棉麦双丰的示范效果。

项目首席专家河北省农林科学院王慧军院长认为，渤海粮仓工程与棉花产业技术体系联合召开现场会的形式很好。棉改增粮是渤海粮仓工程的一项重要内容，在京津冀一体化、地下水超采治理与粮食丰收的矛盾背景下，给渤海粮仓建设提出新的挑战。我们要及时调整农业的发展思路，保障生态的绝对安全。曲周棉麦双丰要作为重要技术模式，目标是在棉田里增收400 kg粮食，亩产籽棉达到250 kg，同时实现亩节水50 m^3。现场看实现这一目标没有问题，邯郸市要搞到100万亩，增粮一项就可以达4亿kg，应很好地总结经验。

河北省农业厅总农艺师段玲玲充分肯定了曲周棉麦双丰技术模式，认为该模式实现了农机农艺的结合、良种良法的配套、科技与推广的结合，有广阔的推广前景；并建议继续深化研究和创新、加强不同领域之间的协作及加强项目的宣传工作。

重要活动

1. 项目任务书签约会

2014年6月20日，河北省渤海粮仓建设工程任务书签约会在河北省农林科学院举行。项目首席专家河北省农林科学院王慧军院长、省科技厅项目主管曹乃倩，河北省农林科学院郑彦平副院长、科技处、财务处领导、各示范县、各服务体系负责人、示范县主要负责人等50余人参加了签约会，会议由农科院科技处岳增良处长主持。

会上，王慧军首席与13个试点县负责人、技术依托单位负责人，5个服务体系负责人签订了任务合同书。河北省农林科学院财务处成同杰处长对规范项目资金管理代表财政厅讲了意见，要求经费管理参照《河北省省级科技计划专项经费管理办法》执行，严格执行合同，并要加快项目经费支付进度。严肃财经纪律，各子项目承担单位作为责任主体，子项目负责人作为主要负责人，确保资金安全。王慧军院长对项目各参加单位提出以下7点要求。

① 对项目要给予高度重视，同心协力，共同把任务完成好。

② 规范管理，以合同为文本为依据约定责权利、约定经费使用。

③ 各参与单位要协同配合，并与新型经营主体有效结合。

④ 推行“百千万”示范工作法，各示范县都要构建百亩试验田，千亩示范方，万亩辐射区的示范体系。

⑤ 年底要进行绩效考核，增粮与节水两项指标都作为考核主要内容。

⑥ 各示范县要突出特色，打造亮点，示范县与示范县之间、体系与体系之间不搞重复性工作。

⑦ 工作要做实，各负责人负起责任，尽快工作到位，切实做好秋季大田管理工作，力争实现开门红。

与会代表表示一定按照项目要求落实各项工作，确保今年目标任务完成，并为明年工作打下坚实的基础。

2. 新型服务体系合作联盟签约会

2014年6月25日，河北省渤海粮仓建设工程办公室在石家庄河北中友机电公司组织召开了河北省渤海粮仓建设工程项目新型服务体系合作联盟签约大会，项目首席专家河北省农林科学院院长王慧军教授、各服务体系负责人、合作联盟企业负责人、各示范县技术负责人等50多人参加了会议。

会议的主题是“建设渤海粮仓，诚信服务‘三农’，务实合作共赢”。目的是确保渤海粮仓建设项目工作的顺利进行，实施产学研有效结合，整合多方资源、技术、人才和服务平台优势，提升农业科技水平与服务“三农”的能力。以开放的理念和心态创新体制机制，完善技、物结合的配套服务体系，实现优势互补，政技物共同发力，为河北渤海粮仓建设项目总体目标的实现，提供有力支撑。

与会代表参观了石家庄农业现代化装备制造科技园区，听取了河北中友机电公司负责人的介绍，让代表们亲眼看见了现代农机企业飞跃性变化。种子、植保、肥料、农机、农技推广、农牧结合、杂粮产业新型服务体系合作联盟的成员签订了建立合作联盟的协议。会上新型服务体系合作联盟成员单位的代表还就本服务体系合作联盟的做法和设想做了大会发言，大家纷纷表示要遵守联盟合作章程，积极为河北渤海粮仓建设工程项目贡献力量。

王慧军首席要求新型服务体系建设工作要做好5个结合：一是与现代农业装备业结合。二是与现代服务业结合。三是与新型经营主体结合。四是与京津冀一体化、压采地下水、山水林田湖等生态建设结合。五是与农牧和杂粮产业发展结合。统一思想，创新思维，以开放的思路和心态开展工作，以动态和开放的机制吸引更多、更好的讲诚信，有实力的优秀企业参加到项目建设中来。走“项目搭台、技术编导、企业唱戏”的发展服务模式，整体提升“政、技、物”结合水平和服务能力。尽快进入工作状态，紧紧围绕项目区需求和新型农业经营主体的特点，开展全方位、无缝隙服务。

3. 王慧军首席到威县河北宏博牧业调研

2014 年 6 月 29 日，河北省渤海粮仓建设工程首席专家、河北省农林科学院王慧军院长就农牧结合问题到威县河北宏博牧业公司调研。威县项目区技术负责人李俊兰、谷子所所长程汝宏及项目办人员陪同调研。王慧军院长一行首先听取了宏博牧业饲料部总经理有关企业集团化、集约化、产业链自控发展模式的介绍，并参观了宏博牧业现代化肉鸡养殖与加工生产线。双方就发挥河北渤海粮仓建设项目平台优势、实现产学研协同创新、解决农牧结合问题、集优质高效和环保于一体、串联“种、养、加”、种植业与牧业对接、产业链延伸及畜禽废弃物处理、创建渤海粮仓农牧结合高效生态农业和绿色循环发展威县模式等内容进行了认真讨论，达成以下两点共识。

① 河北省农林科学院和河北宏博牧业公司要以“河北渤海粮仓建设工程”为合作平台，在威县共同探索生态优先、农牧结合、食品安全、节本增效、培植产业、循环经济、可持续发展的技术模式。

② 发挥双方科研、产业、市场优势，进行牧业需求产业链与种植业供给产业链对接，将优质饲料供应、畜禽废弃物无害化处理作为重点开展创新研究，力求在肉鸡全营养谷物和低酚棉饲料利用改善肉鸡品质上获得突破，确保农业生态安全、食品安全和可持续发展。

南皮县“渤海粮仓”建设取得重要进展

南皮县作为渤海粮仓项目发源地和实施的核心区，自 2013 年项目启动以来，把渤海粮仓工程作为战略性增粮工程，成立了以县长为组长，科技、农业、水利、财政等有关单位参加的领导小组，成立了以李振声院士为专家咨询组和以中国科学院南皮生态实验站为主体的技术队伍保障体系，实施了以专业技术合作社为载体的技术推广保障体系。南皮县将渤海粮仓建设列入南皮县财政预算，整合各类资源3 000万元，并出资3 000万元组建渤海粮仓种业。沧州市制定了《沧州市渤海粮仓建设实施方案》，任务落实到 9 个县市，配套1 000万元，确保渤海粮仓河北区科技工程目标的实现。

项目实施一年来，受到各级政府高度重视。2013 年 6 月 4 日，中国科学院白春礼院长、河北省许宁副省长到中国科学院遗传与发育生物学研究所南皮生态农业试验站考察渤海粮仓实施情况，并参加在沧州召开的“渤海粮仓河北试区推进会”；2013 年 10 月 19 日和 10 月 24 日，张庆伟省长和沈小平副省长先后到南皮站调研渤海粮仓建设工作，指出渤海粮仓工程是河北省战略性增粮工程，指示要在农田基础设施建设和农机、种子补贴等方面向渤海粮仓实施县倾斜，全力打造河北粮食新的增长点。2014 年 6 月 24 日中国科学院副院长施尔畏到南皮生态农业试验站调研渤海粮仓项目并召开了座谈会，河北省人民政府、河北省科技厅、财政厅、农业厅、水利厅参加了座谈会。2014 年 6 月 6—7 日由《人民日报》、新华社、中央人民广播电台、中央电视台等 12 家中央媒体组成的“走进中国科学院记者行”考察了渤海粮仓南皮试区，《人民日报》、新华社等媒体广泛报道，受到社会的广泛关注。

2014 年“河北省渤海粮仓建设工程南皮县小麦玉米浅层微咸水补灌吨粮技术集成与示范南皮示范区建设”课题开展的主要工作及取得的主要进展如下。

1. 示范区建设

南皮县建立了 2 个千亩核心示范方和万亩辐射区。核心示范区分别位于乌马营镇双庙五拨和穆三拨。万亩辐射区位于东五拨、西五拨、前五拨、徐郎中、张三拨、康屯和尹庄。核心示范区和示范区的地块均连片成方，呈现“田成方、树成行、渠相连、路相通、旱能灌、涝能排”的现代农业格局。

2. 小麦田间生产和管理技术

(1) 微咸水补灌技术

在小麦拔节期采用 3 g/L 浅层微咸水进行灌溉，不会造成冬小麦产量的降低。

(2) 耐盐抗逆品种

采用小偃 81、小偃 60、衡 4399、石麦 15 等抗逆高产品种。

(3) 测土配方施肥与作物植株快速营养诊断技术

合理调控有机无机肥料用量和氮磷钾配比，协调土壤养分供应以满足作物需肥规律，达到土壤养分供应与作物养分需求在时间上相一致，在空间上相匹配，确保作物持续高产、稳产。

(4) 病虫草害统防统治技术

由南皮县神兵植保专业合作社合作，利用大、中型自走式喷雾机以及植保无人机开展小麦、玉米病虫草害的全程承包服务。

3. 小麦产量情况

千亩示范方落实小麦小偃 81、小偃 60 繁种 1 000亩。千亩示范方平均亩产 472 kg，其中，200 亩小偃 60 平均亩产 491. 2 kg；万亩辐射区平均亩产达到了 459. 72 kg。由“渤海粮仓”种子公司在南皮县共收购小麦良种 12. 0 万 kg，农民自留种 5. 0 万 kg。

4. 玉米生产管理情况

千亩核心示范方，由南皮县神兵合作社统一管理，做到五统一，即统一品种、统一用肥、统一播种、统一病虫草害防治、统一管理。采用的玉米品种为先玉 335、华农 866、华农 138。底肥为中国农化缓释肥（24：8：10）与高塔肥（27：17：7），肥料用量 40 kg/亩。玉米 3～5 叶期进行了玉米苗后除草统防统治；5～7 叶期进行了玉米苗期虫害的统防统治。为了防止涝灾，进行田间河沟的开掘工作，完成开掘长度约为 1 000 m。由于今年秋季干旱少雨，为确保秋粮丰收，及时组织干部群众进行抗旱工作，充分利用坑塘蓄水及时灌溉。目前示范区玉米长势良好，丰收在望。

5. 技术培训和现场观摩

小麦生育期技术依托单位和南皮县农业局组织项目村集中培训 1 次，培训主要内容包括冬小麦节水高产栽培、施肥、灌溉田间管理技术，病虫草害统防统治技术。

小麦生育期共召开现场观摩会 9 次。其中小麦田间除草统防统治现场会 1 次，一喷三防统防统治现场会 1 次；中央媒体组成的“走进中国科学院记者行”媒体记者现场会 1 次；中国科学院组织的专家学者现场观摩会两次；沧州市政府、沧州市农业局组织的现场观摩两次；南皮县政府老干部局、县政协组织的现场观摩会两次。

重要进展

一、成安县棉麦套作节水微灌技术集成示范项目进展顺利

1. 项目整体完成情况

河北众信种业科技有限公司作为经济实体承担该项目，负责项目管理的具体工作，通过土地流转的方式落实用地 1 760 亩，新打机井 2 眼，增铺防渗管道 1 200 m，配备了相应 PE 微喷带，总投资 96 万元。按照项目要求，加强田间管理，投入棉种、农药、化肥、地膜、除草剂等农用物资近 200 万元。通过各级努力，在成安县县域内及周边县市棉麦套作推广、辐射面积达到 7 余万亩，完成了预定目标。同时开展技术培训 4 期，培训农民技术员、科技示范户、基层农技人员 400 余人次，发放技术资料 1 000余份。

根据渤海粮仓整体规划，成安县重点实施棉麦套作节水微灌水肥一体化技术集成示范，即采用 6-2 式种植模式，将传统的棉花一年一熟种植改为小麦、棉花一年两熟种植，充分利用冀南棉区和麦田的光热资源以及小麦、棉花套作时相互形成的边行优势，实现棉田增粮、棉粮双丰。突出“双早”技术核心，促早栽培，达到小麦早收、棉花早熟，实现保棉增粮，向棉要粮的目的。

2. 主要进展及成效

（1）小麦产量指标超额完成

通过强化田间管理技术宣传、指导麦田病虫害的科学防治，确保了示范方小麦产量指标的圆满完成。在由邯郸市农科院、成安县农业局、河北众信种业有限公司组织有关技术人员对项目区测产的基础上，对相关地块又进行了实打实收，产量明显好于预期，同时节水效果明显。

（2）棉花长势良好丰收在望

① 低酚棉与小麦套作核心示范区。落实了低酚棉与小麦套作 20 亩，套种模式为 8-2 式，带宽 190 cm，在小麦预留行间播种 2 行棉花，前茬小麦品种为邯农 1 号，棉花品种为低酚棉邯无 198，4 月 30 日播种，地膜覆盖一播全苗，采用不整枝简化栽培，目前长势良好，田间调查，平均行距 95 cm，株距 26 cm，密度 2 700株，株高 95 cm，单株成铃 3 个，幼铃 8.7 个，蕾 20.6 个，预计亩成铃 49 400个，预计亩产籽棉 251.9 kg。

② 棉麦套作众信核心区。落实棉花播种面积 500 亩（土地流转前为春白地），全部采用免整枝简化栽培技术，已经全部预留了小麦行，190 cm 一带，棉花幅宽 115 cm、

株距 26 cm，密度2 700株，预留小麦 6 行，幅宽 75 cm。田间调查，单株成铃 12.8 个，幼铃 5.3 个，蕾 10 个，折亩成铃62 370个，预计亩产籽棉 318.1 kg。

③ 棉麦套作洛町、河中千亩示范方。分别落实面积1 200亩、1 320亩，8-2 式种植，为小麦预留行间播种棉花，前茬小麦品种为邯麦 11、邯麦 12，棉花品种为邯杂 301、邯 8266，180 cm 一带，小麦幅宽 105 cm，棉花幅宽 75 cm，株距 24 cm，亩留棉花3 086株，小麦收获后及时进行棉花田间管理技术指导，及早追肥浇水促早发、科学防治病虫害、合理整枝、适时打顶、做好全程化控等技术措施，目前长势良好。田间调查，单株成铃 10.5 个，幼铃 6 个，蕾 8 个，折亩成铃 69 435个，预计亩产籽棉 322.6 kg。

(3) 运作模式与技术创新

在具体运作上，通过土地流转，运用“龙头企业+新型农业经营主体+职业农民”的模式管理土地，旨在培育新型农业经营主体，培养职业农民，试行专业化粮棉生产新机制、新模式。

在技术创新和方法手段上，注重做到“三个结合”：一是注重压采地下水与大力推广节水微灌水肥一体化相结合。生产上采用了移动式喷灌、PE 微喷、小畦浇灌等多种形式，水肥一体化施用，提高了水资源和肥料利用率，提高了生产效率。二是棉麦套作与大力推广低酚棉相结合。低酚棉俗称“无毒棉”，是集“棉、粮、油、饲、药”五位一体的高效经济作物，突出特点是棉粮兼用，符合我省渤海粮仓项目倡导的“粮饲结合、农牧结合，因地制宜、调整结构”的大粮食概念要求。三是注重农艺与农机相结合。在大力推广棉花简化栽培、选用节水抗旱优质品种、测土配方使用缓释肥的基础上，注重与现有的农机结合，从秸秆还田、整地、播种、中耕、水肥一体化、植保防治、收获等全程提高机械化作业水平。

3. 下步工作安排

① 加强棉花中后期肥水管理，防治盲蝽象、烟粉虱，预防黄萎病，灭草，叶面喷肥，加快成铃，9 月上旬去掉无效果枝、推株并拢防治烂铃。

② 加强宣传，组织召开由基层科技人员、科技示范户参加的棉花增产关键技术应用现场会，进行观摩、学习；9 月中旬及时组织有关专家对项目田棉花进行实地测产，检验各项技术实施效果；邀请有关领导到项目区视察、指导工作。

③ 强化技术培训。主要开展棉花中后期管理技术、化学调控、简化栽培技术、防烂铃技术、防早衰技术以及棉铃虫、伏蚜、盲蝽象、黄萎病等病虫害防治技术培训。

④ 安全、及时、合理使用项目经费，尽快招标，严格按照财务制度报账。

⑤ 按时完成年终总结报告。

二、馆陶县全程机械化示范进展顺利

2014 年，馆陶县成为河北省渤海粮仓建设工程—馆陶县粮食全程机械化高产高效生产技术集成示范基地，该县项目的实施方法如下。

1. 成立了领导小组

馆陶县成立了由主管副县长李晓光为组长、农牧局局长任玉柱为副组长的渤海粮仓建设项目领导小组，小组成员由农牧局 2 名研究员和 3 名研究生组成。项目申报以来，李县长多次调集馆陶县渤海粮仓建设项目领导小组成员，就项目申报、工作安排和措施进行部署，小组成员对项目书多次进行修改和完善，确保了项目的顺利开展。

2. 工作进展

（1）加强田间技术指导

小麦：指导示范区农户推迟小麦春一水，春季采用微喷灌 2 次，总用水量 80 m^3/亩，比常规浇水亩节水 40 m^3。示范区采用水肥一体化技术追肥，亩施水溶复合肥20 kg，亩施尿素 10 kg/亩，分别于拔节期、抽穗期施用，比常规施肥亩节肥 10 kg。同时示范基地采用植保机械进行统一病虫草害高效防除。小麦从种植、田间管理到收获实现了节水新技术和病虫草害机械化防治技术。

在小麦成熟期，农牧局技术人员按河北省渤海粮仓建设工程项目管理办公室通知的要求，对示范基地进行了测产，实测田分 3 个区域，通过对 145 个点的实地测定，均超过了预期产量目标。

玉米：指导示范区农户选用抗倒、生长期适中、高产稳产品种郑单 958 和浚单 20 玉米品种。小麦收获后抢时免耕早播，单粒精播，种肥同播（玉米专用肥 15 kg/亩），密度增加到4 600～4 800株/亩，采用勺式精密播种机进行播种作业，保证一播全苗。播后采用喷灌技术小定额（20 m^3/亩）快速浇水促玉米及早出苗。拔节期科学化控防倒伏。大喇叭口期、吐丝期采用水肥一体化技术施用亩施水溶复合肥 15 kg，尿素10 kg，灌水量25 m^3/亩，亩节水 50 m^3，亩节肥 10 kg。同时采用植保机械进行统一病虫草害高效防治，保证了玉米稳健生长。目前，玉米长势喜人，丰收在望。

（2）开展技术培训

2014 年以来，该县组织专家多次深入示范基地开展技术培训和技术宣传工作，已举办技术培训班 4 期次，培训技术人员和农民骨干 300 人次；印发技术资料 12 000份；培育种粮大户 5 个，培育农业社会化服务组织 3 个；通过电视台进行技术宣传 3 期次，在有关报纸进行技术和课题宣传 8 期次。

（3）监测化验

为掌握土壤养分含量，科学指导农业生产，农牧局土肥站技术人员在玉米种植前采集土样 130 个，并及时进行了土壤化验，根据化验结果和目标产量为示范基地制定了测土配方施肥方案，指导农民进行科学施肥。

（4）树立标牌

为加大项目技术宣传力度，馆陶县在千亩示范方建造了示范基地标牌，让农民更多地了解项目，认识项目，更好地实施项目。

3. 2015 年工作计划

（1）建设千亩节水示范方

在千亩示范方，通过安装固定、半固定微喷设施和购置卷盘式灌溉机全部实现节水灌溉。

（2）做好粮食生产全程机械化示范

通过“馆陶县粮食全程机械化高产高效生产技术与节水技术集成与示范”项目，积极推广粮食全程机械化高产高效生产技术。在生产过程的主要环节如秸秆处理、整地、施肥、播种、植保、灌溉、收获、储存等方面均采用机械化方式作业，按机械化作业标准要求进行农田管理。将进行机耕道、水利、电力设施的规划建设。下一步工作重点是配合河北省农林科学院粮油作物研究所研发机械化田间管理技术设备，集成完善桁架式节水型淋喷灌设备机型和淋喷灌设备技术创新，为实现作物播种、田间耕作、施肥与植保等管理技术和收获全程机械化创出一条路子，为渤海粮仓建设项目工作大规模推进奠定基础。

（3）技术培训

继续加大技术培训力度，邀请专家授课，在玉米生长关键时期和下一步小麦播种期，组织好技术人员下乡进行技术指导，发放技术资料等项工作。

（4）监测化验

计划种麦前采集化验土样 200 个，获取化验数据1 000个。通过化验分析土样，制定合理配方，交由肥料生产企业按配方生产出适合馆陶县的小麦专用配方肥。

重要工作进展

1. 海兴县工作进展顺利

海兴县作为河北省典型的滨海盐碱地农业县，有着自身农业发展的有利条件和落后现状。渤海粮仓建设工程将海兴县作为重点示范县，对该县的农业发展是很好的托举之力，县政府高度重视工程建设的推进和落实，专门制定了《海兴县推进“渤海粮仓”项目建设实施方案》并成立由县长负责的领导小组，务求将工作落到实处、效果落到农田、效益落到农户。河北省农林科学院棉花研究所作为技术依托单位，在整合先进盐碱地利用技术和结合自身特点的原则下，制订了 2014 年项目实施目标，即通过生态调控、土壤综合改良和农业轻简高效栽培技术等方式开发利用盐碱地，服务“棉田东移”种植结构调整战略，确保粮食安全和粮棉协调发展。海兴县政府、棉花所、县农场严格按照任务书要求开展研究示范工作，承担好各自的协调管理、技术支持和组织实施职责，保持沟通、互相配合，工作进展顺利。

（1）示范区和核心区建设

海兴县农场作为项目主要实施地点，发挥自身的土地资源集中和职工积极性高等优势，动员 168 户职工，在宣北干沟两侧成方连片种植棉花，共计6 500 亩，品种为冀杂1 号，主要技术措施为棉花前重式简化高产栽培技术，包括地膜覆盖、施足底肥、增施有机肥、扒盐播淡、抑盐保墒、扩行增密、简化整枝，合理化控等。春玉米规划面积2 000亩，实际种植2 200亩，种植品种为中科 11，采用春玉米地膜沟播技术，包括整垄开微沟、畦上覆膜、施足底肥、增施有机肥、保墒抑盐等技术措施，但由于目前的春夏干旱情况，春玉米产量会受到一定影响。冬小麦品种为小偃 60，种植面积2 100亩，主要位于一队、二队、三队，指导职工采用以水调肥、肥料深施、增磷增根、调亏灌溉等节水高产高效栽培技术，孕穗扬花期浇关键水，实现了节水高产，收获时亩产达到了421 kg，亩均节水 50 m^3左右。

棉花所主要负责建成500 亩项目核心区、1 000亩棉花示范区，核心区内棉花播种面积 300 亩、春玉米 100 亩、小麦 100 亩。种植品种分别为冀杂 1 号（棉花）、中科 11（玉米）、小堰 60（小麦），底肥采取配方施肥并增施粪肥 2 m^3/亩。小麦孕穗扬花期浇 1 次关键水，测产 443. 49 kg/亩。核心区内棉花采取早春轧地保墒措施，有效缓解了播种期春旱带来的不利影响，避免了带水播种产生的人工支出，同时棉花出苗率比对照棉田提高 30%左右；蕾铃期棉花长势良好，受干旱影响较小。

棉花采取简化栽培技术管理，简化整枝结合化控塑造高产株型，7 月 20—25 日打顶，盛蕾期、初花期、花铃期化控 3 次，根据目前的干旱情况，减少缩节胺使用量50%。做好虫害监控工作，孵化盛期至三龄幼虫期进行适期防治，减少频繁喷施杀虫剂带来的成本增加和环境压力。选用小菜蛾类病毒杀虫剂防治盲蝽蟓、农用抗生素阿维菌素类杀虫剂防治红蜘蛛，同时改进喷药技术，针对盲蝽蟓发生特点，先外围后中心施药，并选择早晨及傍晚时间喷药，提高杀虫剂施用效果。

（2）盐碱棉田综合改良

对核心区棉田进行土地整理。利用明沟排水排盐，开挖毛沟、围沟、畦沟，原有沟渠加深，条田间距 50 m 左右，间距不足的进行了增沟；初步完成重度盐碱低产田的抬升，拉伸耕层与地下水位距离，抑制来年的春季返盐；对蓄水池进行了修整和加大，预计可有效调配降雨资源，缓解该地区的春季干旱和夏季积涝问题。

增施有机肥进行改土，提高土壤肥力和持续增产能力。在播期增施有机肥的基础上，将在棉花收获后进行棉田深耕并撒施粪肥改良土壤物理结构，利于土壤涵养水分和养分，达到抑盐增产目的。

（3）技术培训和宣传

在核心区和示范区内开展技术培训和技术宣传工作。针对棉花播前准备、苗期管理和中期保铃增产技术开展技术培训 3 次，培训技术人员和植棉大户 300 人次，印发技术明白纸和技术资料5 000余份；专家及技术人员深入田间，对棉农进行田间指导并解答生产实际问题。县农场聘请农业局专家对职工进行玉米、小麦栽培技术培训 2 次，包括玉米肥料运用及病虫害防治，小麦整地、肥料使用、节水灌溉等相关内容，并发放技术明白纸和技术资料6 000余份，另组织职工及种植户参加了省棉研所棉花技术培训 3 次，350 户职工受益。

2. 巨鹿县工作有序开展

今年是巨鹿县实施河北省渤海粮仓建设工程第一年，也是巨鹿县建设水肥一体化工程的第一年。该项目承担单位巨鹿县人民政府，技术依托单位邢台市农业科学研究院。该项目共投入上级资金240万元，项目安排在西郭城镇，涉及东郭城、进虎寨、马家营和吕庄4个村。其中，百亩方、千亩方建设地点在东郭城，实施主体是巨鹿县天泽粮食种植专业合作社；万亩方实施点在以上4个村。项目进展情况如下。

（1）找准项目实施载体

巨鹿实践证明，通过土地流转，农业专业合作社或种植大户是做好水肥一体化示范工程有效载体。该县百亩方、千亩方实施主体为巨鹿县天泽粮食种植专业专业合作社。由于该专业合作社拥有耕地面积不足，在东郭城村委会协调下，邢台市农科院和巨鹿县农业局帮助合作社进行土体流转，并完善土地承包合同，极大地促进了项目开展。通过流转土地，集中管理，技术指导到位率可达100%，节水效果、增产效果明显，示范作用、带动能力将进一步增强。

（2）种子补贴得到落实

“百、千、万”示范方内玉米种子补贴全部完成，投入上级资金13.3万元，其中，百亩方投入补贴资金0.3万元、千亩方投入补贴资金3万元、万亩方投入补贴资金10万元，补贴品种全部是郑单958。为防止由于种子质量产生纠纷，由巨鹿县农业综合执法大队人员到场抽样留存，以备检验。从目前情况来看，玉米长势良好。

（3）注重技术培训指导

7月3日，巨鹿县召开了渤海粮仓项目玉米栽培管理和水肥一体化培训会，河北省农林科学院资环所所长研究员刘孟朝、邢台市农业科学研究院研究员田志刚和李记臣、副研究员杨玉锐应邀参加会议。西郭城镇政府、巨鹿县农业局、项目村部分群众及种植大户等150多人参加了会议，会议由邢台市农科院副院长李文治研究员主持。同时，在小麦管理期间、玉米种植管理期间，该县注重技术巡回指导，及时、现场解决农民生产中遇到的问题。截至目前，技术人员下乡指导160人次，发放小麦吸浆虫防治技术、二点委夜蛾防治技术、节水高产技术等材料7 000多份。

（4）认真组织参观学习

按照渤海粮仓项目办公室安排，巨鹿县项目组及时派人员参加了宁晋、武强、曲周现场会。同时自行组织技术干部到宁晋、内丘参观，学习兄弟市、县先进经验，为渤海粮仓项目建设工作奠定技术基础。

（5）科学开展田间检测

由土肥站技术人员在项目区玉米播种前进行取土检测，截至目前，共取土500项（次），其中巨鹿取土100项（次），邢台市农业科学研究院取土400项（次），占总任务的50%，待玉米收获后，在小麦播种前，再完成另一半。

（6）其他工作进展情况

由于项目资金在7月下旬刚到巨鹿财政，致使项目进展缓慢，使得肥料补贴和喷灌设备没法完成。截至目前，任务按照项目资金管理办法，确定了招投标公司，正在制作标书，所有工作正在有序进行。

项目办公室负责人郑彦平副院长到示范县调研、检查

为了全面推进河北省渤海粮仓建设工程项目的深入实施，2014年7月31日—8月8

日，项目承担单位河北省农林科学院郑彦平副院长带领河北省农林科学院科技处、项目规划课题组及项目管理办公室相关人员到项目区 11 个示范县（市）调研检查工作。郑院长一行对各县示范点进行了实地考察，在听取 2014 年工作落实情况汇报的基础上，围绕 2015 年工作计划以及如何搞好基地建设、扩大社会影响与示范县实施主体和技术依托人员展开座谈。

郑院长充分肯定了各示范县的工作进展，认为绝大多数示范县重视项目工作，主题明确，措施得力，将项目融入区域与县域发展，重视农业结构的调整，注重与新型经营主体的结合以及项目的宣传工作，取得了明显的社会经济效益。对进一步做好项目工作提出了建议和要求，他指出：河北省渤海粮仓是增粮项目，要注重实实在在的增粮效果，要在增产粮食上下功夫，同时也要注重粮食生产能力或生产潜力的提高；要在深化研究上下功夫，通过严格的实验，用科学的数据说话，要出突破性的技术，研发实用性、可操作性、可复制性强的技术，要出规程、出专利，不断增加科技储备；“百千万”是工作方法，不是工作目标，要在扩大规模上下功夫，彰显技术辐射成效和项目实施的长远影响；承担单位与技术依托单位都是项目的实施主体，双方要共同努力，充分发挥主体作用，充分调动和整合各种资源，保证项目的顺利实施。

各示范县均表示，一定按照项目要求开展工作，以任务书为最低目标，调动一切资源，以更高的水平完成项目任务。

黄骅示范区渤海粮仓建设工作成绩显著

黄骅市作为《渤海粮仓科技示范工程》项目示范县，主要承担低平原雨养旱作区增产增效技术模式研究与示范。项目启动以来，黄骅市政府将此作为提升当地农业现代化水平、挖掘中低产田增产潜力的重要抓手，高度重视，成立了以市长为组长、主管副市长为副组长，农业局、科技局、财政局、农开办等多个相关单位参加的领导小组。由沧州市农林科学院科研创新团队提供技术支持，市乡农技人员组建技术推广服务队，以专业种植合作社、农机合作社、种植大户为示范平台，多部门协调联动，建立了技术研发、科技服务、农机服务、信息服务、示范带动的社会化服务与示范体系，制订了《渤海粮仓建设黄骅示范区实施方案》，保障了项目的顺利开展。

1. 示范区任务目标

该课题主要针对河北省东部滨海平原无灌溉条件的雨养旱作区，通过研发、示范、推广旱作种植技术，以百、千、万亩示范区建设为平台，辐射应用 50 万亩种植区，实现粮食单产提高 100～150 kg，粮食总产增加5 000万 kg 的目标。

2. 技术研发

围绕河北省东部滨海平原自然和生产特点，沧州市农林科学院研究形成了雨养旱作技术 4 项，分别是：春玉米起垄覆膜侧播种植技术；夏玉米宽窄行单双株增密增产种植技术；冬小麦“六步法”旱作种植技术；旱地冬小麦春季追施水溶肥技术。

其核心是建立“雨养旱作区蓄墒保播增收‘两年三作’新型耕作种植制度”的技

术链条，实现当地玉米小麦旱作耕作制度的升级。以上种植新技术结合秸秆还田、深松、测土配方施肥等传统技术，在黄骅示范区开始大面积推广两年来，取得良好示范效果。

3. 百千万亩示范区建设情况

在沧州市农林科学院前营试验站、黄骅市齐家务乡二科牛村建立两个核心试验区，面积 200 亩。在黄骅市二科牛村、常郭镇建立核心示范区 2 000亩，其中二科牛村主要承担玉米-小麦粮食旱作增产技术示范，常郭镇主要承担草粮轮作减肥增产技术示范。在黄骅市二科牛村和大寺村建立技术示范区 10 000亩，开展雨养旱作区粮食增产增效及农牧耦合技术的研究与示范应用。

作为核心示范区的二科牛村，是一个典型的东部雨养旱作区，年降水量平均 500 mm，春秋干旱严重。地下浅层咸水矿化度高，不适宜灌溉。土地整理之前，土壤旱薄盐碱，黏土、黏壤土及沙壤土交错分布，无灌溉条件，靠天耕作，但该村村委会领导有力，农民积极性很高。其次村里有配套的农机合作社，虽然土地是一家一户，但基本是委托式管理，农机合作社统一耕种，新技术推广很快。项目实施后，通过平整土地、开挖排盐沟、深翻、深松、秸秆还田等工程措施和农艺措施，土地平整度显著提高，土壤盐分得到有效控制。

4. 项目成效

实施“两年三作”稳定耕作种植制度以来，在基地成效显著，产生了良好的社会影响，示范区平均每年增产 160 kg/亩以上，每亩增效 300 余元。

2013 年在二科牛示范区，对夏玉米宽窄行单双株种植的 180 亩核心示范区现场产量检测，亩产分别达 772 kg 和 748 kg，在当年风大沥涝，倒伏严重的情况下，比周边传统种植玉米产量分别亩增 252 kg 和 228 kg，创该地区玉米产量最高水平。

2014 年，对应用“六步法”冬小麦旱作种植技术进行产量现场检测，沧麦 6001 百亩（120 亩）示范方平均亩产 458. 26 kg，比对照区增产 43. 36%。沧麦 6001 千亩示范方，平均亩产 360. 1 kg，比对照增产 12. 6%。小偃 60 百亩示范田，平均亩产 444. 5 kg，比对照增产 39. 1%。

2014 年 8 月 20 日，对春玉米起垄覆膜侧播百亩示范田田间检测，在今年严重干旱的情况下，该技术模式优势明显。其双株种植地块平均亩产量 768 kg，比对照增产 244 kg。单株植地块为亩产 703 kg，比对照增产 179 kg。

5. 技术推广宣传

2013—2014 年，黄骅示范区分别召开了夏玉米宽窄行种植技术模式现场观摩会、旱作冬小麦品种比较/播期播量/播种密度/春季追施水溶肥技术现场观摩会、春玉米起垄覆膜侧播种植技术现场观摩会及玉米播种技术现场观摩会，每次参加人数都在 180 人以上。结合阳光工程培训、河北省农技人员培训专项活动，共计培训市县乡农技人员、农业合作社、农机手、种植大户、农业企业负责人等有关人员 2 600人次，周边自发前来参观的农民更是络绎不绝。中国科学院、中国农业科学院、河北省农林科学院、农业局、河北省质量技术监督局等单位的多名专家到现场考察指导、肯尼亚的专家也专程到试验基地观摩。河北日报、沧州日报等多家新闻媒体进行了报道。通过示范宣传，示范区农民对新技术的认可度高，特别是推广的技术全部实现机械配套，易于操作，普及率快速提升。

为了提高示范区农民使用新技术、新品种的积极性，推动渤海粮仓项目的顺利进行，在2013年年底，在黄骅二科牛示范村组织召开对高产示范户的奖励大会，对高产创建户及二科牛村奖励化肥5吨，各类农机设备4台套。

6. 知识产权产出

（1）新品种选育

2013年9月，沧州市农林科学院课题组选育的抗旱丰产沧麦12冬小麦品种通过河北省品种审定，审定编号：冀审麦2013008号。该品种适宜在黑龙港流域冬麦区推广种植。

（2）地方标准

审定沧州市地方标准《玉米一穴双株增密高产种植技术规程》。标准号：DB 1309/T 142—2013。研究形成的《河北省东部雨养旱作区春玉米起垄覆膜侧播种植技术规程》及《玉米一穴双株增密高产种植技术规程》已于2014年被河北省质监局正式立项，计划于11月进行专家审定。

（3）国家专利申报

2014年已申报国家发明专利4项，分别是《黑龙港流域雨养旱作区“两年三作”稳定耕作种植制度》《黑龙港流域雨养旱作区春玉米种植方法》《玉米起垄覆膜侧播播种机》《黑龙港流域旱作冬小麦春季追施水溶肥技术》，国家专利局已受理。另外，还申报玉米起垄覆膜播种机等国家实用新型专利4项。

（4）学术论文

发表相关学术论文3篇。

河北省观摩推进会在黄骅召开

2014年9月4—5日，河北省政府在黄骅市组织召开河北省渤海粮仓建设工程观摩推进会，旨在总结河北省渤海粮仓建设工程进展情况，宣传典型经验和做法，观摩交流经验，推广共性技术，安排部署下步工作。

参加会议的有：沈小平副省长；省政府办公厅曹振国巡视员；省科技厅王志欣厅长及主要领导；项目首席专家河北省农林科学院院长王慧军教授；省农业厅、水利厅、财政厅分管负责同志；沧州、衡水、邯郸、邢台市政府分管负责同志和牵头部门主要负责同志；项目区41个县（市）政府分管负责同志及牵头部门主要负责同志；2014年项目先行示范县及技术服务体系技术负责人等共计150余人。河北电视台、《河北日报》等媒体参与会议现场报道。

现场观摩在9月4日下午进行。观摩地点设在羊三木乡羊三村的粮草轮作苜蓿产业技术示范区和齐家务乡二科牛村的旱作玉米高产技术示范区，两种技术模式的技术专家向沈小平副省长和与会代表详细介绍了示范技术的技术要点、增产效果和示范推广情况等。通过构建农牧结合模式，可以实现生态改土培肥、奶牛高产优质高效、农牧业协调发展，从而为河北省渤海粮仓建设工程构建藏粮于地、以草节粮的发展战略提供重大技术模式支撑；雨养旱作区蓄墒保播增收“两年三作”耕作种植制度、春玉米起垄覆膜侧播种植技术、夏玉米宽窄行单双株增密增产种植技术等在基地成效显著，并实现了全程的机械化，产生了良好的经济效益和社会影响，平均每年增产 160 kg/亩以上，每亩增效 300 余元。通过现场观摩，与会代表对黄骅的经验有了更直观的感受，更有利于各示范县之间互相认真学习，相互借鉴经验。

推进会会议于 9 月 5 日上午进行，省政府办公厅曹振国巡视员主持会议。沧州市市长王大虎首先致辞，对沈小平副省长及各位领导表示欢迎。王市长介绍了沧州市“渤海粮仓”建设情况，表示黄骅市下一步工作将以观摩会为契机，借鉴各地市先进经验，进一步加强与中国科学院等国家级科研机构的合作，大幅度提升中低产田粮食生产能力和效益，切实把惠民利民的“渤海粮仓”战略性增粮工程抓紧抓好抓出成效，力争到 2017 年全市粮食推广面积达到 500 万亩，实现粮食增产 5 亿 kg 的目标，为保障河北省乃至国家的粮食安全做出应有的贡献。

全体与会人员一同观看了 2014 年河北省渤海粮仓建设工程专题片，包括南皮、曲周、威县、宁晋、景县和黄骅、农机体系的项目工作进展情况，以及合作企业与项目的合作进展等。

沈小平副省长做了重要讲话。沈小平副省长认为，河北省渤海粮仓建设工程实施以来，各地重视程度高，措施方法实，示范效果好，现场观摩的羊三村的草粮轮作示范基地和二科牛村旱作玉米高产示范基地两个示范点在技术、模式和机制 3 个方面都实现了创新发展，取得了良好的示范效果。沈小平副省长就如何加快项目建设提出以下 3 点要求。

（1）高度重视，形成共识

加快渤海粮仓建设，对提高河北省粮仓综合生产能力，推动区域水土资源高效利用，加快现代农业发展步伐意义重大。工程实施后，将极大地促进农业增产、农民增收和农村发展，惠泽项目区各个方面，体现在“4 个有利于”，即有利于提高耕地质量促进粮食生产、有利于提高用水效率促进农业高效节水、有利于提高种植效益促进农民增收、有利于提高科技水平促进成果推广应用。

（2）统筹安排，突出重点

要按照增产增效并重、良种良法配套、农机农艺结合、生产生态协调的总体思路，依据生态优先、节水改土、稳夏增秋、棉改增粮、粮饲结合、集约经营的技术路线，突出抓好粮食增产、农业节水、主体培育、示范推广等关键环节，着力提高工程区粮食综合生产能力和农业水资源综合利用效率。到 2017 年项目要实现增粮 15 亿 kg、节水 7 亿 m^3，到 2020 年实现增粮 25 亿 kg、节水 10 亿 m^3。下一步工作推进中要做到 4 个注重。

① 注重规划先行，按照“2014 年打基础，2015 年扩范围，2016 年见成效，2017

搞验收”的要求，河北省科技厅、河北省农林科学院要抓紧会同有关部门，组织专门力量高质量高效率地完成总体规划编制，总体规划要在10月底前完成；项目区市县要主动作为，加强衔接沟通，同步开展配套规划编制工作，根据不同区域类型特点，分别制定市县具体的实施规划，确定增粮节水的具体目标，年底前完成。

② 注重科技支撑，要着力抓好关键技术研发、配套技术集成和实用技术推广3个重点环节。

③ 注重节水优先，把渤海粮仓建设与地下水超采综合治理有机结合，协调推进，要在结构节水、工程节水、管理节水和农艺节水上下功夫、做文章。

④ 注重机制创新，包括主体培育机制创新、资源共享机制创新、工程管理机制创新和考核评价机制创新。

（3）精心组织，全力保障

渤海粮仓建设是一项系统工程，为确保各项目标任务落到实处，要切实做好“4动”。

① 宣传发动，各地各有关部门要利用多种渠道，深入宣传实施项目的重要性和必要性，营造良好氛围；发挥好示范区的引领作用，及时总结经验，把培育的优质品种、集成的增粮技术、创新的增产模式汇编成册，通过各种方式及时传递到各类需求人员当中。

② 政策驱动，加大资金保障，各地市筹措专项资金，配套用于项目建设，统筹安排使用；河北省科技厅、河北省农林科学院要会同有关部门抓紧研究制定相关政策。

③ 协调联动，河北省科技厅要继续发挥好牵头作用，加强组织协调，及时掌握进展情况，解决突出问题；河北省农林科学院要加强项目管理工作，严格组织实施；省财政厅要加强资金统筹使用和监督管理；省农业厅要搞好示范技术推广工作等各项服务；水利厅加大节水压采试点等工作；相关部门要各司其职、各负其责、紧密配合，有关市县要加强统筹协调、落实配套政策，为项目实施提供保障。

④ 督导推动，省科技厅、河北省农林科学院要会同有关部门，定时检查建设进度是否符合节点要求，实施质量是否达到预定标准，资金使用是否规范严格，示范成果是否客观真实等。要通过督导促尽责、查落实，促求真、查原因，促进度，查成效。

重要活动

1. 公共植保服务体系现场观摩会在景县召开

2014年9月30日，河北省渤海粮仓建设工程项目公共植保服务体系在衡水景县组织召开了“作物保健型”玉米植保方案现场观摩会。参加会议的有河北省农林科学院相关领导、各示范县技术负责人和主管部门负责人、各服务体系技术负责人等。

观摩会形式“新颖、高效、务实”，内容主要以讲解主体核心技术和现场观摩植保方案效果、与会专家与项目承担技术人员现场交流为主，为整个渤海粮仓各个分项目之间的互相技术沟通与交流提供了一次很好的机会。

河北省农林科学院植保所所长马平介绍了2014年渤海粮仓植保体系的工作进展情

况，以及示范现场的实施及效果概况。植保体系技术负责人袁章虎副研究员介绍了本次现场观摩会示范现场展示的核心技术，即“作物保健型”玉米植保方案。该方案不仅要求对病虫害防效好，对环境友好，还把农作物当成农田的主体，在高效防治病虫害的同时还要对农作物起到保健作用，这对提高农作物的产量和品质都能够起到积极的促进作用。

郑彦平研究员对渤海粮仓植保服务体系的工作和玉米植保方案的成功示范给予充分肯定，并对渤海粮仓整个项目的进一步实施提出了建议和意见，同时要求各重点示范县和服务体系在 2015 年按照渤海粮仓项目总体示范方案，建立百、千、万示范推广机制，进一步扩大示范区域，做好百亩试验田出数据，千亩示范方出规模，万亩辐射区出效益。各重点示范县和服务体系之间要加强横向联合与合作，加强信息与技术的共享和交流。在搞好示范的同时，还要注重科技创新，每个重点示范县和服务体系都要有自己的技术创新与技术特色，以科技创新带动整个项目提升技术水平。

2. 谷子轻简化栽培现场观摩会在威县棉改增粮区召开

2014 年 10 月 9 日，渤海粮仓建设工程之威县棉改粮增产增效种植技术集成与示范项目在威县召开了谷子轻简化栽培技术示范现场观摩会。

河北渤海粮仓项目首席专家河北省农林科学院王慧军院长、张建军副院长、威县相关领导及渤海粮仓建设工程的示范县和技术服务体系的相关人员、新闻媒体以及周边村庄的种植户参加了现场会。

现场观摩会在威县赵村乡郭田庄金硕农场进行。威县示范点技术负责人河北省农林科学院棉花所李俊兰研究员全面介绍了该项目总体概况；河北省农林科学院谷子所李顺国研究员详细介绍了轻简化品种冀谷 31 的主要特性和配套管理技术；种植户介绍了在技术人员指导下的田间管理过程，认为谷子轻简化栽培技术在谷子产量、品质和效益方面都取得了良好的成效。经测产，郭田庄示范区千亩示范方谷子亩产平均为 272. 2 kg，示范田的谷子生产全程实现了机械化和轻简化，机械播种、化学间苗、机械收获；打破了传统的人工间苗、人工收割和人工脱粒的作业方式，省时省工、节本增效；谷子是环境友好型作物，种植谷子等杂粮作物可以有效减少地下水的开采，有利缓解黑龙港地区地下水超采现状。

王慧军院长对该项目取得的成果给予肯定，并对项目以后的实施提出了建议和要求。王院长要求项目组要进一步扩大示范面积，确实起到引领示范作用，让农民切实感受到机械化和轻简化带来的便利和效益。同时建议将威县打造成杂粮基地，节水增粮，农牧结合，促进威县县域经济循环的健康发展。

3. 秋季全程机械化现场观摩会在馆陶召开

2014 年 9 月 30 日、10 月 10 日，河北渤海粮仓项目秋季全程机械化玉米收获现场会、小麦机械化播种现场会在馆陶县基地分阶段召开。项目首席专家河北省农林科学院王慧军院长、郑彦平研究员、科技处岳增良处长以及省农机推广站、馆陶县人民政府、馆陶县农牧局、各服务体系相关负责人、各重点示范县负责人、种粮大户代表、专业合作社及农机服务组织代表等130余人参加了现场会。

农机现场会在馆陶县蔺寨村千亩示范方进行。现场会以“种粮大户最喜欢的农机评价会”方式召开。为充分体现评选活动的公平、公正、公开原则，会议邀请来自全省20家种粮大户、家庭农场代表、农业合作社代表和有关专家到现场对作业机具进行评价。

现场作业机具包括：玉米收获机、秸秆还田机、机械化撒肥机、五铧翻转犁、重型圆盘耙、深松机、12行和24行小麦播种机、免耕施肥播种机、小麦旋播机、小麦镇压器、自走式植保机、绞盘式节水灌溉机、多旋翼植保飞机等。

与会代表参观了河北中友机电设备有限公司、河北圣和农业机械有限公司、河北农哈哈集团、河北赵县永泰收获机械有限公司等的机械化作业现场，参与评价的各代表对玉米机械化收获作业、小麦机械化施肥播种作业、节水灌溉机械作业、秸秆还田机械作业和植保机现场演示作业等进行作业质量、工作效率、性价比等进行评价打分，评选出种粮大户最喜欢的农机具。

项目肥料体系和植保体系在作业现场进行了施肥和拌种试验介绍。本次会议的召开，对环渤海地区及全省主要粮食作物全程机械化发展具有积极的推广作用。

4. 2015年实施方案座谈会在河北省农林科学院召开

10月14日，河北省渤海粮仓科技示范工程2015年实施方案座谈会在河北省农林科学院召开。参加会议的有项目首席专家王慧军院长，省科技厅陈卫滨副巡视员，省科技厅农村处耿艳楼处长及项目主管曹乃倩，邯郸、邢台、沧州、衡水、曹妃甸科技局项目主管领导，4地市技术负责人及河北省农林科学院科技处、财务处项目主管领导及项目办工作人员等。

耿艳楼处长首先介绍了项目的整体情况及14年项目的运行情况，并就2015年工作计划提出以下几点：2015年的项目目标为增粮4亿kg，节水2亿m^3；主要任务分为示范工程建设、共性技术研究和科技成果转化三部分；项目区43个县每个县要建立一个千亩示范方，有条件的建万亩示范片。其中千亩方的基本要求是：要有明确的实施地点，成方连片；围绕增粮节水的总目标有明确的技术示范内容并鼓励技术集成；要有承担任务的建设主体——新型经营组织，有稳定的技术依托单位；千亩方要实现亩增产100 kg、节水50 m^3；千亩方既可新建，也可与原有示范方一并建设，地点可重合，但要有新的技术内容，同时要发挥千亩方的辐射带动作用。

项目首席专家王慧军院长对项目参加单位提出以下要求：渤海粮仓项目是科技示范工程，要有技术主体内容，要体现“科技是第一生产力”，充分发挥科技部门的作用；项目实行分级管理，合同约束；要有明确的节水增粮目标；任务经费配套并确保资金使用安全；各项任务要落到实处，扎实推进；各级政府、技术部门和经营主体要协同配合完成项目的各项任务，并打造一批农业生产型服务企业。

陈卫滨副巡视员对会议做了总结：各级科技部门及参加单位要高度重视渤海粮仓工作，将其作为科技工作重大任务来完成，确保河北省粮食安全；抓好落实，将任务落实到单位、个人、地块，一级管理一级，一级监督一级；加强经费的管理，严格按科研经费使用规定执行；要加强项目的督促检查工作，并建议定时开展项目的联合检查。

重要活动

1. 宁晋课题组研究集成“小麦玉米水肥一体化技术模式”节水增粮效果显著

宁晋县被确定为渤海粮仓示范县以来，根据项目总体目标，针对宁晋县水资源极度匮乏、地下水严重超采的现状，将“节水增粮”确定为宁晋示范区的核心目标，按照“大幅压采地下水，稳夏增秋，确保总产”的技术路线，把“微灌水肥一体化技术”作为主体示范技术。课题组通过开展小麦玉米微灌水肥一体化水分运筹、高效施肥、抗逆稳产、品种优选、配套播种等试验研究，结合在核心示范区的应用完善，初步研究集成了小麦玉米微灌水肥一体化技术模式。经在全县项目区的大面积示范应用，证实技术模式科学先进，节水增产效果突出，技术模式应用示范效果总结如下。

2014 年宁晋降水稀少，全年降水量仅为常年的 50%。课题组针对旱情及小麦苗情，进行了科学的水分运筹。由于播种基础好，小麦群体足，个体壮，为实施节水栽培奠定了良好的苗情基础。示范区小麦灌冬灌、拔节、抽穗、灌浆 4 水，总灌水仅 80 m^3/亩。常规管理麦田浇冬灌、拔节、开花 3 水，总灌水量 180 m^3/亩。示范区灌水总量比传统地面灌溉节水 100 m^3/亩，节约灌溉水 55%。小麦成熟后，千亩示范区小麦穗足粒饱，长势喜人，示范效果突出。经渤海粮仓项目办组织专家现场实收，百亩方产量达到 682.2 kg/亩，比一般管理地块增产小麦 100 kg/亩。“河北省渤海粮仓”项目办公室组织了小麦现场观摩会，多位领导、专家到光临基地指导。

宁晋玉米季再次遭遇严重干旱，为玉米生产带来不利影响。传统灌溉地块灌出苗、大喇叭口及吐丝 3 水，灌水总量 180 m^3/亩。示范区玉米灌出苗、小喇叭口、吐丝、灌浆 4 水，但总灌水量仅 90 m^3/亩，节约灌溉水 90 m^3/亩，节水 55%。玉米成熟后，千亩示范区玉米密度足，茎秆粗壮，穗大粒多，籽粒饱满，长势喜人。经渤海粮仓项目办组织专家现场实收，百亩方产量达到 848.8 kg/亩，比一般管理地块增产 200 kg/亩。宁晋课题组组织全县种粮大户及农户代表到基地观摩学习，引起农户强烈反响，有力促进了技术模式在全县的推广。宁晋课题应用微灌水肥一体化技术等配套技术，在同一地块小麦玉米全年总产达到1 531 kg/亩。全年增产粮食 300 kg/亩，增产率 24%，节约灌溉水 180 m^3/亩，节水率 55%，为宁晋粮食节水高产走出了一条新技术途径。

2. 武强示范县微灌水肥一体化技术玉米实收测产

2014 年 10 月 11—12 日，河北省科技厅组织省内外同行专家对国家半干旱农业工程技术研究中心实施的“渤海粮仓建设工程武强县小麦、玉米微灌水肥一体化技术集成与示范”项目夏玉米微灌水肥一体化技术示范田进行了实收测产。

本次测产地点为武强县张法台村辛科家庭农场，面积 300 亩，种植品种登海 605，播种时间为 2014 年 6 月 18—20 日，种植方式为机播。水肥一体化技术示范田播种时用种肥 15 kg/亩（28：10：10），生长期间浇水 4 次，共 52 m^3，随水追施玉米专用可溶性肥 3 次（23：15：18），追肥量 37 kg。常规灌溉 60 亩，播种时用种肥 45 kg/亩(28：10：10)，生长期间浇水 3 次，共 225 m^3。

测产专家分别在示范田和常规田随机取 3 个地块，每块地 66.7 m^2 左右，收获全部果穗，经称重测算后，得出测产结果，微灌水肥一体化示范田亩产 865.54 kg，常规灌溉常规灌溉田亩产 704.86 kg。微喷水肥一体化示范田比常规灌溉田亩增产 160.68 kg，增产 22.80%，节水 76%。

通过本次实收测产，进一步验证了水肥一体化技术在大田粮食生产中节水、增产方面的显著效果，得到当地农户的一致认可。

3. 棉花生产机械化、棉草复种在南宫召开现场观摩会

2014 年 10 月 24 日，渤海粮仓建设工程两年三熟粮棉轮作节水高产技术集成与示范项目在南宫市宋旺农场召开了棉花生产机械化、棉花黑麦复种技术示范现场观摩会。河北省农林科学院、农业厅、南宫市委、市政府有关领导，省渤海粮仓工程服务体系、相关县市专家、省棉花产业体系岗位专家、站长，邢台、邯郸市及其相关县农业、农机的负责人，南宫市主要乡镇主管领导、技术骨干、种植大户和周边农民及新闻媒体等 300 余人参加了会议。

南宫示范区技术负责人河北省农林科学院棉花所耿军义研究员详细介绍了机采棉品种的主要特性、配套管理技术、机械化作业及劳动力投入情况；省农机化技术推广总站王建合研究员介绍了我省棉花生产机械化现状、研究进展和新机械新技术研究水平；河北省农林科学院棉花所王兆晓研究员介绍了棉花黑麦复种技术、产量水平和效益情况。约翰迪尔、济南天鹅、中友集团等农机厂家分别介绍了采棉机、秸秆粉碎机、旋耕机、播种机的性能和质量。机采棉示范田生产管理实现了全程机械化和轻简化，从耕地、施肥、播种、化学除草、覆膜、中耕、化控（免整枝）、治虫、落叶催熟、采收到秸秆粉碎还田（或收集）全部实现机械化、轻简化，打破了传统的人工整枝、采收作业方式，省时省工、节本增效。

与会代表现场观摩了棉花机械化采收，灭茬、秸秆还田（收集）和翻耕，棉花黑麦复种——黑麦草播种现场作业，机采棉 50 亩示范田经实采测产，平均亩产籽棉 361.6 kg，采棉机作业效率（迪尔 5 行机）28.6 亩/h，采净率 95.1%。亩劳动力投入平均 3.7 个工，比传统 22 个减少 18.3 个，极大地降低了劳动力投入和劳动强度。饲用黑麦为越年生牧草，营养价值高、草质好、产草量高。抽穗期收割粗蛋白含量可达 12%，与小麦籽粒粗蛋白含量相当、高于玉米籽粒，是全株青贮玉米的 1.5 倍、青贮玉米秸秆的近 5 倍。亩产鲜草 2 250～2 500 kg，干草 600 kg 左右，是早春季节生长最快、收获最早的牧草。亩蛋白质产出量相当于 500 kg 小麦的蛋白质含量，相当于 600 kg 玉米的蛋白质含量，9 月初至 10 月下旬均可播种，第 2 年 4 月中下旬收获，非常适宜和棉花进行复种。10 月下旬采收完棉花，种黑麦；来年 4 月下旬收割完黑麦，种棉花。棉花不影响产量，多收一季牧草，同时实现棉田全年覆盖，黑麦冬季覆盖可减少原裸露棉田的扬尘，保护生态环境。整个生长季节无或少病虫害，无须使用农药，安全无

污染。

河北省农林科学院张建军副院长对该项目取得的成果给予肯定，并对项目以后的实施提出了建议和要求。要求项目组要进一步做好该区域的棉粮（草）轮作技术的研发，但是必须要和节水、环保、机械化、轻简化结合起来；对成熟的技术要尽快扩大示范面积，确实起到引领示范作用，让农民切实感受到机械化、轻简化和棉粮（草）轮作带来的便利和效益，让采棉机尽快象小麦收割机、玉米收获机一样奔驰在燕赵大地上，让农民快乐植棉、幸福种田。

《河北省渤海粮仓科技示范工程行动方案（2014—2017 年》专家论证会在石家庄召开

遵照省领导要求，今年下半年，由河北省科技厅组织、河北省农林科学院承担编制了《河北省渤海粮仓科技示范工程行动方案（2014—2017 年》（以下简称《方案》）。为了确保《方案》的科学性、先进性和适用性，11 月 23 日，项目特别邀请了国家最高科技奖获得者、渤海粮仓项目发起人中国科学院李振声院士等专家组成论证委员会对《方案》进行了论证。国家科技部、省财政厅、水利厅、农业厅和农科院等相关部门负责人参加了论证会。会议有关情况如下。

1. 省长张庆伟专门会见了专家论证委员会成员

省领导对会议和渤海粮仓项目十分关心。11 月 22 日下午，张庆伟省长在河北会堂亲切会见了李振声院士及相关专家。省人大常委会副主任王刚、省政府秘书长朱浩文以及省直有关部门和单位负责人参加会见。

张庆伟对李振声院士等专家出席论证会，亲临指导河北的渤海粮仓科技示范工程项目表示欢迎，对李振声院士等长期以来给予河北的关心和支持表示衷心感谢。他说，李振声院士是著名小麦遗传育种学家，以李振声院士为代表的科研团队主持实施的渤海粮仓科技示范工程，为提高盐碱地粮食作物产量作出了重要贡献。河北省是农业大省，水资源十分短缺，尤其是沿海地区有大量中低产的盐碱地。提高水资源利用效率、增加这部分土地的粮食生产能力，对提升全省粮食产量、促进地下水超采综合治理、推动京津冀协同发展战略实施具有重要意义。河北省各级各相关部门对中国科学院在环渤海地区开展的农业科技创新活动，一定要全力给予支持配合，提供最优服务，切实协调解决相关问题，加快新品种的选育进程，为进一步提高中低产田粮食作物产量、保护地下水资源作出积极贡献。

李振声院士表示，感谢河北省领导对渤海粮仓项目给予的关心和大力支持。他说，河北地处环渤海地区，沿海的中低产田粮食生产还有很大潜力。但要注重增粮和节水两个目标，用好浅层微咸水，控制超采深层地下水，高度注意生物节水和农艺节水，推广应用节水高产优质新品种，推动河北粮食生产再上新台阶。

2. 《方案》顺利通过专家论证委员会论证

论证委员会由李振声院士任主任、石家庄市农林科学研究院名誉院长郭进考研究员任副主任，论证委员会成员由山东省农业科学院、中国科学院科技发展局、中国科学院南京土壤研究所、天津市农业技术推广站、沈阳农业大学知名专家学者及河北渤海粮仓示范县负责人代表、合作企业代表等组成。论证委员会听取了省科技厅厅长王志欣对《方案》编制的背景介绍，项目首席专家省农林科学院院长王慧军教授对《方案》的主题汇报，审阅了有关资料，经认真讨论，一致认为：

①《方案》以党的十八届三中全会和中共河北省委八届六次会议精神为指导，在认真分析区域光温水土资源的基础上，设置“节水、增粮”两个目标，到2017年实现增粮15亿kg、节水7亿m^3；到2020年实现增粮25亿kg、节水10亿m^3。提出了“增产增效并重、良种良法配套、农机农艺结合、生产生态协调”总体思路和“生态优先、节水改土、稳夏增秋、棉改增粮、粮饲结合、集约经营”技术路线，工作思路清晰，符合区域特点和生产实际，具有科学性、先进性和适用性。

②《方案》立足于项目区自然生态条件和经济社会发展需要，提出树立“大粮食”观念，调整种植结构，在充分发挥棉花生产区位优势的同时，着力提高中低产田粮食综合生产能力和粮食当量水平。按照推广、示范、研发“三层次、三步走”原则，提出主推适宜各区域的技术模式、示范成熟的科技成果和研发关键技术等方案措施，依据充分，任务明确，切合实际，具有针对性。

③《方案》注重机制创新、着眼开放合作、强化科技支撑，在组建创新团队、发挥当地农技推广队伍作用的同时，把面向“国内外、京津冀、产学研”招标示范成果、构建服务体系作为重要抓手，采取建立“百亩试验田、千亩示范方、万亩辐射区”工作方法，明确责任主体，实行合同管理，加强组织领导，完善配套政策，强化绩效考核。措施具体，切实可行。

综上所述，《方案》工作思路清晰，技术路线可行，目标任务明确，进度安排合理，保障措施有力。《方案》的实施，可促进河北省渤海粮仓科技示范工程顺利进行，确保“节水、增粮”目标实现。

论证委员会一致同意通过论证，并建议在《方案》中进一步明确实现节水目标的具体措施，凝练示范推广的成熟技术，瞄准规模化生产、集约化经营，研发水肥一体化、以肥调水等与机械化配套的操作技术，为农业转型发展提供新的技术支撑。修订完善后尽快上报，予以实施。

最后，李振声院士强调：一是要充分肯定《方案》，并且认为在环渤海三省一市渤海粮仓科技示范工程项目进展中，河北省领导高度重视，各部门积极协助，工作走在了前列；二是《方案》一经确定，就要一分部署，九分落实，打组合拳，把工作抓实抓细，落实到农田、地块，不折不扣地全面完成；三是拟定明年上半年在河北省召开“三省一市”渤海粮仓科技示范工程现场会，以此推动全国渤海粮仓科技示范工程项目的实施。

研发项目专家论证会在石家庄召开

2014年12月17日，由中国农业大学、中国农业科学院、中国科学院、河北省科技厅、财政厅、水利厅、农业厅有关专家组成论证委员会，在石家庄对河北省渤海粮仓科技示范工程技术研发项目进行了论证。专家论证委员会主任由中国农业大学郝晋珉教授担任。河北省农林科学院科技处岳增良处长主持会议。

1. 项目首席专家河北省农林科学院王慧军院长介绍项目概况

2015—2017年河北省渤海粮仓科技示范工程分为三大板块，一是技术研发板块，承担单位为科研机构，为渤海粮仓整体项目提供技术储备研究，解决共性问题和生产发展的重点问题；二是推广板块，涉及项目区43个示范县（市），推广八大技术模式；三是成果转化板块，面向京津冀科研单位、大专院校和企业，以产学研结合模式进行成果的转化和构建服务体系。3个板块之间既相互独立，又有联系和合作，共同推进河北渤海粮仓科技示范工程。

王院长强调，技术研发项目要从科技的角度回答一些问题，做实实在在的技术储备，突出区域特色，解决从概念到原理到技术的关键问题，满足农民和市场需求；要满足科学、技术、经济和机制的可行性，每个项目要有明确的创新点，提升创新水平。

2. 技术研发项目通过专家论证委员会论证

河北省渤海粮仓科技示范工程技术研发项目共分为9个课题，包括雨养旱作农业和雨洪利用、微咸水利用、水肥一体化、粮棉品种比较试验、农田改土培肥、草粮双丰、棉改增粮、杂粮轻简高效生产和综合利用以及农牧结合等。论证专家组认真听取了9个课题负责人的内容汇报，审阅了有关资料，经质疑答辩和认真讨论，形成以下论证意见。

① 9个技术研发项目根据“增产增效并重、良种良法配套、农机农艺结合、生产生态协调”总体思路，遵循“生态优先、节水改土、稳夏增秋、棉改增粮、粮饲结合、集约经营”技术路线，设计合理，研究内容全面、具体，任务目标明确可实现。

② 项目技术研发类课题立足于项目区自然生态条件和经济社会发展需要，以“节水增粮”为核心目标，创新点明确，符合项目区域特点和生产实际，能够为项目实施提供技术支撑，具有科学性、先进性和适用性，同时也注重了技术的可操作性、可复制性。

③ 项目技术研发课题能够按照目标相关、政策相符、经济合理的要求，根据课题任务目标和研究内容确定经费额度，预算合理。

专家论证委员会一致同意通过论证。认为通过项目实施能够促进河北省渤海粮仓科技示范工程项目区粮食生产能力提升，确保项目区“节水增粮”目标的全面实现。同时，专家对每个课题都提出了完善和修改意见。

3. 会议总结

河北渤海粮仓项目管理办公室主任郑彦平研究员对会议做了总结，强调每个课题既要有大局和整体观念，课题之间要互相联系，又要突出重点，要深化研究内容和出技术储备成果；9个技术研发课题都要有明确的主题，并紧紧围绕主题展开工作，体现渤海粮仓项目整体目标。

省财政厅冯志强调研员对项目提出以下几点要求：第一，技术研发类课题技术目标一定要与渤海粮仓节水增粮终极目标一致。第二，各子课题要和渤海粮仓项目区域结合，体现区域特点；各子课题既相互独立又逻辑统一，要形成项目的集合效应。第三，项目经费使用要确保安全，并最大限度地发挥经费的使用效益。

南皮县召开“县域增粮整体推进实施方案”论证会

2014 年 12 月 13 日，南皮县召开“渤海粮仓县域增粮整体推进”实施方案论证会。中国科学院、科技部、河北省科技厅、综合农业开发办公室、水利厅、农业厅、山东科技厅、天津科技厅、河北省农林科学院、沧州市科技局、南皮县委县政府等单位的领导和专家，围绕“渤海粮仓县域增粮”目标的具体实施方案进行了广泛深入的研讨和论证。

会议听取了南皮县渤海粮仓示范工程技术负责人刘小京研究员关于渤海粮仓南皮县县域增粮整体推进实施方案的汇报和张喜英研究员关于渤海粮仓南皮县县域增粮整体推进水保障的汇报。李振声院士指出针对当前南皮县农业生产状况和资源情况，采用良种全覆盖、微咸水高效安全利用和坑塘雨水集蓄利用是“增粮、节水”的重要措施，是实现 2017 年增粮5 000万 kg，节水2 000万 m^3 的重要保障。专家一致认为，实施方案中根据南皮县的自然条件进行分区推广四项技术模式，配套实施四大工程，研发升级五项关键技术以及带动相关产业发展，方案目标明确，技术可行，可以作为县域增粮示范样本，对国家渤海粮仓科技示范工程具有带动和引领作用。会议形成以下决议。

1. 联合力量，打造“渤海粮仓”县域示范样板

实施方案要集成中国科学院技术优势，以技术投入为牵引，以管理为保障，将“渤海粮仓”科技示范工程中研发的成熟技术在南皮县整县域进行推广，打造县域示范样板。根据南皮农业生产状况和资源利用情况，结合南皮农业可持续发展规划，将南皮县域分为 3 个区。按照措施到位、责任到人、分年度逐步实施。示范必须从县域示范的总体要求出发，提高技术门槛，形成可复制、可推广、科学合理的成套核心关键技术。

2. 开展水资源高效利用及安全保障的研究与评估

河北地下水超采压采方案的实施，对“渤海粮仓”南皮县 2017 年增产 500 万 kg 粮食的目标和提高水资源利用效率提出了更高的要求。要通过多水源联合优化调度和节水技术的推广，充分利用浅层微咸水、坑塘雨水集蓄和外来客水。在评估华北水资源承载能力的前提下，合理选择种植品种和节水灌溉措施，进一步完善微咸水混灌模式，加快 3～5 g/L 高咸度咸水灌溉、坑塘雨水集蓄高效利用和土壤脱盐等核心技术的研发。通过实验数据和精确分析明晰生物菌肥、咸水灌溉等技术所发挥的功能和作用，在目前增产不增加水资源消耗的基础上进一步提高非常规水的利用量和效率，为技术和模式的可持续、可推广提供科学依据。

3. 创新组织管理机制

在技术服务体系方面，依托科技特派团、特派员工作站、院士工作站、科技学堂、

科技示范基地等平台，引导科技特派员、课题组骨干等深入农村开展粮食增产科技服务。在保障措施方面，在县域分区加强组织领导，注重绩效考核，强化机制创新和资金支持，形成县域管理和保障方面严密的组织路线和相应的保障措施，预期可以达到方案所提出的县域增产目标。

4. 带动渤海粮仓县域产业发展

在渤海粮仓县域增粮整体推进的基础上，同步实现农业相关产业的发展。该方案的实施将带动县域种业、粮食深加工业、畜禽养殖业和农业服务等产业链的发展，带动县域一产业、二产业、三产业的融合发展，具有较好的社会、生态和经济效益。

5. 加强渤海粮仓区域推进

渤海粮仓建设涉及各个省市需要根据实际情况，按照“渤海粮仓”各个分区制订的增粮目标，结合区域特色，充分发挥管理、科技的联动作用，以南皮县域增粮整体推进实施方案为增粮工程目标的行动蓝本，在河北、山东、辽宁和天津全面推广，实现“渤海粮仓”增粮目标，为国家交一份满意的答卷。

2015 年

2014 年总结 2015 年工作部署会召开

2015 年 2 月 6—7 日，河北省渤海粮仓科技示范工程 2014 年度总结 2015 年工作部署会在石家庄召开。参加会议的有项目首席专家河北省农林科学院王慧军院长，省科技厅陈卫滨副厅长、农村处徐成处长及项目主管负责同志，省农业技术推广总站、衡水、沧州、邯郸、邢台、曹妃甸科技局主管负责人，项目执行专家组成员，课题主持人，示范县、服务体系负责人，项目合作企业代表，项目管理办公室成员等近百人。会议情况如下。

1. 课题主持人和技术负责人汇报 2014 年工作进展

国家项目负责人中国科学院农业资源中心刘小京研究员介绍了国家项目设置、共性技术与示范区摆布，国家中期评估对河北工作的评价，认为河北的渤海粮仓科技示范工程工作领导重视、方案科学系统、工作扎实、成效显著，走在三省一市的前列。22 位任务和体系负责人从项目组织管理、任务指标完成情况、现场观摩与培训情况、工作体会、存在问题与 2015 年工作计划等做了全面汇报。

2. 执行专家组工作点评

项目执行专家组听取汇报后，对各任务的工作完成情况进行了点评，达成一致意见如下。

① 要将科技部支撑计划课题与河北渤海粮仓科技示范工程专项结合起来，保持整体设计的连续性；科技部支撑计划课题注重研发和试验，研发的目标要聚焦，河北省专

项注重示范推广，“百千万”是试验、示范、推广的工作方法。

② 技术研究内容要密切联系生产实际，并加强集成技术的研究；应进一步明确技术模式的科学依据、先进性和效果，并注重技术研发工作的创新性、承载性和延续性；要结合项目区的实际情况，研发集成实用高效轻简化可操作性强的“傻瓜型”技术并尽快应用到实际生产当中去，将技术落地。

③ 加强科研单位与市县之间、各科研单位之间、各课题之间的配合沟通，既力争做到实验结果的一致性和系统性，又培育自我特色和优势；相互之间有机结合和衔接，互通有无，全区域性地考虑问题，避免重复性技术研究。

④ 加强生产过程的全程机械化研究；应更多地进行总结，出更多的知识产权；粮食增产目标和示范面积要有充分的依据。

⑤ 加强市、县、乡、村的联动，密切与新型经营主体的结合，适应未来现代农业发展，更好地推进项目进展。注重合同任务的严肃性和经费使用的合理性。

⑥ 加强项目观摩、培训、宣传工作，统筹安排区域性的宣传培训，与国家和省主要新闻媒体联合推出一批典型。

3. 王慧军首席总结 2014 年工作

河北省渤海粮仓科技示范工程首席专家河北省农林科学院王慧军院长在听取各任务年度汇报后，充分肯定各任务工作进展，对 2014 年工作做了总结发言，并结合新形势对 2015 年工作提出了具体要求。

（1）2014 年工作亮点纷呈

① 用 GIS 技术和卫星遥感技术将项目区的土壤、气候、作物种植类型进行了相对精确的分析，做到了底码清楚。使得河北渤海粮仓项目的工作布局、区域类型划分、主推技术以及技术的适应范围等有了科学依据。

② 在科学分析区域自然、社会、经济发展和增粮目标的基础上，编制了《河北省渤海粮仓科技示范工程行动方案（2014—2017 年）》《方案》受到了省领导、李振声院士及有关专家的高度评价，张庆伟省长亲自批示由相关部门联发。沈小平副省长批示：大力实施、务求实效。

③ 各试点县工作成效显著：南皮示范县整县推进渤海粮仓建设，在多水源利用方面探索了路子，成立了渤海粮仓种子公司，建立了县级技术平台；黄骅示范县雨养旱作农业实现了标准化、规范化、科学化和规模化推广，大旱之年获得大丰收；景县示范区的实验证明磷钾肥在河北区域完全可以通过深松底施，解决了微喷水溶肥成本过高，农民难以接受的问题；宁晋示范县的试验证明在全省粮食高产县节水潜力是巨大的，增粮和地下水压采可以实现有效结合，扭转了小麦是耗水作物的传统观念；海兴县的工作证明盐碱地植棉、棉花东移是可行的，棉田增粮是可以实现的。

黄骅、威县和巨鹿县的试验证明，在黑龙港区域恢复河北省杂粮产业是可行的。以谷子为例，可使亩产稳定通过 300 kg，并实现生产全程机械化，经济效益与亩产 600 kg 玉米相当，加之谷子秸秆的饲料价值和节水生态效益，可以进行大面积的推广。

黄骅、武强、威县的试验以及低酚棉的研发证明“大粮食”概念以及农牧结合的可行性，农牧的有效结合是农民增收的重要手段；曲周县的棉麦双丰证明在棉田中可以实现增收 400 kg 的小麦，播种和收获的机械化，使得棉田效益和增粮效益可同时实现。

馆陶县、威县以及南宫示范县的工作经验证明，渤海粮仓工程必须要走农业生产的全程机械化路径，没有机械化就没有标准化，农业生产就没有出路。

④“百千万”的工作方法是成功的，可实现主体技术的放大；“县域负责人+科技特派团+新型经营主体”工作机制是成功的，新型经营主体作为项目实施主体，适应现代农业减水、减肥、减药的发展要求。

⑤ 5 个服务体系的建立以及“产学研”联盟是成功的，中化公司、领先科技、中友机电等大型肥料、农机公司的进入，开展了全方位、无缝隙服务，完善了配套服务体系，实现了优势互补，为河北渤海粮仓总体目标的实现提供了有力的支撑。

⑥ 河北省渤海粮仓项目作为单项科技项目写入政府工作报告，并以政府名义召开现场观摩推进会，这在河北的历史上是少有的；渤海粮仓倡导者李振声院士高度评价河北省渤海粮仓项目工作，认为河北省渤海粮仓科技示范工程走在了全国的前列；在科技部的渤海粮仓中期检查会议上，科技部的领导对河北项目给予了表扬，并决定 2015 年在河北召开全国性的渤海粮仓科技示范现场观摩交流会。

⑦ 省科技厅把渤海粮仓项目工作摆在了相当重要的位置，农村处也拿出主要精力主抓渤海粮仓项目，做了大量的工作，确保项目工作顺利推进。

⑧ 项目管理办公室的工作很有成效，2014 年共印发简报 17 期，以项目办名义召开十几场现场观摩会，并作为第三方对技术模式进行了科学评价。

（2）项目工作中存在一些问题

① 试验示范推广的摆布上存在问题，还存在边试验、边示范、边推广的现象，这是违背科学规律的；试验示范推广要分“三步走”，试验允许失败、示范必须要成功，推广必须见效益。

② 多部门的联动以及宣传力度还不够；科技人员的思维还没有跟上社会的发展和农业生产方式变革的大形势，“只见树木、不见森林”的问题存在。

③ 2014 年的工作显得匆忙，初期研究不太透彻，经费到位晚，造成项目某些工作，如体系建设有些被动。

4. 王慧军首席部署 2015 年工作

（1）新常态新形势下对项目提出了新的要求

2015 年，中央和河北省“一号文件”都强调了深化体制机制改革，促进农业现代化发展的新要求。科技部对计划项目进行整体思路调整，将 973、863、国家支撑等计划调整为重大研发需求项目，强调解决国家经济社会发展的重点问题。农业部将整体工作思路调整为“稳粮增收、提质增效、创新驱动”。京津冀一体化对河北农业提出新定位要求。这些都对河北省渤海粮仓科技示范工程提出了新的要求，我们应及时调整思路。按照“树立新理念、构建新布局、打造新模式、发展新业态、培育新主体、强化新支撑”的 6 个新要求和按照“稳粮增收，提质增效，创新驱动”的总体目标，“保口粮绝对安全，保谷物基本自给”；同时要做到“一节二省三转化”，“一节”即节水，

“二省”即省肥、省药，“三转化”即作物秸秆、畜禽废弃物和残膜回收的转化利用。

（2）按照《行动方案（2014—2017 年）》要求谋划好 2015 年工作

《方案》以“增产增效并重、良种良法配套、农机农艺结合、生产生态协调”为基本思路，以“生态优先、节水改土、稳夏增秋、棉改增粮、粮饲结合、集约经营”为技术路线，以“突出协同创新、突出‘大粮食’理念、突出节水优先、突出培育新型主体、突出转化应用”为基本原则，实现增粮、节水、增效目标。遵循“粮田增粮、棉田增粮、替代增粮”“生物节水、农艺节水、工程节水、管理节水”技术路径。

科技支撑方面要求组建创新团队，构建服务体系，选建示范基地，创新管理模式。进度安排要求“2014 年打基础、2015 年扩范围、2016 年全铺开、2017 年搞总结”。

《方案》按照“研发、推广、转化”3 个层次，统筹安排部署工作。依托区域大专院校、科研单位协同创新，研发 10 项关键技术；依托地方推广部门、新型经营主体分类型推广八大技术模式；以企业为主体，产学研结合成规模转化一批物化、实用、简化技术。

（3）对 2015 年工作提出了具体要求

① 2014 年项目验收工作推迟到 2015 年麦收季节进行，各重点示范县和服务体系按照任务书要求做好各项工作。

② 2015 年工作总体要求。增粮节水增效并重，并实现规模化、标准化生产。转化工作要作为工作的重点，必须满足科学、技术、经济和机制的可行性要求；推广工作要分试验、示范、推广“三步走”，以示范为引领、为重点，推广培训要跟上，要创造氛围，放大示范效果；试验要求出数据、出专利、出标准、出品种、出机具、出肥料、出农药、出文章；示范主要解决不同区域不同模式标准化和展示性的问题，绝不允许失败；重点示范县要求必须建立百亩试验田、千亩示范方和万亩辐射区；一般县必须建立千亩示范方，要有重点推广技术内容、技术负责人、明确实施地点，设立标准化标牌；八大技术模式推广以需求为引领，要有物化的成果，要研发集成轻简化、傻瓜化、规模化的技术模式。

③ 关于现场观摩会的要求。在河北召开的全国性现场观摩会鼓励地方积极性高、示范效果好的示范县采取竞争的方式提出申请；另外，按照八大主推技术模式分区域召开大型观摩会，更好地展示技术示范推广效果。

④ 开展项目联查工作。对 2015 年研发项目、示范推广项目和成果转化项目都要对照目标任务进行几部门联合检查，确保工作目标的实现。

⑤ 重视档案管理。各任务要做好声像、文本等档案管理工作，项目实施结束后，要有一套完整的拿得出手图文并茂的文本、视频等档案资料。

⑥ 加强宣传工作。建立项目信息平台，加强各参与单位之间的沟通交流；要利用各种新闻媒体宣传项目理念、思想和做法、技术，扩大影响。

⑦ 高度重视经费管理，确保经费使用安全，经得住审计。

5. 河北省科技厅陈卫滨副厅长总结讲话

河北省科技厅陈卫滨副厅长充分肯定了 2014 年渤海粮仓科技示范工程取得的实效，

并就如何做好 2015 年工作提出以下几点意见。

（1）要充分认识渤海粮仓科技示范工程的重要性

渤海粮仓科技示范工程由科技部牵头，会同中国科学院在河北、山东、辽宁、天津“三省一市”启动实施，工程实施以来，中共河北省委、省政府高度重视，将其写入 2014 年、2015 年政府工作报告和 2015 年中共河北省委、省政府 1 号文件，作为全省的战略性增粮工程来抓，并成立了领导小组。张庆伟省长、赵勇副书记、沈小平副省长、许宁副省长等省领导在不同场合，就工程实施进行了多次指示。从 2014 年开始，一直到 2017 年，拿出专项资金予以支持，并编制了《方案》，另外，有关设区市、县领导和科技管理部门也都高度重视此项工作，对工程实施给予了大力的支持。工程实施已经得到了各级党委政府的高度重视和充分肯定，在政策支持和经费保障上面临着前所未有的发展机遇。大家对工程实施重要性的认识，要再深化、再加强，切实增强做好工作的主动性和紧迫性，确保工程顺利实施。

（2）要深入推进渤海粮仓科技示范工程的开展

各单位要按照《方案》确定的目标、任务，全力抓好任务落实。

① 关键技术创新要突出特色。紧紧抓住水资源匮乏、夏粮生产水平不高等关键问题，按照“生产生态协调、节水高产并重”的原则，针对环渤海地区、黑龙港流域等地的生产生态特点，优化配置、系统集成单项技术，充分挖掘生产潜力。同时，要兼顾产量水平、成本投入、资源合理利用等多重目标，注重技术的经济化、量化和物化，拿出的成果要好而不贵，推广时要注意把成果简单化，变成傻瓜技术，要让农民朋友学得会、用得上、推得开。

② 示范区建设要加强新型主体培育。近年来，中央一直要求，要构建集约化、专业化、组织化、社会化相结合的新型农业生产经营体系，农业补贴、信贷等优惠政策要向专业大户、家庭农场、农民合作社等新型生产经营主体倾斜，实现农业生产的适度规模化经营。在下一步示范区建设中，要进一步加强与种粮大户、农业专业合作社、家庭农场等新型农业经营主体的合作，依托这些新型经营主体建立示范区。在技术辐射推广中，要加大技术体系在这些新型农业经营主体中的应用推广力度，切实体现出科技的生产水平和效益。

③ 要充分发挥科技特派团和科技特派员在工程实施中的作用。2015 年，国务院将要印发《关于加快推进科技特派员工作的意见》，鼓励和支持科技人员深入农村开展科技服务。各市、县科技局要把特技特派员的下派工作和渤海粮仓科技示范工程深度结合。各设区市科技局，要组织与示范县主动与河北省农林科学院等科研院校对接，主动和项目区技术负责人联系，引进科技人员到示范区开展科技服务。省科技厅将在“三区”人才选派、农业科技成果转化资金、后补助奖励资金等方面给予支持。

（3）要进一步加强项目管理

① 严格落实目标任务责任制。工程实施建设实行分级管理和任务合同管理。各主持人既是执行主体，更是责任主体。要按照任务书中确定的任务，一级一级抓落实，确保工程各项任务落到实处。

各市、县科技局要紧抓示范推广工作，加强与政府主要部门领导沟通汇报，各市、县主管部门每年至少召开两次会议，年初总结部署工作，中期要进行工作检查。

② 加强资金管理。各项目承担单位要认真遵守财务管理制度，严格按照预算资金以及相关科目进行资金开支。河北省农林科学院作为我省项目区牵头单位，要加强在经费使用中的审核监督作用，对本单位经费和外拨经费使用情况实行有效监管。省科技厅、省财政厅等几部门正在研究制定《项目管理办法》和《资金管理办法》，进一步规范管理。

③ 抓好宣传报道。各市、县和项目承担单位要主动配合项目管理办公室，总结提炼经验模式和实施成效，多渠道、多方式对实施成效进行宣传。通过宣传，提高各级领导和群众对工程实施的认知程度，推动新成果、新技术快速与农民接触，转化成真正的生产力。

④ 认真总结工作经验。2015 年，全国性的渤海粮仓现场观摩会将在河北召开，要认真总结归纳河北省项目实施过程中好的经验做法，与其他省市进行很好的交流，更好地推进渤海粮仓科技项目工作。

陈副厅长最后强调，确保粮食安全是我国农业可持续发展的永恒主题，也是农业科技战线的一个永恒主题。项目各参与单位要组织精干力量，采取有效措施，力争将项目抓实、抓好。参加项目的广大科技人员，要充分发扬团结协作、顽强拼搏、埋头实干的精神，执着进取，严谨务实，全身心投入项目中来，力争圆满完成各项任务。

泊头示范基地召开春玉米播种现场观摩会

2015 年 4 月 29 日，由省渤海粮仓项目办组织的“春玉米起垄覆膜侧播技术播种现场会”在泊头示范区召开。河北省农林科学院渤海粮仓项目管理办公室郑彦平研究员、沧州市科技局、泊头市项目主管负责人、河北省渤海粮仓项目各研究团队主要成员、沧州各县市项目负责人以及农技人员、种植大户、农业合作社负责人等近百人参加了现场观摩。

沧州市渤海粮仓项目技术负责人、沧州市农科院阎旭东研究员介绍了由沧州农科院研发的《春玉米起垄覆膜侧播种植技术》要点及今年新研制成功的第二代玉米起垄覆膜播种机。该机器集旋耕—起垄—整形—覆膜—施肥—播种—镇压七位一体，双垄四行，而且对一穴双株播种盘创新改造，实现 100% 双株率，工作效率及质量显著提高。该播种机械的研制成功，标志着春玉米起垄覆膜侧播种植技术实现了农艺农机的完美结合，使这项春玉米种植新技术具备了在生产上大面积推广种植的可能。

随后，与会代表现场观摩了该大型播种机的播种演示，其高效的工作速度、高质量的覆膜效果、精准的播种质量赢得观摩人员的一致好评，也得到了各位专家的充分肯定。郑彦平研究员对沧州农科院的研发工作给予高度评价，并要求各相关示范区认真学习推广雨养旱作技术，实现渤海粮仓节水增产的目标；加强学科之间的相互融合和配合，提高技术的精确度和推广力度；各示范点有好的技术及时示范推广以实现大面积的技术辐射。

河北省农业技术推广总站召开2015年度玉米高产高效技术培训会

为落实河北省渤海粮仓科技示范工程主体技术示范推广2015年度相关任务，进一步推进科技示范工作的落实，河北省农业技术推广总站于5月22日在沧州泊头市召开了渤海粮仓科技示范工程主体技术示范推广2015年度玉米高产高效技术培训会。沧州、衡水、邢台、邯郸四市农业技术推广站站长，承担渤海粮仓科技示范工程主体技术示范推广的43个县（市）农业局主管局长和农技站站长参加了此次培训。

河北省农业技术推广总站崔彦生站长参加此次培训，他指出河北省渤海粮仓科技示范工程是河北省按照中央关于提升环渤海地区中低产田粮食产量的工作部署而启动的大工程，项目突出节水与增产，省技术推广总站主要负责主体技术的示范与推广工作。2014年度，20个示范县（市）承担了项目主体技术示范与推广任务，2015年示范县扩大到43个县（市），为此各县要根据各自任务特点切实做好3个方面工作：一是高度重视。各地农业技术部门要对此项工作高度重视。县（市）要成立由主管副局长为首的领导小组，县（市）农技站切实承担起项目的技术推广和人员培训等任务。向主管领导做好汇报。二是加强项目间的联系。渤海粮仓建设科技示范工程所涉县（市）不少还承担着地下水超采治理、粮食丰产工程等其他项目工程，因此，各县（市）要统筹规划项目任务，将工作同类合并，做到事半功倍。三是做好田间测产。小麦生产现在进入关键时期，马上面临收获，各县（市）农技部门要根据任务要求，切实做好项目区的田间测产工作，确保数据准确合规。

河北省河北农业大学崔彦宏教授培训的题目为《夏玉米高产途径与关键技术》。他从气象学对2015夏季天气判断切入，讲解了河北省粮食作物种植制度的变化，从国内国外、省内省外多角度讲述了玉米增产的潜力。要使玉米增产主要技术途径是提高种植密度、增加亩收获穗粒数，为此崔教授从选用高产品种、合理增加密植、调高群体整齐度、提高籽粒成熟度、增加肥水投入、倒伏预防、机械化收割等方面分别进行了讲解。

河北省植保站王睿文研究员培训的题目是《夏玉米主要病虫害及防治技术》。他将玉米作物的病虫害分为播种前和播种后两个时期，其中播种前主要防治的是以苗枯为代表的病害和地下害虫。其中药剂拌种是主要的防治办法。对于播后苗期的玉米，王研究员重点讲解了近年来危害较大的二点委夜蛾，从它的危害入手，多图展现了各时期的形态，具体讲解了它的特性，最佳防治办法为撒毒饵和毒土。

本次培训班得到了各项目县（市）的积极响应。部分县（市）派出了多名技术人员参会，基层技术人员对技术培训的热情和渴望使得本次培训成效显著，具体表现在：第一，培训技术新、时效性强。本次培训，省农技总站根据农时确定了玉米培训主题，并特地邀请我省玉米领域的两位专家进行现场授课，对接下来的玉米生产大有帮助。第二，加强项目理解，确定工作信心。省农业技术推广总站曹刚研究员就项目实施的具体问题进行了现场的讲解并现场回答了各地提出的问题，使各县（市）对项目的理解更进一步。各地普遍反映，本次培训解答了他们心中的疑惑，打消了顾虑，树立了工作的信心。第三，各县（市）现场交流，互通有无。培训中的交流环节使各地实现了工作经验的互通有无，尤其是2014年已经开展工作的20个示范县（市），其工作的一些具体方法对2015年新加入的23个示范县（市）工作开展大有裨益。

年度工作推进及现场观摩会召开

为加快推进“渤海粮仓科技示范工程”实施，及时总结经验，查找问题，确保项目如期完成预定目标，2015年6月1—2日，渤海粮仓科技示范工程在沧州南皮、衡水景县召开工作推进会及现场观摩会。会议由科技部农村科技司、中国科学院科技促进发展局主办，中国科学院遗传与发育生物学研究所、河北省农林科学院承办。

参加会议的有科技部农村科技司马连芳司长、蒋丹平副司长，科技部农村科技司农业科技处许增泰处长，科技部农村中心赵红光副主任，农村中心攻关处卢兵友处长，中国科学院科技促进发展局段子渊副局长，农业科技办公室翟金良主任，遗传发育所胡春胜副所长，农业资源研究中心刘小京副主任。参加会议的还有河北省科技厅王志欣厅长、陈卫滨副厅长、农村科技处徐成处长，沧州市市长王大虎、常务副市长陈平、副市长贾发林，河北省渤海粮仓项目首席专家河北省农林科学院王慧军院长和渤海粮仓山东、辽宁、天津项目区主要负责人，国家“渤海粮仓科技示范工程”8个课题负责人及技术骨干，河北省渤海粮仓项目主要课题负责人，沧州、衡水、邯郸、邢台农科院负责人，沧州部分示范县负责人，新型经营主体代表等100余人。会议还邀请了中国科学院刘昌明院士、中国农业科学院曾希柏研究员、中国农业大学李保国教授做专题报告。工作推进会在南皮县举行，推进会由中国科学院科技促进发展局段子渊副局长主持。

河北电视台、河北日报以及沧州市主要媒体对会议进行跟踪报道。会议情况如下。

1. 考察及现场观摩

与会领导和代表参观考察了中国科学院遗传所南皮试验站、南皮五拨示范区，景县示范区、深州前营小麦繁种基地、河北省农林科学院旱作所节水农业示范站。

五拨示范区主要示范微咸水补灌技术，选用小偃81、小偃60为骨干品种的高产、耐盐、抗逆新品种并配套“双早双晚技术模式”，控氮增磷补钾、微肥有机无机结合的高效清洁施肥技术、农情实时诊断的精准农业技术和专业化控统治等，冬小麦夏玉米年粮食生产能力突破1 100 kg/亩。

景县示范区主要向与会代表展示了咸淡混浇与精准智能控制系统、微灌水肥一体化、测墒灌溉技术和吡虫啉拌种全生育期控制麦蚜技术成果等；与会代表还参观了深州前营小麦品种繁种基地，景县“以草代粮农牧结合”节水高效种植模式示范基地，华北地区马铃薯种植新技术示范基地，河北省农林科学院旱作农业研究所节水农业试验站。

现场观摩取得了良好的示范观摩效果，与会代表高度评价河北省渤海粮仓科技示范工程，认为领导重视、方案科学系统，工作扎实，成效显著，取得了良好的经济效益、生态效益和社会效益。

2. 沧州市陈平副市长致欢迎辞并介绍沧州市项目进展情况

陈平副市长致欢迎辞并介绍了沧州市项目情况。沧州市作为渤海粮仓科技示范工程的发源地和核心区，自项目实施以来，在科技部、中国科学院、河北省科技厅、河北省农林科学院大力支持和具体指导下，成立了项目工作推进领导小组，制订了整体实施方案和年度细化工作方案，按照时间节点逐步推进计划，将任务目标落实到田间地块，责任分工分解到单位人头，加强宣传，及时指导，形成合力，扎实推进，取得了阶段性的明显成效。2014 年示范区覆盖 10 个县（市），示范推广面积达到 60 万亩，实现增粮 6 000万 kg；2015 年推广县（市）扩大到 14 个、示范推广面积扩大到 100 万亩，力争实现增粮 1 亿 kg 的目标。

2015 年 3 月渤海粮仓核心区示范区被科技部认定为国家农业科技园区。渤海粮仓科技示范工程不单是增粮工程，还是推进市农业科技进步和现代农业发展的示范工程，是破解沧州市淡水资源匮乏、土地瘠薄盐碱两大制约农业发展因素的金钥匙，沧州市将以此次会议为契机，认真听取各位专家的宝贵意见，科学完善工作推进计划，进一步明确目标，细化举措，坚定决心，全力推进工程深入持续实施，为保障国家粮食安全做出新的更大贡献。

3. 省科技厅王志欣厅长介绍了河北省项目情况及做法

省科技厅王志欣厅长介绍了河北省项目情况。河北省渤海粮仓涉及黑龙港地区沧州、衡水、邯郸、邢台 4 个设区市 43 个县（市），中共河北省委省政府将渤海粮仓科技示范工程写入河北省“一号文件”和政府工作报告，并于 2014 年 9 月以省政府名义在沧州黄骅召开项目现场观摩推进会，有力地推进了项目实施。

具体做法上，顶层设计做到规划行动统领、资金安排统筹、技术标准统一。河北省科技厅、财政厅、农业厅、水利厅、河北省农林科学院联合下发《河北省渤海粮仓科技示范工程行动方案（2014—2017 年）》，每年有目标节点和实施重点；资金安排统筹，省财政每年安排专项资金，有关市县设立配套资金并整合涉农资金进行匹配支持项目发展；技术标准统一，根据不同技术需求组装集成了 8 个主推技术模式。

工作重点方面打了 3 个硬仗。项目重点难点在于技术攻关、技术推广和成果转化 3 个链条的打通。技术攻关硬仗，省部协同，北京天津协同、部门之间协同，整合高校、科研单位等的技术力量协同攻关、跨界攻关；推广应用硬仗，在 43 个县搞百亩核心区、千亩示范方，在重点示范县搞万亩辐射区，梯次放大梯次推进，大面积推广示范技术模式；成果转化硬仗，以企业为主体在项目区大面积转化一批技术成果。

河北省项目下一步工作要在 5 个方面精准发力，即突破重大关键技术、成果转化应用、提升农业科技园区水平、科技人员创新创业、培养一批农业科技小巨人企业；加强项目三省一市交流，互相借鉴经验，把渤海粮仓科技示范工程打造成样板工程、品牌工程、精品工程。

4. 段子渊副局长对项目后续工作提出了具体要求

段子渊副局长认为，通过现场观摩，重点示范县工作已经全部展开，其他示范县相继开展推广示范工作，一批技术和物化产品已经使用，小麦增产效果有目共睹。后续工作要注重以下几个方面。

① 始终坚持以改造盐碱荒地和中低产田为主要目标的项目方向，实施过程中要丰富工作内容，但不能偏离项目目标，坚持到 2017 年增产 30 亿 kg、2020 年增产 50 亿 kg 的目标不能动摇。

② 深入研究咸水有效利用方式，把 60 亿 m^3 的咸水利用起来，把坑塘水利用起来，实现节水压采的目标，做到增产不增加淡水开采，节约淡水资源。

③ 以土壤改良和节本增产为突破口，结合现代农业园区的建设，促进农业生产方式的转变。坚持成果落地，不摆花架子，重点示范县建立万亩辐射区，从万亩辐射区走向县域整体推进，从“百千万”工程走向增产节水目标的实现。

④ 充分发挥协同创新机制效果，把国家、省、地方研究单位、农技推广单位、政府力量、企业力量都结合起来，实现项目目标。注重培养年轻人和年轻科技骨干力量，做到政府满意、企业满意、农民满意。

5. 马连芳司长肯定河北项目工作并对下一步工作提出了具体要求

马连芳司长充分肯定并高度评价河北省渤海粮仓科技示范工程的各项工作，认为渤海粮仓工作开了一个好头，但下一步工作任务艰巨，中低产田我国占了 2/3，要认真做好盐碱地和中低产田的提质增效；针对我国农业基础薄弱的特点，结合农业工作的长期性、基础性、公益性和区域性，在认真总结的基础上提供一些技术、提供一些模式，将成果写在大地上。马连芳司长对项目下一步工作推进提出以下几点要求。

① 认真梳理渤海粮仓科技示范工程的目标任务，既要找出短板，又要总结成果，为“十三五”进一步做好下一步工作打下坚实的基础。

② 在现有工作基础上，把科研和推广结合起来，进一步加强技术指导和配套，认真地进行成果的推广示范应用。

③ 项目参与单位要协同创新，发挥各自优势和特点，新形势下赋予协同创新新内涵、新内容、新做法、新模式，给农业插上科技的翅膀。

6. 项目进展汇报和特邀报告

中国科学院遗传所农业资源中心刘小京研究员、河北省项目首席专家河北省农林科学院王慧军院长、中国科学院地理资源所刘长生研究员、沈阳农业大学张文忠教授、天津农业技术推广总站王凤行站长分别对渤海粮仓总体情况、河北、山东、辽宁、天津项目区进展情况做了汇报。

中国科学院刘昌明院士、中国农业大学李保国教授、中国农科院曾希柏研究员分别就环渤海与黄淮海平原粮食生产与水问题、中国农业用水红线的划定和低产田改良的若干问题做了特邀报告。

7. 蒋丹平副司长总结发言

蒋丹平副司长要求项目区科技管理部门及专家学习领会贯彻本次会议精神和要求，

一如既往抓紧推动和实施项目工作，并对项目下一步工作推进提出以下几点具体要求。

① 坚定信心，加强协同，强化措施，扎实推进，共同为完成渤海粮仓到2020年增产50亿kg努力，为保障国家粮食安全做出积极的贡献；对目标的完成有信心，按照任务书的具体目标找出差距，积极探索，结合实践，扩面积、增单产、水保障、创高值。

② 树立创新理念，以盐碱地改造为切入点，推动稳产增产，提质增效，为发展现代农业作出贡献。

③ 继续创新组织管理机制，强化统筹，精准发力，打好攻坚战；产学研用结合，实践创新，加强各省市项目间交流。

④ 进一步深化技术的攻关，模式的集成、总结和应用；推广“百千万”工程，加强县域整体推进和区域联动，协同攻关共性技术；并在调结构、转方式、惠民生等方面进一步加强宣传工作。

⑤ 全面调整创新方式方法和推动价值链的提升，注重各个环节的科技创新，加强商业模式的探索和项目区一产业、二产业、三产业的融合；做好项目管理和经费管理，并谋划与“十三五”的工作衔接。

⑥ 探索国际科技合作途径，为农业走出去、农业科技“走出去”提供强有力的科技支撑，在品种资源、种植技术、植物保护、技术装备等方面提升水平，站在全球高度和视野来推动和谋划工作。

《雨养旱作关键技术研究与示范》课题进展顺利

《河北东部低平原区雨养旱作关键技术研究与示范》研发课题针对河北低平原雨养旱作区生态特点及农业发展现状，从耕作制度升级的角度出发，开展适应当地气候和农业生产特点的雨养旱作区蓄墒保播增收“两年三作”耕作制度及关键技术研究。通过节水抗旱农艺技术及坑塘利用技术的研发，提高自然降雨的水分利用率，实现当地的稳定生产，大幅度提高作物产量及经济效益，对低平原雨养旱作区农业发展产生显著促进作用，为河北省旱区农业增产增效提供技术保障，有效提高区域水分利用水平和效率，减少地下水超采，改善生态环境，促进环渤海低平原区农业的可持续发展。课题由沧州市农林科学院和中国科学院遗传所农业资源研究中心共同承担。课题取得的进展如下。

1. 关键技术研发进展

（1）进一步完善雨养旱作区春玉米起垄覆膜侧播种植技术

试验地点在沧州市农林科学院前营试验站。2015年重点开展了对该种植模式下的增产机理的试验研究，以明确该技术下不同生育时期土壤墒情及地温变化对春玉米产量的影响、群体光合效率、叶面积指数的变化、根系发育及抗倒能力。目前，已经完成苗期及大喇叭口期、抽穗期的各项田间调查及采样工作。

（2）开展了春玉米缓释肥肥效试验研究

为建立雨养旱作区春玉米起垄覆膜侧播种植技术下肥料供应模型，2015年开展了缓释肥肥效研究试验。试验地点在沧县北阁村建丰农机合作社渤海粮仓示范基地。目前已完成苗期试验田间调查。

(3) 完成旱作冬小麦春季追施水溶肥试验研究

在前两年研究的基础上，2015 年进一步开展了旱作冬小麦追施水溶肥肥效试验，试验地点在沧县北阁村建丰农机合作社渤海粮仓示范基地。已完成各项田间调查和收获，正在考种和数据分析处理。

(4) 完成旱作冬小麦覆膜种植技术试验研究

2015 年对旱作冬小麦覆膜种植技术进行了进一步试验研究，试验地点在沧州市农林科学院前营试验站。从连续两年的长势看，覆膜小麦与不覆膜处理比较，具有明显抗旱增产优势。目前正开展考种和数据分析处理。

(5) 坑塘利用技术研究取得进展

开展了河北东部地区坑塘利用现状的实地调查，初步明确了该地区目前坑塘分布特征及利用现状；完成了村落坑塘、村边坑塘、砖厂土坑、农田区域小型坑塘等治理模式的初步设计；完成了沧州地区坑塘分布及蓄水潜力的遥感调查。

(6) 配套农机具研发取得重要进展

① 成功研发出春玉米起垄覆膜侧播双垄四行大型播种机。一次作业可实现旋耕—起垄—整形—覆膜—施肥—播种—镇压一体化，起垄覆膜效果优良，每天可完成播种 100 亩。同时，通过对一穴双株播种盘的创新改造，双株率达 95%以上。该播种机械的研制成功，标志着春玉米起垄覆膜侧播种植技术实现了农艺农机的紧密结合，使这项春玉米种植新技术具备了在生产上大面积推广种植的可能。

② 成功研发出冬小麦水溶肥追施机。可实现切沟—施肥—覆土一次完成，每亩用时 6 min，肥料损失小，利用率显著提高。

2. 示范推广及技术培训

(1) 春玉米起垄覆膜侧播播种机的研发成功极大地促进了春玉米的大面积种植。利用该机械今年先后在黄骅、泊头、沧县示范区完成播种 3 000余亩。目前生长优势明显，抗旱性显著增强。

2015 年 4 月 30 日由省渤海粮仓项目办组织的“春玉米起垄覆膜侧播技术播种现场会”在泊头示范区召开。河北省渤海粮仓项目各研究团队主要成员、河北中友机电、沧州各县市项目负责人、农技人员、种植大户、农业合作社负责人等 100 余人参加现场观摩。

(2) 利用研制的冬小麦水溶肥施肥机完成旱作冬小麦春季追施水溶肥 600 多亩。4 月 22 日，在泊头市大卢屯示范区召开沧州市小麦春季追施水溶肥观摩会，沧州市科技局及全市项目主管及泊头农业技术人员、种植大户等 110 余人参加了观摩。

(3) 5 月 15 日，在黄骅官庄乡小胡庄村绿鑫洲农业专业合作社进行春玉米起垄覆膜和宽窄行种植播种现场观摩。沧州电视台现场录制并做了采访报道，在沧州电视台播出。

(4) 2015 年 5 月 14—15 日，在泊头示范区引进无人机技术，对 1. 5 万亩小麦“统防统治”，取得圆满成效。新华网对此给予报道。

(5) 5 月 27—28 日，参加河北省农技人员培训的技术人员 83 人到沧州市农科院试验示范基地现场观摩春玉米起垄覆膜种植和小麦追施水溶肥技术，并现场演示了小麦水溶肥追施机。6 月 2 日，在黄骅市组织召开了渤海粮仓项目现场观摩暨技术培训会，160 余人参加培训。

（6）组织室内培训多次。5 月 28 日下午，在沧州职院对参加河北省农技人员培训班的 83 名学员做渤海粮仓旱作种植技术专题培训；6 月 2 日，黄骅市组织观摩示范区现场后，对全市县乡农技人员、项目管理人员、种植大户等 160 余人进行室内培训。沧州农科院徐玉鹏研究员以春玉米起垄覆膜侧播种植技术和夏玉米一穴双株宽窄行增密增产技术为重点对参会人员进行了技术讲座。6 月 11 日，在沧县小王庄乡孙佛庄召开技术培训会，乡技术人员及全村种植户 130 余人参加培训。

3. 示范区小麦产量得到全面提高，实现预期指标

5 月 28 日，河北省渤海粮仓项目办公室组织相关专家对沧州农科院小麦追施水溶肥技术地块及由其提供技术指导的黄骅示范区和泊头示范区的小麦产量进行了现场检测。其中追施水溶肥地块小麦产量平均亩产 350. 8 kg，比对照田小麦增产 16. 2%，增产效果显著。泊头示范区《非充分灌溉区小麦节水增产高效种植技术》万亩示范方平均亩产 441. 22 kg，比对照增产 13. 7%。黄骅市《雨养旱作农业增产技术集成与示范》万亩辐射区平均小麦亩产 339. 9 kg，比对照增产 30. 8%。全部实现预期目标。

4. 知识产权产出

审定河北省地方标准 2 项，分别为：《春玉米起垄覆膜侧播种植技术规程》，（标准号：DB 13/T 2183—2015）；《玉米宽窄行一穴双株增密高产种植技术规程》，（标准号：DB 13/T 2181—2015）。

已获国家实用新型专利审批 2 项，分别为：《起垄覆膜播种一体机》，（专利号：ZL. 2014202720765）；《起垄施肥旋耕覆膜除草一体机》，（专利号：ZL. 2014202720731）。新申报国家专利 3 项。

发表中文核心期刊论文 1 篇。

完成沧州地区坑塘分布图 1 套。

《节水养地型草粮双丰高效种植模式及配套技术研究示范》课题进展顺利

《节水养地型草粮双丰高效种植模式及配套技术研究示范》技术研发课题以“草地农业系统”理论为指导，将牧草引入农业系统，使农田与草地结合，实现草粮耦合，大幅提高整个农业系统粮食生产能力。课题由河北省农林科学院农业资源环境研究所和旱作农业研究所共同承担。2015 年课题取得的主要进展如下。

1. 试验研究进展情况

（1）粮草轮作试验研究

① 明确了苜蓿—冬小麦轮作苜蓿最佳翻耕期。

随着苜蓿翻耕时间的延迟，冬小麦播前土壤含水量显著降低，冬小麦出苗率和小麦籽粒产量显著下降。为保障冬小麦出苗和获得高产，苜蓿翻耕时间以 8 月 10 日前为宜，最迟不晚于 8 月 20 日。

② 探明了氮肥减量对冬小麦产量的影响。

苜蓿—冬小麦轮作模式常规施肥、减氮 20%、减氮 50%各处理的冬小麦单产均高于对照（夏玉米—冬小麦常规种植模式、常规施肥处理），平均增产 21.18%、17.04%、9.16%，表明苜蓿—冬小麦轮作模式下在保证冬小麦高产的条件下，可减少小麦氮肥用量 20%～50%。

③ 明确了苜蓿—冬小麦轮作冬小麦相关生产函数的变化特征。

苜蓿—冬小麦轮作模式常规施肥、减氮 20%、减氮 50%处理的冬小麦氮肥利用率分别较对照（夏玉米—冬小麦常规种植模式、常规施肥处理）提高 24.05%、90.40%、300.78%。常规施肥条件下，苜蓿—冬小麦—夏玉米轮作模式冬小麦收获指数、水分利用效率，均高于常规的冬小麦—夏玉米轮作模式，其中水分利用效率达到显著性差异（$P<0.05$）。

④ 明确了氮肥减施对冬小麦土壤硝态氮含量的影响。

在等量氮肥下，苜蓿—冬小麦—夏玉米轮作 0～20 cm 土壤硝态氮含量高于夏玉米—冬小麦轮作，而在 100 cm 土层以下，夏玉米—冬小麦轮作模式冬小麦收获期土壤硝态氮含量则均高于苜蓿—冬小麦—夏玉米轮作模式。表明苜蓿—冬小麦—夏玉米轮作能够提高冬小麦根层矿化氮含量，减少硝态氮向深层土壤迁移，进而降低对地下水污染的风险。

（2）苜蓿旱作丰产优质关键技术试验研究

① 明确了旱地苜蓿氮肥适宜施用量。施氮肥可增加苜蓿产量、改善苜蓿品质、增加根瘤数；但高水平氮与低水平氮的产量效应差异不显著，而且高水平氮降低了根瘤数。确定低平原区苜蓿氮肥（尿素）适宜施用量在 45～90 kg/hm^2。

② 明确了旱地苜蓿第一茬丰产的适宜施肥期。苜蓿单产、苜蓿粗蛋白含量均以冬前施肥最高，且与返青期施肥处理间差异显著（$P<0.05$）。因此，在旱作条件下，低平原区苜蓿冬前施肥效果优于返青期。

③ 探明了不同枣粉添加量、刈割期对高水分苜蓿青贮效果的影响。高水分苜蓿调制青贮时，现蕾期枣粉最佳添加量为 10%，初花期和盛花期均为 4%左右。随着刈割期推迟，苜蓿青贮饲料干物质（DM）呈显著极显著增加（$P<0.01$），干物质中粗蛋白（CP）含量呈极显著降低；单位质量青贮饲料粗蛋白含量为初花期最高，其次为现蕾期。因此，为获得更高的干物质产量、较高的青贮质量和经济效益，高水分苜蓿青贮最佳调制时期为初花期，枣粉添加量为 4%。

（3）生态养地型春播作物套复种牧草高效种植模式试验研究

① 明确了春播作牧草套复种适宜的播种期、播种方式。随着播期延迟，黑麦、小黑麦产量均呈下降趋势。未获得理想的生物产量，低平原区黑麦播期在 10 月 1 日之前，小黑麦在 10 月 10 日之前。黑麦草和小黑麦生物产量均是以条播方式高于撒播方式。

② 明确了春播作牧草套复种农田土壤含水量的变化特征。播种前，春玉米牧草复种模式 0～40 cm 土层土壤含水量明显高于春玉米连作冬闲处理。因而春玉米套复种牧

草可为翌年春玉米播种及苗期生长提供较好的水分条件。

③ 明确了春播作牧草套复种农田土壤理化性状的变化特征。春玉米套复种牧草模式土壤有机质含量、田间持水量呈增加趋势，土壤容重则表现降低趋势，即春玉米套复种牧草模式土壤物理结构和有机质改善明显；而土壤全氮、全磷、全钾则均呈现下降趋势，这与地上部牧草移出量有关。

（4）盐碱地改良培肥试验研究

① 明确了春玉米二月兰套播适宜播期及播种量。二月兰的播期试验结果表明，播期对二月兰的产草量影响很大。由于二月兰种子具有高温休眠特征，同时考虑套播的轻简化和土壤墒情，春玉米套播二月兰的播期要早，一般以 7 月较好。

② 明确了二月兰种植翻压对土壤理化性状的影响。与冬闲田相比，植翻压二月兰处理土壤速效钾、碱解氮、速效磷、总有机碳、土壤含水量均呈明显增加趋势；土壤含盐量、土壤容重均呈显著下降趋势。因此，盐碱地春玉米套播翻压绿肥二月兰，可有效改善土壤物理性状，提高土壤肥力，降低土壤含盐量。

2. 取得的阶段性成果

发表论文 1 篇，接收论文 1 篇；主编译《覆盖作物高效利用》著作 1 部；完成两个河北省地方标准的初稿编写，计划 10 月审定；申报河北省地方标准两项；录制完成苜蓿低损耗收获与干草加工调制、苜蓿拉伸膜裹包青贮电视专题片两套。

《微咸水补灌与土壤保育技术研究与示范》课题进展顺利

《微咸水补灌与土壤保育技术研究与示范》研发课题针对“渤海粮仓”项目在河北省低平原实施区域的浅层微咸水安全高效利用开展技术研发，进一步提升渤海粮仓河北低平原区粮食生产的水资源保障能力。课题由中国科学院遗传所农业资源研究中心和河北省农林科学院旱作农业研究所共同承担。2015 年课题主要围绕冬小麦夏玉米安全高效微咸水补灌制度和技术、提高土壤对有害离子缓冲能力的土壤保育技术开展工作，取得的主要进展如下。

1. 主要研究进展及亮点

（1）确定了不同灌溉条件下冬小麦、夏玉米微咸水安全灌溉阈值

① 灌溉水资源充足，用微咸水替代淡水冬小麦安全灌溉的阈值是低于 2.85 g/L，夏玉米低于 2.25 g/L。

② 在灌溉水不足区域用微咸水进行应急抗旱和增加作物灌溉水用量，可显著提升冬小麦产量的微咸水矿化度不大于 5 g/L，夏玉米不大于 4 g/L。

③ 冬小麦微咸水安全高效补灌时期为拔节期，夏玉米为七叶期至大喇叭口期。

（2）通过长期秸秆还田，增加土壤对咸水离子的缓冲能力

南皮和衡水试验站增施土壤有机肥（牛粪或鸡粪）的试验结果显示，增施土壤有机肥后，可显著降低作物叶片 Na^+吸收，增加作物 K^+ : Na^+离子比值，减少咸水灌溉对作物影响。但增施有机肥对微咸水灌溉下冬小麦和夏玉米产量影响与土壤盐分含量和土壤水分条件有一定关系，鸡粪或者牛粪总盐分离子含量高于秸秆转化的有机肥，增施动物粪肥增加了土壤盐分含量，特别是耕层土壤盐分浓度。2014—2015 年的研究结果显示，当耕层土壤盐分含量大于 0.1%的条件下，增施的动物粪肥对冬小麦产量没有产生促进作用，与不增施有机肥的处理产量接近。

因此，在微咸水灌溉条件下，为了消减动物粪肥施用增加土壤耕层盐分带来的对作物不利影响，实施秸秆还田增加土壤有机质含量并改善土壤结构对微咸水灌溉下土壤对有害离子缓冲能力建设更有利。

（3）研发咸淡水计量精准配置技术和盐分速测仪，提升咸水灌溉的安全性

为了使高矿化度微咸水能够用于作物安全灌溉，需要进行咸淡混灌，咸淡混灌过程中需要根据作物不同生育期咸水安全灌溉阈值进行咸淡混合，据此研制了咸淡水精准智能混灌装置，可按动不同生育时期混合水矿化度按钮，实现符合相应生长时期的安全灌溉咸水最大混合比例，解决以往咸水混合比例偏低问题，降低深层地下水超采，节约灌溉成本，并进一步提高咸水利用率 15%～30%，为科学利用微咸水提供了手段。

同时，为了控制土壤盐分不超过作物耐受上限值，课题研制了便携式农用盐分速测仪，可以方便地进行土壤和灌溉水的盐分测定，该仪器可利用指示灯指示土壤或者灌溉水的盐分含量是否处于安全阈值内，便于农民和技术人员在田间使用，也提高了咸水灌溉的安全性。

（4）进行了相关技术培训及示范推广工作

① 课题推进会。2015 年 7 月 6 日课题承担单位中国科学院遗传与发育生物学研究所农业资源研究中心和河北省农林科学院旱作农业研究所的课题参加人员在石家庄召开了研讨会，针对目前课题进展进行了研讨，并对下一步课题技术研发和创新工作的开展进行了详细布置。

② 现场技术培训。3 月 26 日，中国科学院遗传与发育生物学研究所农业资源研究中心与南皮县农业局在“渤海粮仓”核心示范区南皮县乌马营镇前五拨村联合举办了“渤海粮仓”整体推进现场培训及观摩会。当地农业技术站长、技术员、种植大户和农民专业合作社负责人等 100 余人参加了现场培训会，就冬小麦微咸水安全利用及栽培配套管理进行了技术示范。

③ 举办技术培训班。共举办 6 期，其中咸水补灌吨粮技术培训 3 次，培训技术人员和农民骨干 300 余人次；印发技术明白纸 1 万份、技术资料2 000份。组织现场观摩会 1 次。

2. 技术指标完成情况

5 月 24 日，河北省渤海粮仓项目办公室组织相关专家对“微咸水补灌与土壤保育技术研究与示范”课题南皮示范区和景县示范区微咸水灌溉小麦进行了现场检测。南皮示范区位于乌马营镇东五拨村、西五拨村、穆三拨村，总面积10 000亩。主要示范微咸水补灌技术、浅井与深井的混灌技术、沟渠微咸水灌溉技术等。专家对示范区不同微咸水灌溉的小麦进行了田间测产。结果表明，小麦生育期灌溉 1 水的条件下，用 3～5 g/L的微咸水替换 1 水淡水，其产量与用淡水灌溉 1 次的产量差异不显著。小麦生育期灌溉 2 水条件下，拔节期用微咸水补充灌溉 1 次，其产量与用淡水灌溉 2 次的产量不显著。

景县青兰乡东堡定和杨章村示范区连片成方，地力均一，总面积2 200亩，品种为衡观35。主要示范的技术包括：浅层微咸水精准补灌、抗逆高产品种、节水灌溉制度、秸秆还田、土壤保育专用肥等。专家测定结果，示范区内的小麦平均实产为540.4 kg/亩。较吨粮田小麦450 kg/亩的常规产量增产90 kg/亩。

南皮示范区和景县示范小麦试验结果表明，3 g/L以下的微咸水直接灌溉技术已经在示范区广泛推广，通过微咸水补灌技术可以节约深层淡水资源60 m^3/亩。

3. 知识产权产出

编写了河北省地方标准1项《冬小麦/夏玉米双早双晚种植技术规程》，该技术规程已经编写完成，目前正在广泛征集意见阶段，随后进行会议评审及正式颁布。

正在编写和申报《玉米高产高效匀播技术方法》国家发明专利。

正与专利事务所修改发明专利书："一种咸淡水精准混灌智能控制系统"。

《小麦玉米微灌水肥一体化关键技术模式研发与应用》课题取得重要进展

《小麦玉米微灌水肥一体化关键技术模式研发与应用》课题针对小麦玉米传统地面漫灌灌水量大导致水分利用率低、地下水超采严重等问题，采用微灌水肥一体化技术，面向地下水严重超采的环渤海低平原地区，重点开展小麦玉米微灌水肥一体化不同技术模式研究，并有机集成其他适用技术，构建适宜环渤海低平原地区的小麦玉米微灌水肥一体化技术模式和种植制度，建立示范基地进行示范推广。目前项目的主要内容已于宁晋示范基地全面实施，取得了重要进展。

1. 优化提升了不同模式水肥一体化灌溉工程及配套设备

针对目前微喷带式水肥一体化工程应用中存在的收管铺管烦琐、用工仍偏多、使用寿命较短、成本较高等问题，对种粮大户、节水灌溉企业及农业合作社进行了调查走访，了解了适用于小麦玉米大田作物的不同形式的水肥一体化工程的特点、类型、参数、成本及用户反馈意见，并对其适应性进行初步评价。在此基础上，建设了30亩固定式旋转喷头式微喷灌节水系统，30亩移动式旋转喷头微灌工程，并对该系统存在的灌水不均、成本较高问题进行了改造提升。通过设备选型、喷头组合、参数优化，充分发挥出了该工程的省工、节本的优势、使固定旋转喷头式亩初次投资自1 000元/亩下降到400～500元/亩，成本下降50%。灌溉均匀度自50%提高到80%，提高60%，比微喷带式省工50%。目前工程运行良好，仍在进一步优化中。

2. 初步构建了小麦微灌水分及养分高效利用关键技术

于宁晋示范基地开展了微灌水肥一体化小麦玉米灌水技术研究。微灌小麦灌水试验目的以研究建立"限水稳产"模式及"节水高产"模式的优化水分管理技术。试验结果证实，小麦春季第1次水肥管理时间推迟到拔节中期，灌水量20 m^3/亩即可满足小麦穗数发育对水分的需求，保障了小麦充足的穗数。确定微灌小麦的节水技术关键为推迟春季第1水到小麦拔节中期（春5叶）。在全生育期灌水50 m^3/亩的限水稳产模式下，优化灌水模式（冬前20 m^3/亩、拔节后15 m^3/亩、开花后15 m^3/亩）比常规灌水模式（冬前20 m^3/亩、起身15 m^3/亩、开花15 m^3/亩）总灌水量相同，产量提高5.9%。在全生育期灌水75 m^3/亩的“节水高产”模式下，优化灌水模式（冬前20 m^3/亩、拔节后30 m^3/亩、开花后25 m^3/亩）比常规灌水模式（冬前20 m^3/亩、起身20 m^3/亩、开花20 m^3/亩、灌浆15 m^3/亩）产量提高4.8%，比畦灌2水农民习惯节水75 m^3/亩，节水50 %，增产7.4%。微灌小麦进一步增加灌水到100 m^3/亩，产量出现下降趋势，比75 m^3/亩的优化模式产量下降6.2%。

宁晋示范基地开展了微灌小麦玉米养分吸收规律及高效施肥技术研究。试验结果证实，在施氮量9～15 kg/亩范围内，随着施氮量的减少，小麦产量提高，说明长期氮肥长期过量施用，已影响了小麦高产，控氮是小麦增产增效的技术关键。微灌小麦施氮量自15 kg/亩减少到9 kg/亩，产量达到636.6 kg/亩，减氮40%，增产10.6%。这一施氮量比农民常规施肥节氮53%，增产57.6 kg/亩，增产率9.9%。说明微灌水肥一体化通过控制氮素下渗损失，提高了小麦对土壤氮素的吸收利用能力。

3. 示范区小麦节水省肥高产示范效果显著

2015年5月28日，渤海粮仓项目办组织专家进行了田间检测，宁晋示范区小麦示范田研究示范的微灌水肥一体化“节水高产”技术模式，亩总灌水量70 m^3，比对照亩节水65 m^3，亩节尿素10 kg以上，小麦亩产量677.2 kg；“限水稳产”技术模式亩总灌水量50 m^3，比对照亩节水85 m^3，亩产量632.0 kg。技术模式节水节肥、节本增效效果显著。

4. 示范区玉米长势喜人，试验顺利进行

项目组通过采用固定式旋转喷头微灌水肥一体化技术，及高质量播种等集成技术，示范区玉米出苗水灌水量自传统的60～70 m^3/亩，下降到20～30 m^3/亩，灌溉进度从7～10 d缩短到3～5 d，玉米出苗快，整齐度高，杜绝了大小苗现象，做到了一播全苗。目前玉米长势喜人，有关试验进展顺利。

冬小麦新品种河农130、衡4399成果转化项目实施成效显著

冬小麦新品种河农130、衡4399成果转化课题，紧紧围绕河北低平原区严重干旱缺水的突出问题，以品种节水理论为指导，通过示范基地建设，技术指导、技术培训和技术宣传等，带动节水小麦品种规模化生产，为小麦生产持续稳定发展提供技术支撑，提高小麦综合生产能力。该课题由河北兰德泽农种业有限公司和河北省农林科学院旱作农业研究所共同承担，取得的主要进展如下。

1. 示范基地建设取得显著成效

① 课题采取示范与繁种、公司与基地县相结合的方法，在衡水、沧州、邢台、邯郸等地共建立示范基地13个，面积78 580.8亩，基地建设责任到人，目标明确，管理

规范，规模化程度高，田间长势良好，示范作用明显。

② 示范基地实现了节水、增产、增效的目标。2015 年 5 月 23 日，河北省渤海粮仓科技示范工程管理办公室邀请有关专家组成检测组，对衡水武强县街关镇西刘庄村衡 4 399千亩示范方和沧州吴桥安陵镇的万亩辐射区进行田间检测，检测结果如下。

千亩示范方：中上等地力，水肥一体化灌溉，亩灌水量 70 m^3，亩产 663. 97 kg，比对照鲁原 502 增产 82. 31 kg/亩，增产 14. 2%。

万亩辐射区：中等地力，春季浇水 1 次，亩灌水量 55 m^3，亩产 562. 58 kg，比对照济麦 22 增产 85. 5 kg/亩，增产 17. 9%。

当地主管部门对其他示范基地组织专家进行检测，平均亩产 519. 95 kg，比当地生产其他品种增产 65. 75 kg，增产 12. 04%。

示范基地总增产 530. 4 万 kg，总节水量 386. 9 万 m^3，实现了预期目标。

2. 结合基地建设进行技术服务，大大提高了农民对节水品种的认识和科学种田水平

① 技术培训。与当地农业主管部门联合，围绕小麦春季管理分别在衡水武强县、沧州吴桥县、盐山县、东光县等地进行技术培训 5 次，培训人员 450 人。

② 田间技术指导。结合春季管理，于 2 月 27 日至 3 月 10 日，在沧州的南皮、吴桥，衡水的景县、枣强、饶阳、深州，邢台的宁晋等 3 个地区 7 个县（市）30 个点进行了苗情、墒情调研，针对各点出现的具体问题进行现场技术指导 100 多人次，据调研结果提出了春季管理技术建议。

③ 召开现场观摩会。5 月底 6 月初，在小麦生长关键时期，在石家庄组织各地有关人员召开衡 4399、河农 130 小麦品种推广研讨会，参会人员 250 余人。与基地县结合在衡水市的枣强县、故城县、景县、武强，沧州市的东光县、吴桥县、南皮县、泊头市，邯郸市的邱县、馆陶县、成安县、曲周县等地召开衡 4399 现场观摩会 18 次，会议均取得良好效果。

④ 发放技术资料。结合春季管理，3 月 17 日在河北农民报刊登“小麦春季管理技术建议”，发行总量为 32 万份；结合基地建设，直接向农民发放技术资料 6 万份。

课题组通过多种形式的技术服务，进一步提升了农民对节水品种的认识，扩大了影响，增强了推广节水品种的信心，带动了区域节水小麦规模化生产，为今后工作奠定了坚实基础。

《紫花苜蓿标准化生产技术示范应用》成果转化工作顺利开展

《紫花苜蓿标准化生产技术示范应用》成果转化项目针对河北省苜蓿主产区土壤贫瘠、盐碱化程度高、水资源匮乏、农民种植技术水平低及紫花苜蓿生产低质、低效的现状，通过河北省地方标准《紫花苜蓿生产技术规程》的转化应用，实现盐碱地苜蓿沟播保墒保苗播种技术、盐碱地苜蓿根瘤接种技术、盐碱旱地苜蓿专用肥及适水追肥技术、苜蓿丰产优质低损耗适时刈割与田间捡拾打捆全程机械化技术的示范推广；通过紫花苜蓿标准化生产技术核心示范区和示范辐射区的建立，促进河北省紫花苜蓿生产的标

准化，大幅度提高紫花苜蓿的产量和品质，有效增加紫花苜蓿生产的经济、社会和生态效益，以保证我省紫花苜蓿生产的可持续发展。

本项目由河北省农林科学院农业资源环境研究所承担，目前各项工作开展顺利，示范效果显著，有效提高了示范区和辐射区紫花苜蓿的产量和品质，实现了节本增效，促进了紫花苜蓿生产的标准化。紫花苜蓿标准化生产关键技术顺利开展了以下示范工作。

1. 盐碱地苜蓿沟播保墒保苗播种技术示范

河北省苜蓿主产区土壤盐碱含量高，苜蓿播种出苗率低，严重影响苜蓿地的建植过程和紫花苜蓿产量。课题应用已研发建立的盐碱地苜蓿沟播保墒保苗播种方法，配套沟播保墒保苗播种机械，集成建立盐碱地苜蓿沟播保墒保苗机械化播种技术规程并示范推广，在黄骅市建立核心示范田500亩左右。采用该技术提高紫花苜蓿出苗率30%左右，能显著加快人工苜蓿地建植过程。

2. 盐碱地苜蓿根瘤接种技术示范

根据筛选的12株菌株的盆栽试验结果，应用菌株S11-9和S2-1开发高效根瘤菌菌剂，在黄骅南大港国家牧草产业技术体系沧州综合试验站开展田间试验并集成建立盐碱地苜蓿根瘤菌接种技术进行示范推广。在黄骅市建立核心示范田500亩左右，示范田减少氮肥投入20%左右，每亩提高紫花苜蓿产量10%左右。

3. 盐碱旱地苜蓿专用肥及适水追肥技术示范

根据苜蓿主产区土壤养分化验结果，研发适宜当地土壤条件和苜蓿生长需要的苜蓿专用复合肥，改追施二铵为追施苜蓿专用肥、改撒播追肥为机械开沟条施、改返青期追肥为第一茬刈割后和冬前追肥，建立盐碱旱地苜蓿适水追肥技术并示范推广，在黄骅市建立核心示范田4 000亩。每亩紫花苜蓿增产100 kg左右，示范效果显著。

4. 苜蓿丰产优质低损耗适时刈割与田间捡拾打捆全程机械化技术示范

以苜蓿收割压扁机、苜蓿田间捡拾打捆机为机械手段，以适期刈割（见花—初花期）、合理留茬（3～5 cm，最后一茬8～10 cm）、科学打捆（早晚打捆、含水量19%～22%）等为农艺技术保障，集成示范苜蓿丰产优质低损耗适时刈割与田间捡拾打捆全程机械化技术，在黄骅市建立核心示范田5 000亩。该项技术示范应用显著降低了苜蓿收获的损耗，提高了收获速度、保证了收获质量，降低了人力成本投入。亩节本增收200元左右。

目前，各项紫花苜蓿标准化生产关键技术已在黄骅市建立紫花苜蓿标准化生产技术核心示范区10 000亩左右，示范辐射区50 000亩左右，示范效果良好。

“环渤海区闲散低产田杂交谷子高产节水栽培技术”召开现场观摩及培训会

2015年7月26日、8月16日，中国科学院遗传发育所农业资源研究中心承担的河北省渤海粮仓科技示范工程成果转化项目“环渤海区闲散低产田杂交谷子高产节水栽培技术”分别在石家庄栾城示范区和衡水故城示范区召开培训会及观摩会。项目主持单位主要参加人、协作单位故城县张杂谷专业合作社、天亮种植专业合作社和其他合作社种植代表、当地的张杂谷种植大户及普通农户代表等参加了会议，并邀请河北省农林科学院、河北省农业厅、张家口市农科院以及邢台市农科院相关行业专家到示范点观摩提出专业性意见和建议。培训期间项目组还向参会人员发放了节水栽培技术规程和杂交谷子高产手册等学习资料。

1. 栾城示范区培训会

栾城示范区培训会以播前水分管理和生长期间微集雨技术为重点，对张杂谷如何节水灌溉进行了技术培训和指导。结合当地农民的需求，农业资源研究中心科研人员细致地讲解了2014年张杂谷种植上出现的主要问题的解决办法和今年张杂谷种植中茬口安排、播量确定、出苗情况、自交苗的辨别及其生长过程中水分管理和病虫害防治等方面的栽培技术和注意事项，并现场解答了参会人员提出的各种问题。对于农民最关心的茬口如何安排效益最大化问题，科研人员也做了全面讲解，并提出了新的观点和建议。

2. 故城示范区观摩及培训会

会上，项目负责人董宝娣详细介绍了深播浅埋微集雨技术、调亏灌溉技术、缩畦减灌技术原理及应用效果，并对种植大户和相关合作社进行了杂交谷子生长后期水分管理以及收获注意事项等的培训。协作单位天亮种植专业合作社代表向专家介绍了闲散地林果间隙杂交谷子的种植技术，故城县张杂谷专业合作社代表介绍了张杂谷的示范推广面积和产量以及效益分析。现场观摩培训会议既展示了杂交谷子栽培中的新技术，又宣传了压采条件下种植结构和模式调整后的新理念，并听取了当地农户、农技人员和专家对项目工作的建议，更有力地促进了下一步工作的开展。

宁晋基地召开小麦玉米微灌节水节肥技术玉米观摩会

2015年9月24日，小麦玉米微灌节水节肥技术玉米观摩会在宁晋县北楼下基地召开。本次会议由河北省渤海粮仓科技示范工程、国家公益性行业（农业）科研专项“京津冀种植业高效用水可持续发展关键技术研究与示范”、河北省农林科学院基地建设项目联合主办。

参加会议的有项目首席专家河北省农林科学院王慧军院长，河北省农林科学院王海波副院长、纪委吴建国书记，省科技厅农村处徐成处长，河北渤海粮仓项目管理办公室负责人郑彦平研究员及相关部门主要负责人，省农业厅技术推广总站相关负责人，宁晋县相关领导，基地负责单位河北省农林科学院粮油作物研究所主要负责人，衡水、沧州、邯郸、邢台科技局相关负责人及重点示范县相关负责人，项目技术研发课题主持人及技术骨干，项目管理办公室成员等130余人。河北电视台《河北日报》《河北科技报》《科技日报》以及宁晋当地媒体参与现场报道。会议情况如下。

1. 现场观摩

宁晋基地负责单位河北省农林科学院粮油作物研究所所长梁双波介绍了基地的基本情况。宁晋基地核心区设在宁晋县凤凰新区北楼下村，包括200亩核心示范田和1 500亩千亩示范方，万亩辐射区设在凤凰新区和换马店镇，辐射全县10万亩。示范区围绕"节水省肥增粮"的核心目标，通过采用微灌水肥一体化技术、玉米增密分次追肥技术、小麦玉米"控氮稳磷增钾"技术等，同时注重发挥节水高产新品种及其他配套技术的集成效果，节水效果显著，产量连创新高，为河北省同类型地区创出了一条"节水省肥增粮"技术模式。

宁晋基地的示范成效带动了全县及周边地区节水灌溉技术的全面提升。宁晋技术模式为河北省集约农区保护地下水提供了新思路和技术支撑，对保护华北地下水资源、增强农业可持续发展具有深远的意义。

与会代表在河北省农林科学院粮油作物所贾秀领研究员的介绍带领下，现场参观了"微灌水肥高效利用技术""一播全苗农机农艺融合技术""高产群体抗逆稳产技术"以及"病虫草害高效防除技术"示范田，示范田玉米长势良好，籽粒饱满，亩产有望再创新高。与会代表高度评价宁晋基地的试验设计和示范效果，现场观摩效果显著。

2. 会议总结

宁晋基地自2010年建设以来，河北省农林科学院粮油作物所科技人员研究集成了一批实用技术，包括节水灌溉减蒸降耗技术、精细整地播种技术、小麦玉米上下茬均衡增产光热资源高效利用技术、抗逆减灾稳产技术、节水高产抗逆新品种应用、病虫草害高效绿色防控技术等，取得了明显的成效。尤其是河北省渤海粮仓科技示范工程项目启动以来，研究确定了"压采地下水、稳夏增秋、确保总产"的技术路线，研究应用了微灌节水节肥技术，通过灌水施肥方式的转变，技术效果跨上了一个新台阶，实现了节水增粮的目标。目前，北楼下核心示范区建设了1 500亩的微灌节水工程，其中130亩的百亩核心示范田建成了自动化微灌水肥一体化系统；于凤凰新区与换马店镇建成了6 500亩微灌节水示范区，辐射全县10万亩并带动全县80万亩粮食生产。

宁晋基地先后经历了2011年特大冬春干旱，2013年罕见倒春寒，2013年和2015年特大暴风雨，2014年和2015年的夏季罕见干旱以及2013年严重干热风等灾害性天气，但示范区通过应用微灌节水等技术，有效克服了气象灾害给农业生产带来的不利影响，实现了预期的目标。2011年，基地建设初见成效，荆里庄示范区小麦产量达到677.7 kg/亩，玉米736.5 kg/亩，全年总产1 414.2 kg/亩。2012年荆里庄示范区小麦产量686.7 kg/亩，玉米产量有了大幅增高，首次突破800 kg，达到808.3 kg/亩，年总产达到1 495 kg/亩。2013年首次应用微灌技术的一年，北楼下示范区全年节水100 m^3，节约灌溉水50%，小麦亩产718 kg，玉米亩产810.5 kg，亩总产突破1 500 kg，达到1 528.5 kg。2014年宁晋遭遇全年大旱，微灌技术的节水效果得到充分发挥，全年亩节水180 m^3，节水率55%，小麦产量682.2 kg/亩，玉米848.8 kg/亩，全年产量达到

1 531 kg。2015 年基地进一步提高了节水目标，深化了节水研究，亩灌水 50 m^3的限水稳产模式，实现节水 60%，小麦亩产 632 kg；亩灌水 70 m^3的节水高产模式，实现节水 50%，小麦亩产 677 kg。

今年夏季宁晋示范区再遇大旱，播后 45 d 无降水，目前降水仅 150 mm，不及常年的 50%。传统灌溉地块玉米灌 2～3 水，灌水总量平均 145 m^3/亩，而示范区灌出苗、小喇叭口、灌浆 3 水，总灌水量 75 m^3/亩，实现节约灌溉水 70 m^3/亩，节水 48%。今年 8 月遭遇两场暴风雨，示范区玉米在5 500～6 100穗高密度下没有发生倒伏，经受住了灾害性天气考验。预测今年在节水 140 m^3、节水 50%的条件下，小麦玉米总产再次达到1 500 kg/亩以上。

基地建设近 5 年来，示范区的粮食亩年总产从项目实施前的1 200 kg 实现了大幅增加，近 4 年稳定通过1 500 kg/亩，平均1 519 kg/亩。其中，小麦实现增产稳产，玉米实现大幅增产，已经连续 3 年稳定在 800 kg 以上。与此同时，作物的灌水量出现大幅下降，采用微灌技术以来，小麦灌水量从目前推广的畦灌 2～3 水的常规节水灌溉技术，亩灌水量平均 140 m^3下降到目前的 70 m^3，下降了 50%。夏季干旱的年份，玉米节水也很显著。与项目实施前比，近 3 年平均全年节约灌溉水 168 m^3/亩，节水 50%。同时，氮肥的投入也稳定下降，与项目实施前比较，小麦玉米全年氮肥每亩投入下降 7 kg，下降 20%，实现了节水节肥的目标。

3. 项目首席王慧军院长总结并对基地建设提出要求

王慧军院长指出，国家公益性行业（农业）科研专项“京津冀种植业高效用水可持续发展关键技术研究与示范”立项目的，就是要把新疆的微灌、滴灌水肥一体化技术引入河北，并实现河北的属地化。该项技术在引进实施过程中，在经济作物特别是设施蔬菜栽培中，进展顺利，效果显著；但在大田作物应用的投入、田间管理、配件生产及专业化服务问题都没有得到很好解决。2013 年，科技部启动渤海粮仓项目，要在河北、山东、辽宁和天津三省一市解决中低产田的粮食增产问题，到2020 年增产 50 亿 kg粮食。而河北渤海粮仓项目区又与地下水压采项目区重合，增产与节水的矛盾突出。宁晋基地就是要探索粮食大县节水增粮新型技术路径。

随着京津冀协同发展战略的实施，赋予河北生态建设的任务比生产建设的任务更重。生产、生活与生态的协调发展是当前农业生产、农业科技、农业推广和农业管理部门必须要完成的任务。目前粮食连续增产不现实，要进行技术路线调整，不应再以依赖化肥农药的大量投入来维系粮食高产，同时，还要改变河北省粮食生产的传统灌溉方式，解决水资源与粮食生产的协调问题，体现生态优先，保“口粮绝对安全，谷物基本自给”。

宁晋县作为河北省粮食生产第一大县，有 80 万亩小麦和 78 万亩玉米种植面积，是连续 4 年的“全国粮食生产先进县”，同时又处于宁柏隆（河北宁晋、柏乡、隆尧 3 县）漏斗区，地下水下降速度高于全省平均水平，增粮节水矛盾更加突出。目前看，宁晋基地建设做到了规范性试验、示范、展示、宣传、培训，建立了政、产、学、研结合机制，通过“生态优先，科技支撑，稳夏增秋，节水稳产，节本增效，修养生态，维系产能”的技术路线，为河北省粮食生产乃至全国粮食安全创出一条路子。我们要在渤海粮仓区域推广宁晋模式，使之成为全省乃至全国节水节肥增粮的样板。王慧军首席就各项目基地建设提出以下几点要求。

① 基地建设必须解决科学问题即“为什么”的问题。要进行严格的标准的试验，出数据，用数据说话。

② 必须解决技术问题即“怎么做”的问题。实现农业技术的物化、傻瓜化、套餐化、轻简化，做到省事省工省时。

③ 高度关注经济问题即“投入产出”问题。推广新技术不能使农民投入大幅度增加。

④ 解决机制问题。未来的粮食生产不会再是一家一户的模式，粮食生产主要靠家庭农场、种植大户，要将粮食生产技术措施标准化、专业化、规模化，使农业、农村、农民的生产、生活与生态协调，实现农业产业化、农村社区化、农民职业化。

南宫基地召开玉米、棉花轻简化技术现场观摩会

2015 年 10 月 10 日，河北省渤海粮仓科技示范工程项目管理办公室和南宫市人民政府联合在南宫市宋旺农场召开“粮棉轮作高产节水技术集成与示范”——玉米、棉花机械化轻简化技术示范现场观摩及技术培训会。参加会议的有南宫市科技局、农业局及相关部门主要负责人，种子企业负责人，南宫市及周边县市乡镇主要负责人、农业技术人员和种植大户等 650 余人。河北渤海粮仓项目管理办公室负责人郑彦平研究员、邢台市科技局李文阔副局长亲临指导。《河北科技报》《河北农民报》、河北电视台农民频道、南宫电视台以及当地媒体参与现场报道。

1. 南宫基地概况

南宫市地处黑龙港流域，是河北省棉花主产县、粮食生产大县。由于长年种植棉花，病虫害较为严重，进一步提高单产的阻力较大。同时，通过多年土壤改良和农田水利建设，再加上棉花种植效益下降，近几年粮食种植面积逐年扩大。但黑龙港地下水资源严重缺乏，直接限制着需水量较大的粮食作物发展。为此，河北省渤海粮仓科技示范工程南宫项目组选择示范推广“两年三熟粮棉轮作节水高产技术”棉花—冬小麦—夏玉米种植模式，即在节水的前提下，通过棉粮轮作实现粮棉双丰。这种模式一是利用棉花和小麦、玉米需水的时间差，减缓关键时期的用水矛盾，提高水资源利用率，实现节水增产。二是充分利用小麦玉米大量的秸秆还田，增加土壤有机质含量，提高土壤肥力。三是利用棉花和小麦、玉米所需养分不同，提高肥料后效和利用率，保持养分的动态平衡。四是降低病虫害和防治成本，减少环境污染，保护生态环境。五是提高粮棉单产，实现粮棉双丰收。特别是通过粮棉轮作可进一步优化农业生产结构，促进粮棉均衡发展。

南宫示范区项目设置：核心区 400 亩，千亩示范方 2 100 亩，万亩辐射区 10 300亩，技术辐射区包括王道寨乡及周边乡镇和清河、威县、枣强的部分乡镇 2. 1 万亩。

2. 现场观摩

（1）玉米机械收粒现场观摩

河北省玉米主产区田间管理已基本实现了机械化，而玉米机械化粒收技术才刚刚开始。玉米机械化粒收技术的推广将进一步降低生产成本，大幅提高玉米生产效率和效益。

南宫基地玉米机械收粒示范田选用中熟节水、耐密脱水快的高产品种联创808。采用全程机械化管理，麦收后抢茬直播，实现精量播种，一封二杀，缩行增密，化控降秆等技术，比传统种植节水省工高产。玉米示范田穗大粒满、轴细秆硬。示范田穗行数平均16行，行粒数平均43粒，规模示范田产量750 kg以上，高产地块亩产突破850 kg。机收现场无落粒、丢穗。技术人员现场检测，破籽率7%，含水量28%，完全符合玉米机械化粒收标准，很多与会农民关心自己什么时候才能用上机械收粒技术，现场观摩效果显著。

（2）棉花机械化、轻简化管理示范观摩

棉花管理环节多、费工费力、劳动强度大、效益低一直是制约我省棉花生产发展的重要因素。棉花机械化、轻简化管理也一直是科技工作者、农技推广人员和广大棉农追寻的目标。

南宫示范基地棉花示范田种植的是冀1316、冀2658等轻简化栽培品种，通过机采模式配制株行距、精量播种、简化整枝、科学化控、病虫害统防统治、化学催熟等技术集成。从整地、施肥、播种、喷除草剂、覆膜、中耕、化控、治虫、采收到秸秆收集（还田）全部实现了机械化作业。示范田密度3 700株/亩，单株平均结铃19.3个，规模示范亩产籽棉360 kg，小面积高产地块亩产籽棉突破400 kg，并且达到了机械化采摘的要求，实现了植棉全程机械化。

3. 技术培训

南宫基地技术负责人河北省农林科学院棉花研究所耿军义研究员讲授“两年三熟粮棉轮作的技术要点和棉花机械化、轻简化栽培技术”。邢台农科院李文治副院长讲授了“玉米生产机械化管理及粒收技术”。南宫市农业局高级农艺师张先忠讲授了“主要农作物病虫害防治技术”。南宫市农业局高级农艺师贾德彩讲授了“小麦节水高效栽培技术”。

与会领导和专家对此次观摩会给予了高度评价，认为河北省渤海粮仓科技示范工程南宫项目组选择推广“两年三熟粮棉轮作节水高产技术”，在节水的前提下，通过棉改粮、棉增粮实现了粮棉双丰，示范效果显著。

参会的基层负责人、技术人员和种粮大户反响强烈，认为通过现场观摩培训，对新品种、新技术看得见、摸得着，自己要尽快使用这些新品种和新技术，观摩会取得较好的宣传推广效果。

威县召开农牧结合循环经济重点项目推进会暨签约仪式

2015 年 11 月 20 日，威县召开农牧结合循环经济重点项目推进会暨签约仪式，河北省渤海粮仓科技示范工程项目首席专家河北省农林科学院王慧军院长，威县县委书记安庆杰、县长商黎英参加推进会并出席签约仪式。

会议共签署 3 个协议：威县人民政府与河北九知农业科技有限公司签署种养结合废弃物资源化利用产业化项目投资协议，华油惠博普科技股份有限公司与河北九知农业科技有限公司项目合作协议，河北省农林科学院遗传生理所与河北优净生物公司产学研战略合作协议。

本次会议是威县“农牧结合生态循环农业战略合作联盟五家握手行动”和“河北省渤海粮仓科技示范工程威县农牧结合关键技术研究”项目的推进和深化。王慧军院长指出，威县农牧结合循环经济重点项目的推进是落实党的十八届五中全会及中共河北省委全会精神，建立产出高效、产品安全、资源节约、环境友好现代农业的具体体现。农牧结合是循环经济链的重要结点，畜禽废弃物无害化处理是工作的抓手；要实现农牧真正的结合，必须将种植业的生产、畜牧业的转化、微生物业的分解形成完整链条，这样才能实现绿色发展。要实现绿色发展，必须依靠创新驱动，坚持科技创新、产业创新、机制创新和商业模式创新，要始终把创新放在第一位，突出抓好科技支撑。王院长希望签约项目一定要成为政治家、企业家、科学家、投资家、保险家“五家握手”行动的典范，京津冀协同发展的标杆，现代农业发展的领跑者，同时，要打造成河北渤海粮仓项目的最亮点。

科技部召开 2015 年度工作总结推进会河北工作进展获好评

2015 年 12 月 10 日，“十二五”国家科技支撑计划项目“渤海粮仓科技示范工程”2015 年度工作推进会在北京召开。参加会议的有科技部农村司、农村发展中心、中国科学院发展局有关领导，河北、山东、辽宁、天津科技厅（委）主管人员、各课题负责人和主要研究人员。会议邀请了技术专家对各课题实施情况进行质询和评估，并邀请财务专家对参会人员进行了财务培训和交流。

“渤海粮仓”项目负责人中国科学院遗传所农业资源研究中心刘小京研究员介绍了项目的总体进展，并在加快技术凝练和技术的集成示范、加强示范区建设、加快产业推进以及加强宣传工作几个方面对下一步工作计划做了详细阐述。

河北项目区首席专家河北省农林科学院王慧军院长参加会议，并代表河北项目组就河北省环渤海科技增粮示范工程的年度计划目标完成情况、取得的重大研究进展和标志性成果、经费使用情况、示范区落实、增粮增收情况、存在的问题及下一步工作计划向与会领导和代表做了汇报。河北项目区完成或超额完成了 2015 年各项任务指标，并在节水灌溉与微咸水安全补灌高产技术模式、“双早双晚”周年高产高效种植模式、小麦玉米微灌技术模式、粮棉轮作“两年三熟”种植模式下棉田土壤耕层重构配套技术、滨海盐碱地一膜双沟错位点播垄作技术模式集成、雨养旱作区蓄墒保播增收“两年三作”核心技术体系建设等几方面取得突破性进展。2015 年项目区主体技术辐射面积 771

万亩，总增粮食 6.76 亿 kg，总增效 13.8 亿元，节水 2.85 亿 m^3。

河北省项目区的工作得到科技部农村司、农村发展中心各位领导和特邀专家的充分肯定以及山东、辽宁、天津项目区各主持人的充分认同，认为河北项目区的工作区域特色明显、凝练技术可推广性强、组织管理机制创新、管理办法规范，实现项目区增产节水的目标的同时实现了农业提质增效，做到了藏粮于地、藏粮于技、藏粮于水。

科技部农村司蒋丹平副司长肯定了各课题的工作，并指出项目的工作距离现代农业提质增效还有一定的距离，要围绕项目目标发现问题、找出差距、总结经验、持续推进、创新发展。蒋司长对项目下一步工作提出以下几点要求：

一是围绕项目任务进一步明确各项预期性指标和约束性指标，一定要实现到 2017 年增粮 30 亿 kg、2020 年增粮 50 亿 kg 生产能力的指标。

二是科技工作要总结凝练标志性成果和技术模式，创新管理模式和商业模式，创新团队建设，打造品牌，将渤海粮仓科技示范工程打造成中低产田改造，建设第二粮仓的旗帜项目。

三是抓紧项目执行的进度和预算执行进度，加强实施过程中任务落实、督导和服务，更好地实现总体目标任务。

四是新形势下进一步做好“三产”融合，创新发展，创新驱动，促进产量的提升、产能的储备、产业的发展。

蒋司长还对项目工作提出如下几点建议：

第一，系统全面地总结“十二五”以来渤海粮仓在科技创新、管理模式和协同攻关方面的工作，为“藏粮于地、藏粮于技”做好技术储备和技术支撑，在“十三五”期间继续推动相应工作。

第二，做好盐碱地改良综合利用方面形成的先进适合技术和模式的应用推广，并做好与企业等社会资本的对接。

第三，做好与“十三五”科技计划的衔接工作，在已有成效基础上改造中低产田，提升地力，并做好与关联产业的配合，全链条设计、专业化实施，争取在关键共性技术上有所突破，使“渤海粮仓”真正成为农业创新机制的品牌。

第四，做好项目管理工作，争取项目结束时交一份满意答卷。

2016 年

2015 年总结暨 2016 年工作部署会召开

2016 年 1 月 13—14 日，河北省渤海粮仓科技示范工程项目组在石家庄召开 2015 年度总结及 2016 年工作部署会。项目首席专家河北省农林科学院王慧军院长，省科技厅农村处徐成处长，省农业技术推广总站崔彦生站长，项目办负责人河北省农林科学院郑彦平研究员，河北省农林科学院科技处、财务处负责人，沧州、衡水、邯郸、邢台及曹妃甸科技局主管负责人，技术研发项目负责人，部分成果转化项目负责人，重点示范县主管负责人，项目参与企业代表以及媒体记者等 150 余人参加会议。会议情况如下。

1. 2015年工作进展汇报

各技术研发课题负责人，部分成果转化项目负责人，13个重点示范县主管负责人，沧州、衡水、邯郸、邢台及曹妃甸科技局项目主管负责人分别汇报了2015任务指标完成情况、取得的成效及2016年工作计划等。从各课题汇报情况看，圆满完成了2015年的合同任务，建立百亩试验田100多个，千亩示范方94个，万亩辐射区50个，示范面积72.8万亩，辐射面积771万亩，增粮6.76亿kg，节水2.85亿m^3，节本增效13.8亿元。

2. 执行专家组工作点评

项目执行专家组听取汇报后，对各任务的工作完成情况进行了点评，提出以下几点意见。

① 技术研发课题要确保新技术的有效性、稳定性和成熟性，注重研发设计的系统性、整体性和衔接性；加强对秸秆还田、测土配方施肥、精细播种等传统技术的集成；形成的技术规程等要操作简便，易于推广；采用的技术模式要符合项目区对中低产田节本增效的需求。

② 科技人员要注意试验示范地点选择的代表性，充分考虑地力、配套基本条件等，核心区应选择地力水平略高于当地平均地力水平的区域以更符合农田地力的发展趋势，示范区应选择接近当地平均地力水平的区域，更有利于进一步扩大技术模式的示范推广。

③ 成果转化类课题要保证转化质量并充分展示新品种、新技术等的转化效果，增加技术研发力量的介入，并通过现场观摩等形式加强对成果的宣传。品种评价课题应把成果转化项目的新品种等纳入评价体系当中。

④ 充分发挥区域技术负责人的作用，协调技术依托单位与示范县（市）之间的关系，科技与农业相关部门应发挥各自特长，共同推进项目建设；进一步加强技术研发、成果转化、示范推广几大版块的相互联系和结合。

⑤ 本项目要注重与其他项目的结合，如地下水压采、美丽新乡村建设、精准扶贫等；加快县域整建制推进步伐。

⑥ 按照《河北省渤海粮仓科技示范工程行动方案（2014—2017年）》制定工作计划和时间表，把握工作节奏；严格执行《河北省渤海粮仓科技示范工程项目管理办法》和《河北省渤海粮仓科技示范工程省级财政专项资金管理办法》。

3. 王慧军首席总结2015年工作部署2016年任务

河北省渤海粮仓科技示范工程首席专家河北省农林科学院王慧军院长在听取各任务年度汇报后，充分肯定各任务工作进展，认为2015年工作亮点纷呈、成效显著，尤其是对渤海粮仓创新团队被CCTV评为“年度创新人物”提名奖、项目写进中央“一号文件”、连续3年写进中共河北省委“一号文件”和政府工作报告给予高度评价。王院长重申了项目基本思路、基本原则和技术路线，结合我国经济发展进入新常态下供给侧改革的新时期，对 2016 年技术研发、成果转化和示范推广 3 个板块任务分别提出具体要求，并就做好各板块之间有效衔接，更好地完成 2016 关键年任务目标，为完成项目总体目标奠定基础做出部署。

（1）2015 年工作十大亮点

① 河北省渤海粮仓科技示范工程已经成为京津冀协同发展、农业科技创新的平台。中国科学院、中国农业科学院、中国农业大学、河北省农林科学院及地方农科院、农业推广部门、新型经营主体、科技创新型企业的全面加入，实现了京津冀协同发展，产学研、科教推有效结合，国家与地方的结合。

② 南皮县和威县通过实施渤海粮仓项目建成国家级农业科技园区，更有力地推进了项目的发展，扩大了项目影响。

③ 项目连续 3 年写入河北省政府工作报告和中共河北省委省政府“一号文件”，并写入省“十三五”规划，渤海粮仓通过在河北省的实施由一个概念成了一项创新行动、协同行动。

④ 中国科学院遗传所农业资源研究中心刘小京研究员主持的“河北滨海盐碱地适生种植技术研究与示范”项目 2015 年获得河北省科技进步一等奖。

⑤ 通过项目的实施使得河北省农业实现增粮、节水、改土、培肥、节本、增效以及农机农艺结合有了清晰的思路。

⑥ 农牧结合、粮饲结合取得突破。通过开展青贮玉米、牧草等作物，并对畜禽废弃物无害化处理等，调整种植结构，实现农田与草地结合，草粮耦合，立草为业，提高了畜牧业转化水平，大幅提升了粮食生产能力和粮食当量水平。

⑦ 以沧州市农林科学院为代表的技术研发课题形成了雨养旱作区核心技术体系，通过冬小麦“六步法”旱作种植技术、春玉米起垄覆膜侧播种植技术、夏玉米宽窄行单双株增密增产种植技术等，充分利用有效降水，为解决水平衡与粮食生产的关系探索出一条技术路线。

⑧ 创新型企业比如中化化肥、领先生物、肥尔得公司、中友机电公司等大型肥料、植保、农机公司的进入，将其物化成果在项目区进行规模化转化示范，为项目区开展全方位、无缝隙、保姆式服务，为总体目标的实现提供了有力的服务体系支撑。

⑨ 通过项目实施培育了一批以家庭农场、专业合作社等为代表的新型经营主体，成为项目的主要承担载体，项目区土地流转面积已经超过 20%。

⑩ 棉改粮、粮棉兼作实现了向棉田要粮，成为新的粮食增长点。

（2）工作中存在的问题

① 技术研发、成果转化、示范推广三大板块衔接还存在一定问题，仍然存在边试验、边示范、边推广的问题。项目试验不应单纯是科学规律的探索，应更侧重于适应性、检验性、放大性试验，为大规模推广示范指导服务；部分转化项目物化品种还存在不是项目区主流品种的问题；示范推广氛围营造还不够。

②“百千万”示范推广法是工作方法，不是工作目标。部分项目将“百千万”工程当做工作目标，示范推广的面积和效果不够理想。

③ 各项目参与部门之间协调不够充分、分工不明确细致，边界不够清晰，秩序性

还有待加强。

(3) 2016 年工作部署

王慧军首席强调要根据“供给侧”理论调整研究思路，在不影响合同约束指标的情况下，围绕农业结构性调整做好工作，去库存、去产能、去杠杆、降成本、补短板。2016 年河北省设定的粮食生产目标是 665 亿 kg 左右，并没有强调增产再增产。渤海粮仓项目也要根据形势的变化做调整，强调粮食综合生产能力的培育而并非单纯地追求粮食增产量，要提高供给质量和效率，协调项目与地下水压采、休耕等项目之间的关系，实现有效供给，实现“藏粮于地、藏粮于技、藏粮于水”。

① 重申项目工作基本思路、基本原则和技术路线。项目各项工作要以“增产增效并重、良种良法配套、农机农艺结合、生产生态协调”为基本思路，以“突出协同创新、突出大粮食思维、突出节水优先、突出培育新型经营主体、突出转化应用”为基本原则，以“生态优先、节水改土、稳夏增秋、棉改增粮、粮饲结合、集约经营”为技术路线，全面提高区域粮食综合生产能力，为稳定全省粮食安全生产提供可靠支撑，实现“藏粮于地、藏粮于技、藏粮于水”。

② 技术研发项目由河北省农林科学院总体协调，技术依托单位承担，保持稳定性，要出一批高水平文章，具有自主知识产权的专利、标准、技术体系、技术模式。转化项目以企业为主体，围绕物化技术向 13 个重点县集中，以物化产品做载体，做好区域主流产品转化推广。示范推广 13 个重点县要整建制推进，由科技部门主抓；30 个一般示范县由农业技术推广总站负责推广。每个县主推 1～2 个主体技术模式。沧州市主要开展旱作农业、多水源利用、粮草轮作、改土培肥等技术推广应用；衡水市主要开展微咸水补灌、微灌水肥一体化等节水增效技术模式推广应用；邢台市主要开展微灌水肥一体化、农牧结合、杂粮轻简化栽培等技术推广应用；邯郸市要充分利用光热资源，主要开展棉麦双丰、粮棉轮作、低酚棉栽培等技术推广应用。

③ 验收、鉴定一批成果。各技术负责人、区域负责人要对本区域内的技术成果等加以凝练，并以合同指标方式加以约束，争取到项目结束时验收鉴定一批成果，并申请奖励。

④ 重视档案管理。对项目执行过程中的数据、声像等要做好档案管理工作，重视数据的科学性、完整性和逻辑性，形成完整档案。

⑤ 加强经费管理。经费使用严格按照《河北省渤海粮仓科技示范工程省级财政专项资金管理办法》执行，确保经费使用安全并经得住审计。

⑥ 继续加大现场观摩会召开力度和宣传力度。2016 年计划由项目办直接组织在夏、秋季分别召开两次大型观摩会，各市县也要组织召开观摩会、培训会等，并要利用媒体集中宣传一批成果，宣传一批先进人物，继续扩大项目社会影响。

⑦ 加强品牌建设。渤海粮仓是一个品牌，要维护好、利用好。

⑧ 项目办搞好协调服务，做好上通下达。

4. 河北省科技厅农村处徐成处长提出要求

徐成处长认为河北省渤海粮仓科技示范工程取得的显著成绩得益于中共河北省委省

政府的高度重视及各位领导、专家、科技部门、农业部门的大量付出和协调配合。河北省农业的粮食丰产工程、绿山富民工程和渤海粮仓科技示范工程将写入 2016 年中共河北省委省政府“一号文件”，而其中渤海粮仓工程是其中成效最突出的农业工程，同时承担着国家渤海粮仓项目总体任务的 60%，2016 年项目各参与单位都要以新的起点和精神状态重点紧抓渤海粮仓项目。各市科技局和各县科技部门要高度重视项目工作，要将渤海粮仓项目作为 2016 年工作的重中之重，充分发挥科技部门的职能作用；在京津冀协同发展的大背景下，加大各部门之间协同合作，打造共同体，打组合拳，形成各部门联动机制；鼓励技术研发项目在完成技术研发任务同时，建基地、引企业，充分发挥示范基地的引领带动作用，加快当地农业的发展。

沈小平副省长到宁晋基地调研项目推进情况

5 月 18 日，沈小平副省长到宁晋基地调研渤海粮仓科技示范工程推进情况。在宁晋县粮食节水增效综合示范基地，沈小平副省长听取了项目首席专家河北省农林科学院王慧军院长关于渤海粮仓示范工程整体推进情况的汇报、河北省农林科学院粮油所所长梁双波关于宁晋基地节水增粮效果的汇报，详细了解了该基地示范展示的固定微喷带式水肥一体化、卷盘桁架淋灌式水肥一体化、摇臂喷头式水肥一体化和栽培技术模式的生产效果、投入产出、农民接受程度等情况，实地考察了该县金蜜种植合作社水肥一体化技术示范推广现场，并与项目组成员和合作社负责人进行了交流。

沈小平副省长考察后对河北渤海粮仓科技示范工程的技术内容、推进情况以及取得效果给予了肯定并做出重要指示。他指出，渤海粮仓“增产增效并重、良种良法配套、农机农艺结合、生产生态协调”的总体思路是科学的、符合实际的，要始终坚持这个总体思路。农业农村的发展要适应我们整个国家、整个经济社会发展的总体要求。渤海粮仓科技示范工程通过改造中低产田和盐碱地，提高了产量，增加了效益，还要适应供给侧结构性改革的要求。首先，要考虑市场需求。其次，要考虑质量和效益，要提升品质，打造品牌。再次，就是必须考虑节水问题，无论是渤海粮仓工程，还是地下水超采综合治理，都要以节水为核心，确保生产生态协调。

沈小平副省长指出，渤海粮仓科技示范工程经过这两年的实践，摸索出了一定的路子和经验，突出了“创新”两个字，这是以后的工作必须要坚持的。没有创新，整个渤海粮仓工程就缺乏支撑，没有创新，供给侧结构性改革就缺乏基础。创新首先是科技创新，包括新的设备、新的技术突破、配套技术的集成和大面积实用技术的推广。科技队伍是宝塔型队伍，塔尖就是博士和专家，重点任务就是研发和科技创新；宝塔中间一层就是技术的集成和转化，塔底就是整体的推广力量。创新还包括模式创新，比如我们今天参观的宁晋基地展示的就是多种模式并存，如秸秆覆盖模式和水肥一体化模式等；最后一个创新就是体制机制创新。搞好创新就要做到科技创新、模式创新和体制机制创新有机结合，才能达到理想的效果。

沈小平副省长强调，搞试验的目的不是为了试验而试验，是为了推广、为了成效，最终是为了老百姓。比如宁晋示范基地的几种灌溉模式，要考虑投入产出效应，要让老百姓按照自己的意愿来选择，科技工作者要宣传、发动和引导，来帮助农民做出自己的选择，在节水节肥的基础上取得增产效果。

渤海粮仓科技示范工程的推进一定要按照整体规划继续实施，注重实效，同时要不断地总结和推广，并在实施过程同我们国家的经济社会发展要求相适应。参与项目的科技、农业各部门之间要充分协调，召开适度规模的推进会，将技术成果落实到田间地头，更有力地推进项目的顺利进行。

河北省政府办公厅副秘书长赵国彦、省水利厅厅长苏银增、省农业厅厅长魏百刚、省财政厅副厅长姚绍学、邢台市副市长邱文双、省科技厅及宁晋县有关同志等陪同调研。

成果转化项目“地下水压采条件下杂交谷子高产高效用水栽培技术”召开培训会

为积极应对地下水压采条件下农业种植结构的调整策略，5 月 12 日，由中国科学院遗传发育所农业资源研究中心承担的河北省渤海粮仓科技示范工程成果转化课题“压采条件下杂交谷子高产高效用水栽培技术”专题培训会在石家庄市栾城区天亮种植专业合作社召开。课题主持单位主要参加人、参加单位天亮种植专业合作社和其他合作社种植代表、家庭农场经营者、当地的杂交谷子种植大户及普通农户代表等 100 多人参加了培训会。

课题主持人、农业资源研究中心副研究员董宝娣在会上做了专题报告。她以地下水压采条件下杂交谷子高产高效用水技术为核心，对我省压采的相关政策和措施、压采的试点城市、农业种植结构调整对杂交谷子的机遇和挑战、杂交谷子的特征特性、杂交谷子的适应性雨养关键栽培技术以及杂交谷子的销售特点等几个方面进行了详细的讲解；对雨养或补墒旱作条件下杂交谷子的宽泛播期技术、贴茬播种技术、因地制宜保全苗技术、缩畦减水调亏灌溉技术等进行了全面培训和指导；结合当前农民杂交谷子种植中最关心的效益问题，对价格波动、播种面积、未来趋势等进行了认真分析；并就参会人员提出的各种问题和困惑进行现场答疑，对杂交谷子的高效用水种植提出了新的观点和建议，参会人员表示受益匪浅。此次培训会有益于促进科研成果在“渤海粮仓”项目区的转化，帮农户解决了农业生产中的实际问题，进一步扩大了项目社会影响。

南宫市召开棉粮轮作现场观摩与技术培训会

5 月 18 日，河北省农林科学院棉花研究所、南宫市科技局与河北冀科种业有限公司联合在南宫市召开了“渤海粮仓”高产节水小麦及棉花促早管理现场观摩与技术培训会。南宫市农业局、科技局、部分乡镇的主管领导、技术人员以及种植大户等 200 多人参加了会议。

在高产节水小麦邢麦 7 号示范田，小麦长势整齐，茎秆粗壮，穗粒数多且饱满，与会人员给予了高度评价。邢麦 7 号是河北省渤海粮仓“海河低平原粮棉轮作高产节水技术”项目组优选的小麦品种，属半冬性中早熟品种，亩穗数 40 万～45 万穗，穗粒数 40～45 粒，千粒重 42 g。邢麦 7 号高产节水，经过小麦节水试验，在今年冬春干旱气候条件下，生育期浇 2 水亩产达到了 450 kg 以上，而且棉麦接茬契合度高，能够满足粮棉轮作两年三熟的种植模式需要。通过现场观摩，各技术人员和种植大户对该小麦品种的优良特性有了直观认识，尤其是高产节水、抗病抗倒抗寒等特征，给种植户留下深刻印象。

由于南宫市是传统老棉区，种植户小麦、玉米等粮食作物的栽培管理经验不足。在观摩会现场，南宫市农业局高级农艺师贾德彩和植保专家张先忠就小麦、玉米高产节水栽培技术和病虫草害防治技术进行了讲解，就小麦根腐病、玉米粗缩病和麦田恶性杂草的防治进行了重点培训。渤海粮仓“海河低平原粮棉轮作高产节水技术集成与示范”项目负责人耿军义研究员还讲解了棉粮轮作棉花促早栽培技术，就 2016 年棉花苗期温度偏低、苗病偏重的状况，给出了管理措施建议。

现场观摩会后的室内技术培训会，耿军义研究员和南宫市农业局技术人员详细系统地讲解了粮棉轮作模式下小麦、玉米、棉花的高产节水技术，并与与会人员互动交流，答疑解惑。通过本次培训会使更多的种植户掌握了小麦、玉米、棉花高效节水管理技术，取得了较好的培训效果。

“节水养地型草粮双丰高效种植模式及配套技术研究示范”课题在沧州举办培训会暨现场观摩会

为深入剖析沧州地区苜蓿产业发展存在的问题，传播产业技术和先进理念，更好地促进苜蓿产业健康持续发展，5 月 19—20 日，渤海粮仓技术研发课题“节水养地型草粮双丰高效种植模式及配套技术研究示范”在沧州市成功举办了沧州苜蓿生产利用技术培训会暨现场观摩会。河北省草原站、省饲料工业协会、沧州市农牧局、河北省农林科学院农业资源环境研究所相关领导及中国农业大学、河南农业大学、河北奶牛产业技术体系等相关领域专家出席本次会议，参加会议的还有沧州市各县市区畜牧技术推广站与饲草饲料站技术骨干、各地饲草种植与加工企业、合作社、规模奶牛场、猪场、鸡场、农资企业代表等共计 110 余人。

会上，河北省草原站副站长李佳祥、中国农业大学王德成教授分别做了《河北省饲草产业现状及“十三五”发展规划》《苜蓿全程机械化解决方案》专题报告。李佳祥副站长详细介绍了河北省饲草产业发展现状、有关政策及实施项目、“十三五”河北省草牧业发展规划等内容，并解读了河北省 2016 年高产优质苜蓿建设项目新的申报指南。王德成教授从种子处理、土地整理、施肥播种、收获翻晒、捡拾打捆、青贮加工等方面详细介绍了苜蓿全程机械化技术，并详细解答了苜蓿生产机械设备配置选型方案。

中国农业大学王成章教授、河北省奶牛产业技术体系首席专家安永福研究员分别做了《苜蓿在单胃动物生产中的应用》《苜蓿在奶牛饲养中的应用》专题报告。王成章教授详细介绍了苜蓿草粉、苜蓿鲜草、苜蓿青贮等饲草产品在繁育母猪、育肥猪、蛋鸡、肉鸡、鱼等动物中的饲喂利用技术，并介绍了相关利用案例。安永福研究员重点介绍了苜蓿干草、苜蓿青贮在奶牛不同饲养阶段的利用技术，并分析了苜蓿产业与奶牛产业有效衔接的途径。

室内培训会结束后，参会代表们深入河北省农林科学院农业资源环境研究所黄骅市渤海粮仓项目苜蓿示范基地现场观摩了高水分苜蓿安全打捆技术、老苜蓿地切根施肥一体化技术、鲜苜蓿揉切打浆一体化技术演示现场。与会代表尤其对高水分苜蓿安全打捆技术、老苜蓿地切根施肥一体化技术表现出了高度关注和技术的急切需求。

大力发展苜蓿等牧草产业符合河北渤海粮仓“大粮食”概念和思维，符合“立草为业”思路，有利于农田与草地结合，大幅提高农业系统的粮食生产能力。

衡水市召开现场观摩培训会

2016年5月25日，由河北省农林科学院旱作所组织召开衡水市渤海粮仓科技示范工程项目小麦现场观摩培训会。衡水市科技局、衡水所辖市县科技局与农林局相关领导与技术骨干100余人参加了本次观摩培训会。

技术培训在河北省农林科学院旱作节水试验站进行。河北省农林科学院旱作所庞昭进所长向与会代表致欢迎辞。衡水市农业局调研员陈桂荣参加会议并部署渤海粮仓2016年各示范县具体任务与开展工作的要求。旱作所副所长、节水专家李科江研究员就渤海粮仓项目河北项目区科研示范总体设计思路、项目开展的总体要求及项目进展情况对与会代表进行了全面介绍，并与参会人员就当前生产上主推的节水措施进行互动交流。

培训结束后，与会人员参观了旱作节水试验站的移动防雨棚、蒸渗仪、根室等旱作农业实验设备，深入试验田，与旱作所从事小麦育种、节水抗旱研究的相关科技人员对接交流科技信息，并到河北省渤海粮仓景县水肥一体化示范基地观摩。与会代表对无人值守施肥系统、植保无人机喷药飞行器械和水肥一体智能化操作系统产生浓厚兴趣。期间河北省农林科学院植保所小麦病虫害防治专家袁章虎研究员对当前生产上小麦病虫害综合防治技术进行了现场指导。与会专家一行还观摩了景县青兰的浅层咸水精准安全补灌技术基地的万亩示范方，基地技术负责人李科江副所长对咸淡混浇精准配置系统的原理、操作及示范效果，进行了全面系统介绍。

河北省小麦产业体系的部分综合试验站站长与专家组成员应邀参加本次观摩会。中国互联网新闻中心（中国网·中国视窗）与河北省农林科学院网站对本次活动进行了跟踪报道。

杂粮轻简高效生产和冀谷35中试与示范项目召开培训会

6月1日，河北省农林科学院谷子研究所渤海粮仓技术研发课题“杂粮轻简高效生产及综合利用研究”、成果转化课题“抗咪唑乙烟酸谷子新品种冀谷35及其配套技术的中试与示范”与邢台市农业技术推广站联合，在邢台市召开了项目培训会。邢台市渤海粮仓科技示范工程一般示范县的技术站长、县乡村农技人员、生产合作社（协会）技术人员、企业、家庭农场、种植大户等共计100余人参加会议。

“杂粮轻简高效生产及综合利用”研究课题主持人李顺国研究员就谷子市场动态与发展趋势做了报告。报告分析了当前我省农业供给侧结构性改革、压采地下水、京津冀一体化和河北绿色发展战略大背景，指出谷子具有的抗旱耐瘠、环境友好、文化内涵深刻、营养丰富均衡等特性必将在黑龙港领域大有可为；报告还分析了近年谷子市场动态，表明低端大宗谷子、小米市场价格波动剧烈，高端、精品包装小米价格不敏感，且持续在高价位运行；提出了邢台地区谷子产业发展的技术模式路径、产业发展模式以及对策建议。

“抗咪唑乙烟酸谷子新品种冀谷35及其配套技术的中试与示范”项目主持人夏雪岩副研究员对谷子轻简高效生产技术及冀谷35特征特性进行了培训。对谷子农机农艺结合生产、谷子高效集雨生产技术的技术要点、农机要求、农艺要求进行了讲解；并就抗咪唑乙烟酸谷子新品种冀谷35的特征特性、配套除草技术以及应把握的关键点进行了培训。

培训会还邀请河北工程大学孙全德教授就与谷子搭茬的小麦种植技术、同期玉米超高产技术进行了培训。邢台市农业技术推广站马虎成研究员分析了邢台市地理区域特性，对邢台市渤海粮仓科技示范工程主体技术进行了介绍。

此次培训会内容丰富、信息量大，使参会人员了解了谷子在邢台地区发展潜力、谷子市场动态与发展趋势和谷子轻简高效生产技术，对渤海粮仓地区谷子生产起到积极的促进作用，进一步扩大了渤海粮仓项目的社会影响力。

项目召开观摩会暨项目推进会

根据5月18日沈小平副省长在宁晋基地调研渤海粮仓推进情况时的指示，项目要不断进行总结和推广，召开适度规模的推进会，项目领导小组办公室和省农业技术推广总站分别于5月31日、6月3日组织在威县和宁晋召开重点示范县观摩推进会和辐射推广示范县观摩推进会。项目管理办公室制作了河北省渤海粮仓科技示范工程实施纪实专题片在会议上播放，与会人员直观地了解了项目的总体进展情况。项目首席专家河北省农林科学院王慧军院长、省科技厅、省农业技术推广总站相关领导对下一步工作都提出了具体要求或建议。会议的召开起到了良好的经验总结和示范带动作用，有力地保证项目的顺利推进。会议进行情况分别如下。

1. 重点示范县观摩推进会

5月31日，重点示范县观摩推进会在威县召开。参加会议的有项目首席专家河北省农林科学院王慧军院长，省科技厅李丛民副厅长、农村处徐成处长、项目主管曹乃倩，项目领导小组成员财政厅、农业厅、水利厅代表，中国科学院农业资源中心胡春胜主任，邢台市张守锋副秘书长，威县县政府商黎英县长，邢台、邯郸、沧州、衡水4市农科院负责人，科技局分管局长及分管部门负责人，威县、宁晋、南宫、海兴、泊头、南皮、黄骅、枣强、阜城、景县、曲周、成安、肥乡13个重点示范县分管县（市）长、科技部门负责人及技术负责人，新型经营主体代表，项目管理办公室成员等共计120余人参会。河北电视台、《河北经济日报》等媒体跟踪报道。

（1）现场观摩

与会人员观摩了河北渤海粮仓威县项目区赵村艾禾农场饲用燕麦、青贮玉米、苜蓿种植试验示范基地，君乐宝乐源牧业威县万头奶牛牧场、河北优净生物畜禽粪污综合处理与资源化利用项目以及张庄棉改增粮小麦种植示范基地。

赵村艾禾牧业苜蓿燕麦种植基地围绕奶牛养殖牧草需要，筛选种植苜蓿、燕麦和青贮玉米等适宜优良品种，以节水的喷灌技术代替传统畦灌技术，从整地、播种、施肥、病虫草害防治到收获实现了全程机械化管理。

君乐宝乐源牧业威县万头奶牛牧场采用世界先进的养殖模式，实现科学配比的TMR喂养，全自动转盘式挤奶及自动化粪污处理，同时设计了大型沼气能源环境工程，是集标准化、智能化、生态化于一体的世界领先牧场建设项目。项目建成后预计年产高品质生鲜肥5万t，将成为华北地区重要的生鲜乳供应基地和优质高产奶牛科技示范基地。

优净生物公司畜禽粪污综合治理资源化利用项目采用密闭、快速高温、标准化发酵设备，同时添加高温发酵菌剂，能够对有机质废弃物迅速分解发酵，8～10 h发酵完成，生成纯净高品质有机肥，生产过程无废水、废渣产生，可对秸秆、畜禽粪便、生活污泥等日清日洁处理，实现无害化过程零碳排放。

枣元乡张庄棉改增粮小麦种植示范基地针对冀中南地区热量资源“一熟有余，两熟不足”的状况，将传统棉花一年一熟改为“棉花—小麦—玉米”两年三熟，充分利用轮作改土、节水、增产的综合优势，最大限度利用光热资源，实现粮棉双增。

（2）项目推进会

推进会由省科技厅农村处徐成处长主持。

① 邢台市政府张守锋副秘书长、威县商黎英县长致辞。邢台市是农业大市，东部黑龙港区域涉及邢台市9个市县，长期以来受到水资源匮乏、土地瘠薄、盐碱等自然因素制约，中低产田多，粮食产量低。渤海粮仓项目为粮食增产带来重大机遇，各级各部门联合推动，组建科技推广队伍提供技术支撑，完善农村科技服务体系建设，建立了棉改粮、粮棉兼作等新模式和中心示范区，大力推广新品种、水肥一体化等新技术，精心组织实施，取得了一定成效。

威县县政府在实施渤海粮仓过程中探索出了一条农牧结合、循环经济发展的路子；同时大力实行招商引资和园区建设，引进了君乐宝牧业、宏博牧业、艾禾牧业、德青源公司、优净生物等一批企业项目相继落户威县。威县项目实施以来与单纯种植棉花相比，2015年实现亩均节水75 m^3，亩均增收350元。威县将以推进会为契机，按照农业供给侧改革的调整思路，提高粮食供给质量和效益，协调项目与地下水压采的关系，实现有效供给，实现藏粮于地，藏粮于技，着力打造智慧农业、生态农业。

② 4个设区市及13个重点示范县代表就工程实施成效和工作体会进行了大会交流。

③ 省科技厅李丛民副厅长总结渤海粮仓工作并对下一步工作提出要求。李丛民副厅长在参观威县4个示范点以及听取各市县工作汇报交流后，对渤海粮仓项目工作用21个字给予充分肯定：“工程进展有成效，创新示范有特色，工作推进有办法”。项目工作按照既定总体思路和技术路线展开，实现了节水增粮，节本增效；通过渤海粮仓工作加快了科技示范园区的建设，推动了全省农业工作；项目集成了一批成熟的技术模式，一批技术和专利通过企业等实现了成果的物化转化；通过工程方式抓渤海粮仓推进，比如种子工程、沃土工程等，收到了显著效果；示范方通过标牌化管理，体现了科技人员、创新团队的自信和对社会的承诺，鼓励大力提倡。李丛民副厅长对加强项目下一步工作提出几点具体要求。一是进一步提高对渤海粮仓项目的认识。各地市要将渤海

粮仓项目作为地方经济发展的重大项目、重大举措和重大平台来抓。突出 4 个理念：突出“大粮食”理念，在推动农业供给侧改革上持续发力；突出“粮食产能”理念，在挖掘粮食增产新潜力上持续发力；突出“生态节水”理念，在促进农业可持续发展上持续发力；突出“成果转化”理念，在建立健全综合服务体系上持续发力。二是科技人员要注重科技创新。创新是永远不变的主题，注重良种、良技、良法创新，开发优良品种，研发集成关键技术，农机农艺结合，实现节本增效；加快农业成果的物化转化。三是政府部门、科技部门要做到“识才、敬才、爱才、用才”，真重视、真落实、真投入。

在抓渤海粮仓工作过程中，要听取几次汇报，挤出时间看几个示范点，参加几次推进会，解决几个存在的问题；每个县的技术目标、示范面积、技术培训任务等要抓好落实，任务落实到乡镇，指标落实到村庄，面积落实到地块，责任落实到负责人；各市县不但要有资金投入，还包括技术投入、政策投入等，全力推进渤海粮仓工程建设。

④ 河北省科技厅农村处徐成处长对具体工作提出几点要求。一是认真贯彻，提高认识。各参会人对李丛民副厅长讲话和 2016 年渤海粮仓科技示范工程的重点部署，要认真学习、深刻领会，结合本地、本部门实际拿出贯彻落实的意见，将渤海粮仓建设作为稳定粮食生产、推动农村工作的重点任务抓好抓实。二是明确分工，加强协调。各市科技局及时与有关市直部门和县市协调沟通，形成合力推动项目区建设。河北省农林科学院、中国科学院农业资源研究中心、有关市农科院要组织各技术支撑单位，加强技术研发、集成等基础性工作，切实为河北省渤海粮仓建设提供可靠的技术支撑。省科技厅将积极联系财政、农业、水利等部门，密切协调，强化配合，为县市推进渤海粮仓建设提供优良服务。三是强化责任，抓好落实。各重点示范县（市、区）是完成增产任务的责任主体，要加强与省直单位沟通协调，积极联系有关技术支撑单位，落实配套资金，按任务合同要求完成技术推广和增产任务，经费使用上严格相关管理办法执行。2015 年，省政府出台《关于落实粮食安全省长责任制的实施意见》，把渤海粮仓和粮食丰产科技示范工程作为科技创新方面的考核指标，将对粮食生产县进行考核。

2. 辐射推广示范县观摩推进会

6 月 3 日，省农业技术推广总站在渤海粮仓宁晋基地和省农业技术推广总站组织 30 个辐射推广示范县召开观摩培训会暨推进会。项目首席专家河北省农林科学院王慧军院长、省科技厅农村处徐成处长应邀出席推进会，参加会议的还有省农业技术推广总站崔彦生站长、沧州、衡水、邢台、邯郸 4 市农牧局（农业局）和 30 个一般示范县农牧局（农业局）的主管领导及有关市县农技推广站的负责人等共计 80 余人。

（1）现场观摩培训会

与会人员观摩了渤海粮仓宁晋核心示范基地，包括百亩方开展的不同模式微灌水肥一体化的应用效果，微灌小麦水分、养分吸收规律及节水节肥技术的试验小区以及千亩方农户应用微灌技术的示范效果。河北省农林科学院粮油作物所贾秀领研究员向与会代表介绍了宁晋基地的建设背景、项目思路、技术效果、示范带动情况等。宁晋基地的技术模式在全县进行了整建制示范推广，为河北省地下水压背景下实现粮食增产、农民增收、农业增效提供了新思路和技术支撑，带动了传统农业向资源节约型现代农业转型升级。

会议还组织参观了宁晋县西城区农业推广站、宁晋县小麦—玉米限水稳产科技集成创新与示范基地、国家农业产业化龙头企业玉峰实业集团。

（2）项目推进会

项目推进会由省农业技术推广站崔彦生站长主持。任丘市、冀州区、巨鹿县、邱县的参会代表就渤海粮仓工程实施成效和工作体会进行了汇报和交流。

崔彦生站长对会议进行了总结发言。要求各参会县（市）一是要向有关领导及时汇报会议情况及项目进展；二是要抓好本市（县）观摩交流，采取多种形式、不同规模的观摩学习；三是抓好项目的落实，抓好培训工作和技术指导；四是要做好宣传工作，各县也要做好相关影像资料的存档工作；五是做好小麦季的测产和总结工作，有好的经验做法及时与推广总站沟通，供其他县（市）借鉴，更好地推进项目工作。

3. 项目首席王慧军院长对下一步工作提出建议

项目首席专家河北省农林科学院王慧军院长在参加重点示范县和辐射推广示范县的观摩推进会上听取各市及示范县的汇报后，认为项目工作进展顺利，取得了一定的节水增产效果，同时强调2016年是“十三五”开局之年，也是完成渤海粮仓任务的关键之年，王院长对各县下一步的工作提出以下几点建议。

（1）准确把握总体思路和技术路线

河北省项目必须按照“增产增效并重、良种良法配套、农机农艺结合、生产生态协调”的基本思路和“生态优先、节水改土、稳夏增秋、棉改增粮、粮饲结合、集约经营”的技术路线，以水定产、以水定业，生产能在市场上能销售出去的产品，在推进农业供给侧结构性改革上下功夫。

（2）加深对渤海粮仓项目的认识

渤海粮仓科技示范工程是唯一写进中央“一号文件”，连续3年写入中共河北省委“一号文件”、连续两年写入省政府工作报告的项目，投资强度大，辐射面积广，各县（市）要给予项目高度重视，探讨区域农业发展的模式，推广适宜的主体技术模式。

（3）各县要突出抓好以下8个方面的工作

① 突出“大粮食”概念和思维，“粮经饲”一体化，大力发展牧草、杂粮等产业。

② 突出主体技术模式。

③ 突出“百千万”推广工作法，实现主体技术逐渐放大。

④ 突出协同创新，打通学术孤岛，组建创新团队。

⑤ 突出成果转化应用，坚持科学可行性、技术可行性、经济可行性和机制可行性；实现科学家、企业家、政治家和金融业、保险业的五家握手。

⑥ 突出新型经营主体的培育。

⑦ 突出“藏粮于地、藏粮于技、藏粮于水”。

⑧ 突出重点县的整建制推进。

（4）加大渤海粮仓宣传力度

向领导、社会、农民宣传项目的总体思路、技术路线、工作方法、技术模式，扩大社会影响。各课题要注意技术档案管理，特别是要积累一批声像素材，为项目验收和下一阶段工作打好基础。

玉米清垄免耕精密播种机现场演示会在宁晋召开

2016 年 6 月 14 日，河北省渤海粮仓科技示范工程项目管理办公室组织在宁晋基地召开玉米清垄免耕施肥播种现场演示会。项目首席专家河北省农林科学院王慧军院长、项目管理办公室负责人郑彦平研究员、13 个重点示范县技术负责人、宁晋县农业局负责人、河北中友机电设备有限公司技术负责人及项目办相关人员等共计 40 余人参加了演示会。

会议由河北省农林科学院粮油作物所梁双波所长主持，中友机电周英山副总经理和玉米清垄免耕施肥精密播种机发明人河北省农林科学院粮油作物所籍俊杰研究员分别就河北省农林科学院与中友机电农机农艺结合技术合作和麦茬地玉米播种机械的研制及设备特点做了详细介绍。

会上，王慧军院长指出，农机农艺结合是河北省渤海粮仓科技示范工程基本思路的一项重要内容，解决了农业生产的机械化，才能实现农业生产的标准化。举办这次观摩演示会的目的就是要加强农机农艺结合，要求 13 个重点示范县对定型的先进产品予以示范并且辐射推广，并逐步实现在整个项目区的有效推广。

与会人员饶有兴致地观摩了小麦收割后清垄免耕精密播种机玉米施肥播种的现场演示。该播种机由河北省农林科学院粮油作物所和中友机电公司联合研制，可一次性完成前茬作物秸秆条带清理、施肥、免耕精量播种、智能漏播监控、除草剂对行喷洒、播后镇压等多项作业。该机不仅播种密度均匀，还可以有效防治二点委夜蛾以及在不耕作的情况下集中侧深施肥，同时经清垄后减少小麦秸秆的覆盖，能保证玉米苗全苗壮。该设备实现了一次操作多重效果，能够很好地满足大田作物机械化操作的要求。玉米播种展示结束后，与会专家纷纷根据自己的种植品种、播种要求等与设备研制人员进行了深入探讨，以期达成广泛合作。

技术研发课题召开研讨会

2016 年 7 月 3 日，河北省渤海粮仓科技示范工程项目管理办公室组织召开了技术研发研讨会。参加会议的河北省渤海粮仓项目首席专家河北省农林科学院王慧军院长、项目管理办公室负责人河北省农林科学院郑彦平研究员、项目执行专家组成员、渤海粮仓科技部课题各主持人及技术骨干、省专项技术研发课题各主持人及技术骨干等近 50 人。

1. 课题汇报

各课题组汇报了各自课题的主要研究进展、技术突破创新及取得的标志性成果，拟申报的各类专利、技术规程、标准，拟发表的论文及明年拟申报的成果，项目结束后任务目标完成情况预估，以及存在的主要问题及建议等。

2. 执行专家组点评

项目执行专家组听取各课题汇报后，认为各课题都做了大量的研究工作，进展顺利，取得了一大批的技术成果，能够完成既定的任务目标，并建立了项目的科研队伍，能够为项目区提供技术支撑和技术储备。专家组对今后的工作提出以下几点建议和意见。

① 现阶段的目标任务与地下水压采任务有冲突，与课题设计有偏离，应及时调整思路，注重增粮同时要更注重节水等生态效益。

② 加强技术的集成和机理过程研究，加强模式的提炼和支撑；要按照项目区不同分区总结技术模式，课题分类凝练成果；各课题目标达成的技术、方法、创新点等要有清楚的表达。

③ 涉及水、土、肥、经济评价等的基础性课题，要做到系统化，加强与分技术课题的沟通，相辅相成，为分区提供依据；试验要结合不同土力、不同肥力等并要综合考虑到丰水年、欠水年和平年的结果，不轻易下结论。

④ 多利用视频的表现形式，主动设计，将一系列的技术规程用教学片的形式，向农民、企业、产业部门、政府等宣传，起到更好的推广和宣传作用；并充分利用智能手机和网络系统等形式，扩大辐射规模。

3. 项目管理办公室负责人郑彦平研究员提出建议

郑彦平研究员认为，技术研发课题已经形成了一批论文、专利、标准规程等成果，还应进一步建设标志性基地，产出标志性成果；并对各课题提出以下几点建议。

① 实验要讲究系统性和严密性，要在可控条件下获取实验数据，用严密的实验数据支撑研究结论。

② 各技术研发课题之间要统筹融合，有机结合，拾遗补漏，避免课题间重复工作和无序竞争。

③ 集中优势兵力应用现有成果，扩大应用推广规模，扩大项目影响力。

4. 王慧军首席强调下一步工作

项目首席专家河北省农林科学院王慧军院长指出，渤海粮仓技术研发工作要按照习近平总书记在全国创新大会上指出的“三个面向”为着眼点，即面向世界科技前沿、面向国民经济建设主战场、面向国家重大需求，出高水平的论文、专利、规程、产品等，并结合技术研发各课题工作进展，对下一步工作强调以下几点。

① 认真领会项目的“增产增效并重、良种良法配套、农机农艺结合、生产生态协调”的基本思路和“生态优先、节水改土、稳夏增秋、棉改增粮、粮饲结合、集约经营”的技术路线，这是项目的纲，要做到纲举目张，不能偏离轨道，各课题要找准自己的位置，凝练技术成果，为项目区服务。

② 渤海粮仓科技示范工程是一个很好的平台，打通了学术孤岛，各课题各任务之

间要相互融合，互为补充协调，避免重复，鼓励课题之间联合发表文章、申请专利等。

③ 各课题凝练的成果要达到省级一等奖的水平，比如微咸水灌溉、多水源综合利用、微灌水肥一体化、雨养旱作、杂粮轻简化综合利用、草粮轮作、农牧结合循环经济、棉改增粮等技术模式，鼓励申请自然科学奖、发明奖、科技进步奖、技术推广奖、社科奖等，项目会在资金、人力、物力等方面给予倾斜。

④ 避免边研究、边示范、边推广。一定要做到试验一代，示范一代，推广一代，研究是探索，示范要成功，推广必须见效益。

⑤ 物化一批产品，创立一批品牌；注重与新型经营主体的结合，加强与品种、机械、肥料、农药等服务体系的结合。

⑥ 将数量性指标向质量效益性指标转化，强调标志性成果。

⑦ 扩大宣传，提高项目影响力。宣传到地方领导，宣传到技术人员，宣传到新型经营主体，宣传到广大农民群众，扩大渤海粮仓这张名片的社会影响。

河北省渤海粮仓创新团队获中共河北省委省政府表彰

中共河北省委省政府深入贯彻全国科技创新大会精神，激励创新，为进一步营造大众创业、万众创新的良好氛围，在2016年7月11日召开的全省科技创新大会上，对20个在基础研究上有重大发现、技术创新上有重大发明、产业创新上有重大突破的高层次创新团队和10个技术领先、成果突出、成长潜力大的重点培育创新团队进行了表彰。以河北省渤海粮仓专项首席专家河北省农林科学院院长王慧军教授、渤海粮仓国家项目负责人中国科学院农业资源中心刘小京研究员为领军人的河北渤海粮仓创新团队成功入选“高层次创新团队”，并得到省领导现场授牌表彰。

河北省渤海粮仓科技示范工程是我省战略性增粮工程。由国家、省、市、县多层次科技人员组成的创新团队，研发形成了一批专利和成果，集成了雨养旱作、微灌水肥一体化、微咸水补灌、多水源综合利用、草粮轮作、棉改增粮、农牧结合循环经济、杂粮轻简化综合利用等主推技术模式；创立了“百、千、万”工作方法；与京津相关科研单位、农业相关企业、新型经营主体结合，使创新、转化、示范推广有机结合，促进高新技术成果的规模化转移和快速示范推广。2015年河北省渤海粮仓科技示范工程在项目区43个县全面实施，示范面积72.8万亩，辐射面积771万亩，增粮6.76亿kg，节水2.85亿m^3，总增效13.8亿元。

项目实施促进了河北省农业产业结构优化，提高了水土资源利用效率，增强了粮食综合生产能力和农业可持续发展能力，实现了农业增效、农民增收、生态改善。

春玉米起垄覆膜侧播技术现场观摩会召开

2016年7月7日，由沧州市农牧局农业技术推广站组织的“春玉米起垄覆膜侧播种植技术”现场观摩会在泊头市宋八屯村召开。沧州市农牧局、沧州各县市农业局、科技局和农开办的有关领导及农业种植专业合作社、种植大户等80余人参加了观摩会。

现场观摩会由沧州农牧局农业技术推广站潘秀芬站长主持，渤海粮仓《雨养旱作区增产增效技术研究与示范》课题主持人沧州市农林科学院阎旭东研究员详细介绍了玉米起垄覆膜侧播种植技术和玉米宽窄行单双株增密增产种植技术的要点及优势。该技术自研发以来，集雨保墒效果明显，增产效果显著且稳定。特别是配套的大型双垄四行玉米起垄覆膜播种机投入生产后，覆膜播种质量及工作效率的提高，推广速度大大加快，深受农民欢迎。该播种机已于 2016 年 6 月 27 日通过河北省农机检测鉴定站的现场验收。另外，该技术已获得 1 项国家发明专利和 4 项实用新型专利授权，并通过河北省地方标准审定。

在 2016 年玉米生长前期干旱少雨的条件下，泊头宋八屯示范区春玉米生长健壮，与同一天播种的对照田相比，长势对比效果差异显著。与会人员在观摩现场看到示范效果后，对该技术表现出浓厚兴趣。沧州农牧局农业技术推广站号召全市农技推广部门学习并推广该技术成果，为河北省粮食增产、农民增收作出突出贡献。

节水养地型草粮双丰技术研发课题举办试验田开放日活动

为了更好展示和示范试验站研究成果，让草业管理部门、草企业、奶牛养殖企业、草业协会、种草农户等更直接了解掌握草业技术与研究成果，2016 年 9 月 25 日，节水养地型草粮双丰技术研发课题承担单位河北省农林科学院农业资源环境研究所在黄骅市成功举办了试验田开放日活动。来自沧州市农牧局、黄骅市农牧局、献县农牧局、南大港管理区畜牧局等行业管理部门、国内草种企业、饲草种植企业、饲草加工企业、沧州草协会、奶牛养殖企业、种草农户等 50 余人参加了此次活动。

草粮双丰技术研发课题负责人刘忠宽博士首先介绍了河北省饲草产业“两区三带”规划情况，“两区”是指沧州滨海盐碱地区苜蓿生产区、张家口承德坝上燕麦生产区，“三带”是指张家口及黑龙港流域饲用谷子生产带、以奶牛优势产业为核心的青贮玉米生产带和饲用麦类生产带。课题相关负责人还向与会者介绍了紫花苜蓿、饲用谷子品种引进、鉴定、筛选和栽培技术研究进展，青贮玉米品种鉴定筛选、栽培技术研究进展以及紫花苜蓿施肥技术、春播玉米套复种毛叶苕子、黑麦等越冬型牧草种植模式及配套技术的研究进展情况等。课题组 2016 年新引进育成紫花苜蓿品种 58 个、饲用谷子 23 个，经过 1 年的系统评价，初步筛选出了一批适宜品种。

开放日活动上，参会人员与课题组研究人员进行了互动交流，探讨了一些产业技术问题，参会人员也提出了一些具体的技术需求。此次试验田开放日活动的成功举办，为进一步展示、示范饲草新品种、新技术提供了一个更好的窗口，为更好促进区域饲草产业发展、提升耕地质量、促进粮食安全起到了示范作用。

科技部农村中心领导到项目区检查工作

为加快落实中央“一号文件”精神，进一步总结凝练重大成果，加强经费收支情况检查，更好地推进渤海粮仓科技示范工程实施和做好项目课题验收部署等相关工作，9 月 28—29 日科技部农村中心领导到沧州市检查河北项目区课题执行情况。

科技部农村中心贾敬敦主任、农业攻关处卢兵友处长，中国科学院科技促进发展局段子渊副局长，河北省项目区首席专家河北省农林科学院院长王慧军教授，省科技厅李丛民副厅长、中国科学院遗传所农业资源研究中心领导、沧州市吕荣锋副秘书长参加了活动。

这次检查活动还聘请了中国科学院、中国农业科学院技术专家和财务专家予以指导。

王慧军首席对河北项目的执行情况、经费自查情况以及下一步工作计划做了汇报。领导和专家考察了中国科学院南皮生态农业试验站、海兴示范基地和黄骅示范区，观摩了试验基地技术研发、互联网+“渤海粮仓”信息化建设、盐碱地高效利用示范区和旱作雨养示范区建设等情况。

科技部、省科技厅、中国科学院领导及相关专家在听取汇报和参观示范区后，充分肯定河北课题进展，认为河北渤海粮仓项目总体思路清晰，技术路线合理，研究转化配套，创立“百千万示范推广方法”，示范基地规范，成果规模化转化，对该区域农业生产能力的提升起到了重要支撑作用，成效显著，走在了全国前列。领导和专家建议，技术示范除了注重粮食产量和经济效益，也要注重对环境影响的评价；技术层面在初步区域化布局基础上，进一步对各技术加以完善和提炼分析，突出区域主导模式；严格财务报账制度，为课题圆满完成奠定良好基础。同时，要积极谋划“十三五”工作，为环渤海区域现代农业发展提供强有力科技支撑，为项目区农业下一步发展提供设计思路。

2017 年

2017 年工作推进会召开

2017 年 2 月 21—22 日，河北省渤海粮仓科技示范工程工作推进会在石家庄召开。会议主题为总结 2016 年工作，安排部署 2017 年工作任务。参加会议的有项目首席专家河北省农林科学院王慧军院长，省科技厅李丛民副厅长、农村处徐成处长，项目领导小组成员省财政厅农村处贺志处长、省农业厅科教处杨延昌副处长、省水利厅科教处王凤安副处长，项目管理办公室负责人河北省农林科学院郑彦平研究员，河北省农林科学院科技处、财务处负责人，项目执行专家组成员，省农业技术推广总站项目负责人、沧州、衡水、邯郸、邢台科技局主管局长和主管负责人，项目技术研发团队负责人及技术骨干，13 个重点示范县主管负责人和部分合作社、成果转化企业代表等 130 余人。会议由项目管理办公室负责人郑彦平研究员主持。会议情况如下。

1. 2016 年工作进展汇报

各技术研发课题负责人、省农业技术推广总站、13 个重点示范县主管负责人分别汇报了 2016 年任务指标完成情况、取得的成效及 2017 年工作计划等。2016 年河北渤海粮仓项目实现增粮 9.95 亿 kg，节本增收 19.9 亿元，节水 4.6 亿 m^3，超额完成年度各项任务指标。

2. 技术研发组和推广示范组分组对 2017 年工作进行研讨并提出可行性建议

3. 项目领导小组办公室宣布项目表彰奖励评选结果并授牌

省科技厅农村处徐成处长宣读了《河北省渤海粮仓科技示范工程领导小组办公室

关于表彰渤海粮仓科技示范工程先进单位的通报》，授牌表彰奖励以下先进单位和团队。

（1）优秀示范县（市）

威县、景县、南皮县、曲周县、宁晋县、黄骅市、泊头市、大名县、馆陶县和枣强县。

（2）优秀专业创新团队

① 微咸水补灌与土壤保育技术研究与示范团队。

② 农牧结合循环经济发展模式与关键技术研究团队。

③ 河北东部低平原区雨养旱作技术模式研究与示范团队。

④ 农田改土培肥与高效施肥关键技术研究与应用团队。

⑤ 棉田增粮技术创新团队。

⑥ 小麦玉米微灌水肥一体化技术模式研究与示范团队。

（3）优秀技术服务体系

① 河北省农业技术推广总站。

② 农机服务体系联盟。

③ 邱县农牧局技术站。

④ 肃宁县农业局技术植保站。

（4）优秀示范推广基地

① 南宫市冀科棉粮种植服务专业合作社。

② 津龙现代农业科技有限公司。

③ 献县秋江农机服务专业合作社。

（5）优秀成果转化企业

① 河北治海农业科技有限公司。

② 河北兰德泽农种业有限公司。

领导小组办公室决定对获得优秀的单位、县市予以物质奖励。

4. 王慧军首席总结2016年工作并部署2017年任务

项目首席专家河北省农林科学院王慧军院长用“成绩丰厚、亮点纷呈”概括项目几年来的工作成果，并结合贯彻中央“一号文件”精神，推进农业供给侧结构性改革和培育发展新动能，对2017验收年的工作做了具体部署。

（1）工作总结和评价

王慧军院长认为，项目取得的成绩主要表现在以下标志性成果和事件。

① 通过工程实施，确立了“大粮食”的概念，并根据河北省渤海粮仓项目区的实际情况，将渤海粮仓科技示范工程与生态修复、地下水压采工程紧密对接，实施“藏粮于地、藏粮于技、藏粮于水”战略，在提高粮食生产能力的同时，倡导农牧结合，优化粮经饲三元结构。

②《河北省渤海粮仓科技示范工程行动方案（2014—2017年）》获得河北省社会科学成果一等奖。

③ 搭建起了京津冀协同创新、产学研一体化的创新平台，组建了中国科学院、中国农业科学院、中国农业大学、河北省农林科学院、地方农科院等科研院校参与的国家队、省级队和地方队相结合的技术研发队伍。一批农机公司、肥料公司、种业公司、植保公司、节水设备公司通过参与项目，促进了新品种、新技术、新机具、新设备和信息化管理等先进科技成果在项目区的规模化转化。

④ 建立了一批高水平的示范基地和园区，比如南皮的种子繁育基地、景县的微咸水利用基地、黄骅的雨养旱作农业示范基地、威县农牧结合示范基地、曲周的棉麦套作基地、南宫棉改粮基地、宁晋的微灌水肥一体化基地等。通过工程实施，建设了南皮、威县和曲周 3 个国家级的农业科技园区和 22 个省级农业科技示范园区，园区聚集了大量的科技和市场要素，培育扶持了一大批新型农业经营主体。

⑤ 通过工程实施创立了“百千万”的示范推广方法，实现技术效果的逐级放大，把八大技术模式应用推广到全域 43 个示范县。

⑥ 培育了一批品牌企业和品牌产品，比如中友机电、农哈哈、治海种业、肥尔得公司，节水型小麦品种小偃系列、冀衡系列、石麦系列抗旱节水品种等。

⑦《中国科学院“十三五”发展规划纲要》提出 60 项有望实现跨越发展的重大突破性工作，其中农业项目 3 项，渤海粮仓科技示范工程名列其中。

⑧ 渤海粮仓科技示范工程写入 2016 年中央“一号文件”，连续三年写入河北省“一号文件”，作为河北省战略性增粮工程，旨在提高中低产田粮食生产能力，保障国家粮食安全。

⑨ 河北渤海粮仓创新团队获得中共河北省委省政府授予的“高层次创新团队”称号，为 20 个创新团队之一，省领导授牌表彰，并给予 100 万元奖金。

⑩ 项目得到了社会的广泛认可，经过报纸、网络及微信投票，河北渤海粮仓科技示范工程创新团队荣获“2016 年度河北十大经济风云人物”创新团队奖。

⑪ 张庆伟省长、沈小平副省长、王晓东副省长都对河北渤海粮仓的工作进展和 2017 年工作安排给予肯定性批示，张庆伟省长批示省宣传部要对河北渤海粮仓进行专题报道。

（2）2017 年工作部署

河北省渤海粮仓科技示范工程总体思路和中央“一号文件”的要求高度吻合，2017 年项目工作要以中央“一号文件”为指导，推进农业供给侧结构性改革和培育发展新功能，用改革的办法来推动农业农村发展由过度依赖资源消耗、主要满足量的需求，向追求绿色生态可持续、更加注重满足质的需求转变，为农业增效、农民增收、农村增绿服务。

2017 年是项目验收年，我们要以高标准通过验收为目标，在夏粮收获季完成增加 15 亿 kg 粮食生产能力和节水 7 亿 m^3 的项目总体目标，秋季超额完成国家专项和省工程要求的所有任务指标，为中低产田改造项目启动打下良好基础。

2017 年工作重点是要对照计划任务书指标形成一批成果，主要包括：雨养旱作农业、适水型种植和多水源利用、滨海盐碱地改良、节水抗旱品种评价及示范推广、微咸水利用、测墒灌溉与水肥一体化、农牧结合和粮饲结合、改土培肥、棉改增粮、杂粮轻简化栽培、组织管理体系及技术评价和示范推广方法的创新等 12 个方面，今天起我们就确定各团队牵头人，牵头人要主动召集，各相关任务之间要密切配合，形成合力，出高水平的科技成果。

(3) 对下一步工作的具体要求

① 示范基地现场要按照形成成果的要求布置，做好关键季节的测产和验收工作，13 个重点示范县要体现整体推进，30 个辐射推广示范县也要制定推进方案，要做到处处有样板，事事有人负责。

② 各研发团队和示范县都要召开现场会观摩会，将技术模式推向适宜项目区，实现全覆盖。

③ 通过印制小册子、口袋书、明白纸等形式向农民宣传技术模式，扩大技术影响力和项目影响力。

④ 按“成果要素”安排总结工作，做到档案齐全，要有论文论著、有专利、有标准规程、有物化产品、有规模、有效益。

⑤ 严格按照《河北省渤海粮仓科技示范工程项目管理办法》和《河北省渤海粮仓科技示范工程省级财政专项资金管理办法（试行）》加强项目管理和经费管理，把项目任务完成好，把经费花好。

⑥ 项目管理办公室尽快制定今年的项目验收办法规范范本，指导规范项目验收工作。

⑦ 加紧 2017 年项目任务书的签订工作，制订科学合理的任务指标，确保完成各项任务。

⑧ 通过实施渤海粮仓项目，我们已经组建起成熟的研发团队，建立了高标准的示范基地，形成了良好的运行机制，大家要坚定信心，将项目工作延续下去，为中低产田改造项目启动打下良好基础。

5. 河北省科技厅李丛民副厅长做总结讲话并提出几点要求

李丛民副厅长充分肯定了项目推进会的成效和前段工作，认为项目之间通过汇报交流和展开座谈研讨，达到了相互学习和提高的目的，更有利于下一步工作的开展。

在京津冀协同发展的大背景下和京津冀共同体的构建上，河北省科技工作取得了 4 个方面的成绩，即共建园区、共建平台、共建基金、共同攻关，共同攻关的典型代表就是“渤海粮仓科技示范工程”。工程的实施支撑了全省中低产田改造战略思维进一步的确立，是全省甚至全国农村经济工作的重要抓手，是支持我省农业发展，保证农业增产不逆转、农民增收不降低、农村稳定不出问题的重要战略平台。

李副厅长认为，河北省渤海粮仓科技示范工程做到了以下 4 个方面的突出：突出了企业的主体地位、突出了示范基地建设、突出了产学研结合、突出了多部门的合作。河北渤海粮仓项目还在适应新形势下科技成果的转化机制方面做了有益的探索，促进了科技成果在项目区大范围的转化和转移。培养和稳定了全省农业科研队伍，为河北省农业发展提供了人才储备。

对于下一步工作，李副厅长建议项目实施过程要树立规章意识、绩效意识、服务意识。任务有合同，经费有办法，避免管理和财务不规范问题；项目经费向优秀的基地、优秀的团队和优秀的服务体系倾斜，克服“不想花、不敢花、不会花”的问题；为科技人员创新创业从体制机制、生活条件上提供便利，创造条件，加强年轻科研队伍的培养。

渤海粮仓下一步工作要继续抓好“五个一批”工作：集中力量集成一批好用、适用、实用、管用的“技术包”，壮大一批新型农业经营主体，建立一批规模化、集约化示范基地，凝练一批改革创新典型、推介一批产品和品牌。

李副厅长强调，渤海粮仓科技示范工程到了关键之年、收官之年，我们要向科技部、向省政府交一份满意的答卷，也向项目区的广大人民群众同时也向广大科技人员交一份满意的答卷，使全省农业科技工作再上一个新的台阶。

2016 年度工作绩效评价获得优秀

2017 年 5 月 14 日，河北省渤海粮仓科技示范工程在石家庄召开了 2016 年度项目绩效评价会。按照河北省财政厅做好 2016 年度省直部门财政支出项目绩效评价相关文件要求，项目前期组建了由项目首席专家为负责人的绩效评价自评工作小组，收集绩效评价相关资料，对资料进行审查核实。在项目自评基础上，项目邀请了河北省科技厅、省财政厅、省农业厅、省水利厅、河北农业大学、河北地质大学、河北省科学院、河北省水科院的专业技术、科技管理、财务管理等有关专家组成评价工作小组，对项目 2016 年度工作进行了绩效评价。

项目首席专家河北省农林科学院院长王慧军教授就 2016 年度项目绩效目标和绩效指标设定情况、绩效评价组织情况、绩效评价指标分析情况、主要经验做法、存在的问题与建议和绩效评价的结果应用等向与会专家进行了汇报。

专家组在听取汇报、审阅相关材料基础上，按照《河北省预算绩效管理办法（试行）》（冀政〔2010〕138 号）、《河北省财政支出绩效评价管理办法》（冀财预〔2011〕68 号）文件规定的相关要求对 2016 年度项目任务目标、完成情况和项目绩效逐项打分并进行评价，对河北省渤海粮仓科技示范工程 2016 年度工作形成以下绩效评价意见。

河北省渤海粮仓科技示范工程按照“增产增效并重、良种良法配套、农机农艺结合、生产生态协调”的总体思路，以“生态优先、节水改土、稳夏增秋、棉改增粮、粮饲结合、集约经营”为技术路线，以“突出协同创新、突出‘大粮食’理念、突出节水优先、突出培育新型主体、突出转化应用”为基本原则，通过“生物节水、农艺节水、工程节水、管理节水”实现增粮节水目标，全面提高区域粮食综合生产能力。

项目通过创新组织管理模式，构建服务体系，选建示范基地，分层次设立了“技术研发、成果转化、示范推广”三类课题，推广八大技术模式，为实施“藏粮于地，藏粮于技，藏粮于水”战略提供了科技支撑。

2016 年河北省渤海粮仓科技示范工程技术示范推广稳步推进，表现在技术体系不断完善，科技成果转化持续推进，示范基地建设扎实开展；同时，“渤海粮仓”实施与产业发展更加紧密，表现在渤海粮仓种业顺利起步，农业科技园区建设进一步加强，社会化、市场化的农业科技服务体系日趋完善。

2016 年河北省渤海粮仓科技示范工程建设 110 个千亩示范方，95 个万亩辐射区，辐射面积超过1 040万亩，实现增粮 9.95 亿 kg，节水 4.6 亿 m^3，节本增收 19.9 亿元，取得了良好的经济效益、社会效益和生态效益。

项目全面完成了年度各项任务指标。项目管理绩效评分 96.6 分，结果绩效评分 96.6 分，综合评价得分为 96.6 分。绩效评价为优。

杂粮轻简高效生产技术现场观摩会在黄骅召开

2017 年 9 月 8 日，河北省农林科学院谷子研究所与黄骅市农业局在黄骅市吕桥镇联合举办杂粮轻简高效生产技术现场观摩会。河北省渤海粮仓项目首席专家河北省农林科学院王慧军院长、河北省农林科学院谷子研究所副所长李顺国研究员、高粱育种专家杜瑞恒研究员、谷子栽培专家夏雪岩研究员、黄骅市渤海粮仓团队成员及周边县市的种植大户等 100 余人参加了观摩会。

与会代表观摩了吕桥镇狼虎庄和河南村高粱、谷子轻简高效生产技术示范区。吕桥镇狼虎庄高粱绿色轻简高效示范基地占地1 600亩，示范品种为河北省农林科学院谷子研究所的糯高粱冀酿 2 号，示范技术为高粱免药全程机械化生产技术。冀酿 2 号具有抗蚜虫、无须打药、抗压力强、抗倒、抗旱、耐盐碱能力强、高产等优点，适合酿造酱香型白酒和有机产品加工，可替代玉米做饲料或酿酒。冀酿 2 号生长周期短，5 月播种，9 月中旬进入收割期，预计亩产 600 kg。

吕桥镇河南村谷子轻简高效生产技术示范基地示范品种为河北省农林科学院谷子研究所的冀谷 38 号，示范技术为谷子全程机械化生产技术。该项技术实现了谷子从种到收全程机械化，大大提高了生产效率；采用化学间苗化学除草，效果好，鸟害轻；冀谷 38 号抗旱耐盐碱、抗倒伏、综合抗病性强；夏播生育期 90 d 左右，省工省力省时，品质好、效益高，预计亩产 350 kg 以上，价格高出玉米价格 2～4 倍，市场前景好。

河北省渤海粮仓项目首席专家河北省农林科学院王慧军教授在现场观摩总结会上说，河北渤海粮仓区域面临供给侧结构性改革，需要紧密围绕市场需求、突破环境约束布局农业生产。黄骅试种成功的高粱、谷子市场需求旺盛，产业链条长，效益好，抗旱、节水、抗逆，粮饲兼用，适宜种植，受到农民广泛欢迎。河北省农林科学院谷子所培育出适销对路品种，应该在河北渤海粮仓区域大力推广。

滨海重盐碱地治理与利用示范观摩会在曹妃甸召开

9 月 20 日，由河北省农林科学院滨海农业研究所承担的“农田改土培肥与高效施肥关键技术研究与应用——滨海重盐碱地治理与利用示范”课题在曹妃甸召开观摩会。省渤海粮仓项目管理办公室负责人郑彦平研究员、技术研发课题负责人及技术骨干、项目办成员参加了观摩会。

与会代表观摩了滨海所综合试验站和曹妃甸新城天旭生态农业园区的植物耐盐鉴定、土壤质量提升、节水控盐、植物改土降盐等关键技术研发核心试验田，其中曹妃甸天旭千亩生态园示范区地块整治前为海水养殖基地，土壤含盐量 3.0%以上，植被仅有稀疏的盐地碱蓬，覆盖率在3%以下，2017年集成暗管排盐技术、土壤质量提升技术、耐盐植物利用技术、节水控盐技术，土壤治理后栽植耐盐经济植物18种，植被成活率90%以上。根据最近测定结果，改良后土壤全盐含量在0.5%～1.0%，无改良对照土壤含盐量1.9%。土壤容重由1.8 g/cm^{3}降至1.45 g/cm^3，植被覆盖率已经达到90%以上。

课题技术负责人王秀萍研究员介绍了“滨海重盐碱地治理与利用研究”关键技术及集成与示范情况。关键技术包括：滨海盐碱地生态经济型植物品种选择技术、泥质滨海重盐碱地土壤质量提升技术、泥质滨海盐碱地节水控盐技术、泥质滨海重盐碱地暗管排盐技术。

课题组采取土壤—植物适生种植原理，根据21种植物的耐盐阈值和降盐改土培肥能力，构建了以适盐—降盐—地力提升为目标的“梯次推进”利用滨海重盐碱地的种植物选择模式。

针对淤泥质滨海重盐碱地土壤盐分高、土壤黏重等土质差的问题，该研究团队构建了深翻耕+浅改良+垄作+滴灌+耐盐植物的节本改土降盐技术体系。确定翻耕40～50 cm，改良20 cm耕层条件下物料组合改土培肥效果明显，亩施玉米秸秆5 m^3+磷石膏0.5 t+有机肥5 m^3，与CK相比，土壤有机质提高了58.71%，土壤速效磷提高了152.48%，土壤容重下降7.28%，田菁生物量提高了13.88%。

课题组优化了暗管在泥质滨海重盐碱地区的应用技术，在土壤含盐量高达1.5%～2.8%的黏重盐碱地条件下，分析了物料改良+滴灌和原土+滴灌两种利用方式暗管处理对淤泥质滨海滩涂区土壤1m剖面盐分的影响，确定“物料改良+滴灌”的暗管利用模式，60 cm土体盐分降低到0.6%以下，较原始土壤盐分降盐70%，较无暗管对照降低25%，且无明显春季返盐现象；最佳埋深60～80 cm，暗管间距7～10 m。

针对泥质滨海重度盐碱地质地黏重、土壤钠吸附比高，水分饱和后土壤颗粒膨胀、孔隙关闭、土壤入渗系数降低甚至为零的现状，研究团队采取滴灌增加土壤基质势弥补渗透势降低，利用水分非饱和运动维持向下的土壤水势梯度淋洗盐分的理论，开展了泥质滨海重盐碱地原土改良条件下水盐调控对滨海盐碱地土壤盐分及对作物生长的影响研究。研究结果表明，60 cm耕层内控制土壤基质势-10 kPa可以达到较好的盐分淋洗效果，土壤脱盐率达88.2%。

该技术研发团队还制作了宣传片，全面展示了自2015年以来团队的研究实况、科研成果与示范效果，与会代表对该团队的研究示范效果和宣传片给予了高度评价，并提出了可行性建议。

项目办负责人河北省农林科学院郑彦平研究员对此次互动式观摩交流会非常满意，认为研究试验布置严密，研究成果应用示范效果显著，并提出下一步工作要进一步熟化各项成果与技术，强化组装配套，逐步形成实用“傻瓜”技术；要加强成果的应用推广，扩大应用面积，使成果展示由“盆景”变“风景”。

南宫和威县现场会召开

2017年9月23日，河北省渤海粮仓科技示范工程在南宫和威县召开了现场会。参加会议的有项目首席专家河北省农林科学院王慧军教授，项目管理办公室负责人郑彦平研究员，省农业技术推广总站崔彦生站长，科技厅项目主管张连占，邯郸市科技局马千领副局长和主管负责人、邢台市科技局李文阔副局长和主管负责人、衡水市科技局主管负责人、各重点县主管负责人、邢台市推广示范县主管负责人、技术研发课题负责人及技术骨干等近 80 人。南宫市人大副主任郭京发、威县副县长翁乃侠分别代表当地政府致了欢迎辞。《河北经济日报》及当地媒体跟踪报道。会议具体情况如下。

1. 南宫两年三熟粮棉轮作高产节水技术示范

在南宫渤海粮仓项目区，与会代表观摩了玉米粒收示范区、谷子轻简化种植示范区、棉花全程机械化示范区；南宫市项目技术依托单位河北省农林科学院棉花所和当地农业、科技部门结合观摩会组织了大型的培训会，为当地的种植大户和农户解决实际生产中遇到的问题，受到广大农民的普遍欢迎。

渤海粮仓南宫项目组根据南宫市现代农业产业发展整体规划，针对当地水资源匮乏、土地相对贫瘠的自然条件和机械化程度低、劳动效率差的生产状况以及增粮稳棉的结构调整需求，深入贯彻“藏粮于地、藏粮于技、藏粮于水”的指导方针，合理布局粮棉种植结构，以作物管理精准化、轻简化、全程机械化为切入点，配套适宜品种，实现节本增效，集成并成功示范推广了适于黑龙港主产棉区的“棉花—小麦—玉米（谷子）两年三熟节水高效轮作技术”和“棉花—黑麦草一年轮作技术”。项目组制定了河北省地方标准《两年三熟粮棉轮作种植规程》，使集成技术可操作强、易于掌握。广大种植户对该技术认识到位，技术研发与示范推广相互促进，取得了较好实施效果。

通过实施两年三熟粮棉轮作高产节水技术示范推广，增加粮食作物种植面积，提高谷物类作物的绝对总产；项目实施前南宫市棉花年种植面积在 60 万亩，2017 年有 30 万亩实现了粮棉轮作，新增粮田 15 万亩，棉花种植面积 38 万亩。2016 年棉花品种冀 2658 核心试验田亩产籽棉 360. 96 kg，较对照的连作棉田同一品种增产 13. 2%，一般辐射区平均增产 8. 6%，亩减少人工投入 6～8 个，同时实现了小麦稳中有增、玉米产量大幅提高，加之谷子轻简化栽培技术的推广，谷物增产效果明显。

两年三熟轮作技术利用小麦、玉米的秸秆还田，改善了土壤结构，增加有机质含量，保育土壤；棉花—黑麦草一年两熟轮作模式下，种植黑麦草后，可减少接茬棉花磷肥和钾肥的施用量，可减少磷钾肥施用量 10%左右；棉花—小麦—玉米两年三熟轮作模式下，种植小麦、玉米后，可减少接茬棉花磷肥施用量 15%左右，提高肥料后效和利用效率，减少浪费，实现土壤养分的动态平衡；通过棉粮轮作和棉饲轮作，粪壳菌属、柄孢壳菌属和粪盘菌属菌群数量增加，减少了土壤中枯黄萎病菌等有害真菌数量，轮作棉田病害轻，降低病虫危害和防治成本，减少环境污染。

该轮作制度还利用棉粮对水的需求量差别和时间差，减缓关键时期的用水矛盾，提高水资源利用率，小麦只浇底墒水和拔节水，棉花关键水隔沟小水灌溉，实现亩节水 50～60 m^3。

两年三熟轮作制度优化了农业生产结构，促进粮棉均衡发展；实现节水节肥、高效高产、粮棉双丰，经济、社会和生态效益明显。

2. 威县农牧结合循环经济发展模式

与会代表观摩了威县赵村乡饲用高粱种植基地、河北宏博牧业有限公司肉鸡屠宰生产线、河北优静生物科技公司养殖废弃物处理基地、方营镇农牧结合绿色循环农业示范园区。

威县农牧结合循环农业项目组突出“大粮食”理念，按照“农牧结合、粮饲结合、粮经饲统筹、以养带种、以种促养、多元发展”的原则，采用政治家、企业家、科学家、投资家、保险家“五家握手”联合行动的新机制，有效地促进了各项技术模式、技术集成、技术示范等工作的顺利开展。

针对项目区自然生态特点和规模养殖生产与布局，以及生产上存在的潜在问题，项目组注重植物、动物、微生物的统筹与开发，从促进农牧业循环协调发展入手，重点研究解决种植、养殖、废弃物资源化处理与利用三大环节的优化和循环，探索和初步构建了“种养结合、以养带种、以种促养、循环互促”的威县农牧结合循环农业发展模式。

项目研究团队根据威县奶牛养殖对优质饲料的需求，结合当地自然资源和生产条件，筛选出了适宜的饲用燕麦、饲用甜高粱、青贮玉米、优质苜蓿等饲料作物品种，并在此基础上，研究构建了适宜的种植技术模式，主要包括饲用燕麦—青贮夏玉米一年两熟模式、饲用燕麦—青贮甜高粱一年两熟模式、苜蓿一年多收模式，与河北艾禾农业科技有限公司紧密配合，实现了种植、管理、收获的全程机械化作业。项目组还就燕麦、甜高粱的干草和青贮饲料饲用品质、青贮加工关键技术进行了系统分析。

被列入国家农业部畜禽废弃物综合利用示范单位——河北优净生物科技有限公司，完成国内首条农废综合利用智能集成生产线，年产能十万 t。该生产线畜禽废弃物处理与利用技术与传统处理技术相比，具有发酵好、面源污染小、节能环保、省工省时、日清日洁的独特优势，发酵时间由传统技术的 15～30 d 缩短到现在的 6～8 h 完成，生成的纯净高品质有机肥目前已经在梨、谷子、小麦生产中使用。

与会代表最后参观了威县方营镇农牧结合绿色循环农业示范园区内孝道村——孙家寨村，该村利用优净生物公司生产的有机肥，生产出绿色安全营养的大豆、芝麻、谷子等农产品，并加工成精包装成品销往全国各地。

威县农牧结合循环经济发展模式为现代农业示范基地建设和推动农业供给侧结构性改革提供了新思路与技术支撑，为河北乃至京津冀现代农牧业的健康发展起到了积极的示范和带动作用。

3. 项目首席专家王慧军教授做总结发言

在参观了南宫和威县的渤海粮仓项目现场后，项目首席专家河北省农林科学院王慧军教授做了总结发言。他认为本次现场观摩会内容丰富，项目工作都围绕农业结构调整、供给侧结构性改革展开。

南宫市地处冀南棉海，随着棉花种植效益的降低和节水压采的要求，南宫的两年三熟制主要利用自然降雨基本满足农业生产，解决了水资源紧张问题，棉改增粮解决了市场单一化的问题。威县项目解决循环农业的问题，把种植业的生产、畜牧业的转化、微生物的分解作为一个循环链，种植业由单纯的种植粮食作物，调整为种植饲料作物，通过养殖加工增值，再通过废弃物的处理还到田间，善待大地母亲，优化生态环境。

科学研究既要为物质文明服务，又要为精神文明服务，最终是要为人服务。渤海粮仓不单要在粮食增产上做文章，更要为农业的增效、农民的增收和农村的繁荣服务，与精准扶贫、新农村建设紧密结合，把工作做成作品、做出名气、做出效益，做出可持续发展的路径，把“渤海粮仓”品牌做亮。

盐渍资源高效利用国际学术研讨会召开

为进一步推进渤海粮仓科技示范工程，解决缺水盐渍化地区现代农业高效生产问题，加强与“一带一路”沿线国家盐渍资源高效利用科技交流与合作，9 月 20—22 日，渤海粮仓科技示范工程在河北沧州组织召开盐渍资源高效利用国际学术研讨会。来自联合国教科文组织、巴基斯坦卡拉奇大学、德国吉森大学、以色列特拉维夫大学以及日本北海道大学、佐贺大学、琉球大学和日本理化研究所等的国外专家学者，以及中国科学院长春分院、中国科学院新疆生态与地理研究所、南京农业大学、北京师范大学、山东师范大学、河北省农林科学院、沧州市农林科学院等 30 余家国内科研机构和高校专家代表共计 90 余人参加了会议。会议具体情况如下。

1. 学术交流

大会开幕式由中国科学院遗传所农业资源研究中心党委书记赵军主持。农业资源研究中心主任胡春胜、南皮县委书记赵亮、中国科学院原农办主任王大生和巴基斯坦卡拉奇大学副校长、巴基斯坦科学院院士 M. Ajmal Khan 博士出席会议并致辞，希望通过此次会议加强盐渍资源高效利用科技研究的国际交流与合作，为推进“一带一路”建设发挥积极作用。农业资源研究中心副主任刘小京研究员结合南皮站 30 年的研究实践和渤海粮仓科技示范工程实施以来取得的主要成果，以“盐渍资源高效利用与区域农业发展”为题做了专题报告，18 名国内外专家学者分别围绕盐碱地改良、盐生植物利用及其机理、咸水灌溉等研究做了主题报告，介绍了国内外盐渍资源高效利用的最新研究进展和各自的研究成果，并与参会人员进行了热烈的交流与讨论。

通过学术交流和讨论，国内外专家形成高度一致意见，认为渤海粮仓科技示范工程取得的重大突破是几十年来研究成果的结晶，该项工程的推进将促进盐渍资源的高效利用。盐渍土资源高效利用将是下一步农业、生态和环境发展中的热点及核心问题，将对现代农业发展、生物多样性和生态环境保护起到巨大的促进作用。

2. 微咸水补灌技术示范

会议期间，与会专家先后到农业资源研究中心南皮生态农业试验站和海兴盐渍资源高效利用示范基地进行了实地调研。南皮站站长刘小京研究员、副站长孙宏勇研究员等相关科研人员向大家介绍了南皮站开展微咸水补灌、耐盐品种选育及相关技术的研发情况。

中国科学院南皮站自 1987 年建站以来，先后承担了国家、院、省和地方的多项科研项目，布局了水土资源高效利用、缺水盐渍区农田生态系统过程与管理研究领域，建设和完善了以咸水微咸水应用为主的农业水资源研究平台，构建了区域农情监测与服务体系，在盐碱地改良利用、咸水安全灌溉和抗逆植物品种选育等方面突破了一批核心技术并实现产业化转移，承担了国家科技支撑计划项目“渤海粮仓科技示范工程”，有力推动了中低产区粮食增产与现代农业发展。

在南皮县，与会代表参观了渤海粮仓科技示范工程微咸水补灌示范田，该试验田通过微咸水在冬小麦的拔节期进行补灌，不仅能替代淡水灌溉一次节约淡水 50～70 m^3/亩，还能比旱作小麦增产 10%～30%。同时，通过多年试验数据和模型模拟结果表明，利用微咸水灌溉不会产生作物根层土壤积盐，不会对作物生长产生危害。该项技术已经成为渤海粮仓的关键标志性技术成果，在沧州及相似类型区得到了广泛的应用。

3. 咸水结冰灌溉技术示范

盐渍资源高效利用海兴基地主要开展咸水结冰灌溉改良盐碱土的研究和示范工作。该区域淡水缺乏，浅层地下水埋深浅、矿化度高，土壤含盐量高，不利于植物生长。通过利用浅层地下水调整土壤中盐分的时空变化，使其与作物的生长周期相结合，配套相应的耕作和栽培技术，改良盐碱土以适于耐盐植物生长。其主要技术是在冬天利用咸水进行结冰灌溉，春天利用冰层融化时咸水先融化淡水后融化的原理，淋洗淡水土壤根层，同时在春天利用地膜覆盖抑制土壤水分蒸发，防止土壤返盐，进而种植耐盐作物，达到适生种植、适水种植的目的。该基地经过土壤改良后能成功种植棉花、油葵等经济作物和柽柳、枸杞、芙蓉葵等耐盐植物，达到生态绿化的目标。该技术也成为缺水盐渍区盐碱土改良的重要技术，为滨海重度盐渍区的作物生长和生态绿化提供了可行性。

此次国际学术会议的召开促进了“一带一路”沿线国家之间的盐渍资源高效利用学习和交流，宣传了渤海粮仓科技示范工程的实施效果。国内外专家普遍认为盐渍资源高效利用是永恒的话题，渤海粮仓的成果已经充分展现，相关研究将为农业增效、农民增收和农村增绿提供理论和技术支撑，其研究成果将会对盐碱中低产区粮食增产和农业转型发展及生态文明建设起到明显的推动作用。

附件 7
媒体宣传摘编

1. 人民日报

破解淡水缺乏和土地盐碱化两大难题　河北盐碱地变身“渤海粮仓”（记者：王方杰，杨柳，2014 年 9 月 9 日）

“今年我家小麦是从来没有的好收成，亩产差不多有 600 kg。”河北省宁晋县北要下村村民阴进山一脸笑容。宁晋地处黑龙港流域，阴进山家的麦田本地盐碱地，今年，他采用微灌技术，把肥料溶于水中，只浇了 3 次，用了 70 m^3水。不仅省时省力，每亩地还节水 80 m^3、节肥 20%。“这些新技术都得益于政府大力推进的‘渤海粮仓工程’。”阴进山说。

2013 年 4 月，“渤海粮仓”科技示范工程在河北、山东、辽宁、天津四省（市）启动，力求通过土、肥、水、种等关键技术的突破，将环渤海区域4 000万亩中低产田、1 000多万亩盐碱荒地改造成高产稳产田。其中，河北工程区覆盖 43 个县2 500多万亩中低产田、500 多万亩盐碱荒地，占工程总面积的 1/2。

“河北实施‘渤海粮仓’工程，面临的两大难题是淡水缺乏和土地盐碱化。”河北省农林科学院院长王慧军说。为解决这两大难题，河北省着力寻求盐碱地治理、咸水灌溉和耐盐小麦新品种培育等关键技术突破。在多年努力的基础上，今年投资6 800万元，组织省、市、县农业科技力量协同攻关，取得了多面进展。在沧州市南皮示范区，80%的农田采用微咸水补灌技术，粮食单产由 1985 年的平均产每亩 150 kg 提高到 400 kg；在唐山曹妃甸示范区，通过种植盐生植物、高耐盐植物吸盐，土壤全盐含量迅速下降，重度盐碱荒地 3 年可实现利用。

“通过技术突破，高耗水的小麦也能成为生态作物，在稳产的前提下产生巨大的节水效用。”王慧军说，如果宁晋示范基地优良品种加微灌技术在全省推广开来，可从根本上扭转高耗水的农业用水格局。他介绍，河北省小麦种植面积3 500万亩，按每亩节水 50 m^3保守估计，每年可压减地下水开采 17.5 亿 m^3。

目前，河北“渤海粮仓”工程辐射 12.26 万亩，推广面积 180 万亩。计划到 2017 年使粮食增产技术体系面积增加到1 700万亩，实现粮食增产 15 亿 kg。

（此文原载于《人民日报》2014 年 9 月 9 日第 1 版）

2. 河北日报

（1）省政府召开渤海粮仓建设工程观摩推进会——加快渤海粮仓建设（记者：戴绍志，2014 年 9 月 6 日）

9 月 4 日至今天，省政府在黄骅市召开全省渤海粮仓工程观摩推进会。副省长沈小平出席会议并讲话。

沈小平指出，加快渤海粮仓建设，对河北省提高粮食综合生产能力，推动区域水土资源高效利用，加快现代农业发展步伐意义重大。要按照增产增效并重、良种良法配套、农机农艺结合、生产生态协调的总体思路，依据生态优先、节水改土、稳夏增秋、棉改增粮、粮饲结合、集约经营的技术路线，突出抓好粮食增产、农业节水、主体培育、示范推广等关键环节，着力提高工程区粮食综合生产能力和农业水资源综合利用效率。要注重规划先行，工程总体规划要在9月底前完成，项目区县市要同步开展配套规划编制工作。注重科技支撑，抓好关键技术研发、配套技术集成、实用技术推广等重点环节。注重节水优先，将渤海粮仓工程建设与地下水超采综合治理有机结合，协调推进。注重机制创新，创新主体培育机制、资源共享机制、项目管理机制和考核评价机制。

沈小平要求，要加强宣传发动，努力营造良好氛围。加大资金保障力度，统筹安排使用。省直有关部门和项目区市县要密切配合，严格落实配套政策。要通过督导促尽责、查落实，促求真、查原因，促进度、查成效。

会议期间，与会人员参观了黄骅市渤海粮仓建设示范基地，交流了渤海粮仓建设中的典型经验和做法。

（此文原载于《河北日报》2014年9月6日第3版）

(2) 渤海粮仓河北项目区创造节水增产奇迹，测产结果显示——盐碱地小麦亩产近500 kg（记者：曹智，2015年6月3日）

作为一项巨大的农业科技工程，渤海粮仓自2013年4月启动以来，科研人员在河北、山东、辽宁、天津等省市建立了36个试验示范基地，总面积4万多亩，辐射面积达500余万亩，涉及110多万 km^2 土地2.6亿人口。

按照项目计划，通过对环渤海地区4 000多万亩中低产田和1 000多万亩盐碱荒地的改造，实现到2017年增粮30亿kg，到2020年增粮到50亿kg的目标，把长期遭受旱涝碱灾害的环渤海地区建成我国重要的“粮仓”。

麦收即将来临，在沧州、衡水等地，原来不被人看好的盐碱地，通过实施渤海粮仓项目，大幅度提升了盐碱地粮食产量。根据科研人员测产，今年示范区小麦亩产近500 kg。

6月1日，在南皮县乌马营镇五拨示范区，几千亩的小麦长势健壮、籽粒饱满，丰收在望，吸引了100多位来自渤海粮仓项目区专家的目光。

“做梦都不敢想，盐碱地里挑战麦产量还能达到近500 kg，以前每亩地能产250 kg就不错，老百姓之前都为来年吃什么粮食发愁。”沧州市南皮县白坊子村村民白树臣说。

白树臣的家乡南皮县地处渤海之滨，自古以来土壤贫瘠，淡水资源匮乏，粮食产量较低，一直流传着“春天白茫茫，夏天水汪汪，十年九不收，糠菜半年粮”这样一首歌谣。该项目区负责人介绍，通过渤海粮仓项目的实施，今年这里的小麦亩产平均将近500 kg。

如今粮食高产地区已很难实现大幅度增产，但环渤海平原地区的河北、山东、辽宁、天津等地有4 000多万亩中低产田、1 000多万亩盐碱荒地，如能解决这些地方的淡水资源匮乏、土地贫瘠等问题，巨大的粮食增产潜力将得以发挥。

自2013年4月开始实施渤海粮仓项目，我省已经建立起省级千亩示范方22个、13个万亩辐射区，2个先导型技术示范园区，其中千亩示范方亩增产达到100 kg以上，亩均节水50 m^3以上；辐射推广面积达到180万亩。截至目前，总增粮食21 423万 kg，节本增效4.92亿元。

科技创新大显身手，良种良法配套创造节水增产奇迹。“这是我们的衡观35品种，它的特点是抗旱节水，高产广适。那边是衡S29品种，它是最新育成的节水品种，节水高产，抗盐抗逆，也适合用于微咸水灌溉。这些品种对于粮食增产非常重要。”6月1日，在深州市护驾迟镇前营村的节水高产抗逆广适冬小麦新品种示范基地，河北省农林科学院项目负责人李科江告诉记者。

除了河北省科研人员培育的节水品种外，中国科学院院士李振声经过多年攻关选育成功的小偃81、小偃60耐盐小麦新品种在示范区种植增产效果也很显著。小偃60在海兴盐碱地种植，亩产达到337kg，比当地原有品种增产22.9%，选育的HN866玉米品种，在南皮核心区平均亩产562.5 kg，比原有品种增产15.7%。

良种良法配套提升了优良品种增产效果。河北省在渤海粮仓示范区试验成熟了8种中低产田粮食增产模式：改土增粮技术模式、抗逆高产作物新品种示范模式、微咸水补灌吨粮技术模式、微灌水肥一体化超吨粮技术模式、雨养旱作增粮100 kg/亩技术模式、棉改增粮技术模式、粮食生产全程机械化技术模式和农牧结合技术模式。下一步这8种增产模式将在全省得到推广。

微咸水补灌，即1眼深井配置1眼浅井，控制混合水矿化度<2 g/L，这样既不会对作物产生危害，还减少深层地下水超采，又增大可利用水资源量。运用这种技术，年亩产小麦玉米1 000 kg以上，年亩节深层淡水60～80 m^3，节电20%以上，缩短深井轮灌周期3～5 d。

“我们这里气候干旱少雨，淡水资源匮乏，但含盐量2～5 g/L的浅层咸水资源丰富，这些水储量大、分布广、埋深浅、易开采、成本低、易补给、可循环，虽然有这些优点，但是以前却无法利用，如今，通过渤海粮仓增产技术的运用，中低产田也尝到了增收的甜头。”南皮县副县长郑义森说。

“今年，南皮县正在扩大推广渤海粮仓项目的技术成果，到2017年全县将全部采用这些技术。”南皮县副县长郑义森说，南皮县将把全县农田分成脱盐中产区、盐碱低产区、节水高产区3个区，主要推广微咸水补灌吨粮、微灌超吨粮、雨水积蓄增粮等模式，并配套实施良种全覆盖、农田多水源高效利用、地力提升等工程，带动种业、加工业、畜牧业和农业服务业等产业发展。到2017年，全县预计增粮7 500万 kg，节水3 000万 m^3。

在渤海粮仓项目实施中，我省创造了“百千万”工程进行技术推广，百亩核心区重在试验数据的获得，千亩示范方示范规模效果，万亩辐射区重在为农民增收提供服务。

按照河北省渤海粮仓科技示范工程行动方案，2016 年是渤海粮仓主推技术模式在适宜区域全面推广应用的年份，河北省将进一步完善各区域主推技术模式，充分发挥千亩示范方和万亩辐射区的带动作用，通过组织现场观摩和技术培训，使主推技术模式在适宜推广区域得到全面推广应用。

目前，我省组建了 5 个专业技术服务组织，采用县域总指挥+科技特派团+新型经营主体的管理模式，引导项目区农民采用节水增产技术模式从事农业生产，力争到 2017 年，实现新增粮食产能 15 亿 kg，节水 7 亿 m^3。

（此文原载于《河北日报》2015 年 6 月 3 日第 6 版）

（3）2015 年河北省渤海粮仓科技示范工程项目区增产 6.76 亿 kg 节水 2.85 亿 t（记者：赵红梅，2016 年 1 月 7 日）

目前，河北省渤海粮仓科技示范工程项目管理办公室传出好消息：2015 年，该项目建设千亩示范方 94 个，万亩示范方 50 个，项目示范面积 72.8 万亩，辐射推广面积 771 万亩，总增粮食产量 6.76 亿 kg。同时，通过示范推广雨养旱作、微咸水补灌、水肥一体化等技术，实现项目区节水 2.85 亿 t。

渤海粮仓科技示范工程是由科技部、中国科学院联合河北、山东、辽宁、天津等省市共同实施的国家科技计划项目，2013 年开始实施，旨在提升中低产田粮食生产能力，保障国家粮食安全。我省是项目实施的主要区域，覆盖面积占项目总面积的 60%，涉及沧州、衡水、邢台、邯郸 4 市和唐山曹妃甸区，共包括 43 个县（市、区）。

根据我省项目实施区的生态条件，河北省完成了项目示范区的布局，建设了以南皮、景县、武强为重点的咸水补灌和微灌节水增产示范区，以宁晋为重点的水肥一体化节水超吨粮示范区，以威县、曲周、南宫为重点的棉改增粮示范区，以曹妃甸、海兴为重点的盐碱地改良植棉示范区。与此同时，我省在项目示范区完成了咸水利用、盐碱地治理、土壤改良、旱作增产、节水灌溉、品种筛选等各类试验，形成了河北环渤海低平原不同途径的节本增粮八大主推技术模式，建立了种业、专用肥料生产及施肥、病虫害统防统治、农业机械和多元化推广 5 个服务体系。目前，节本增粮八大主推技术模式已在项目区实施的 43 个县（市、区）实现规模化应用，从万亩辐射区走向了县域整体推广应用，为增粮节水提供了强有力的技术支撑。

（此文原载于《河北日报》2016 年 1 月 7 日第 3 版）

（4）科技创新铸就“渤海粮仓”（记者：陈诚，2016 年 4 月 4 日）

“今年每亩小麦的产量估计能达到 550 kg。”尽管距离小麦成熟还有两个多月时间，但衡水市景县青兰乡东堡定村农民曹凤行却对自家地里这一季的收成信心满满。

“别小看这 550 kg，它可是在曾经寸草不生的盐碱地里种出来的。”曹凤行脸上难掩喜悦之情。不是亲身经历，他做梦也想不到盐碱地能够种出高产小麦。

2013年，曹凤行家里的40亩地被纳入“渤海粮仓”科技示范工程景县示范区，开始种植衡观35节水小麦品种，并采用了微咸水混合灌溉技术。“说实话，第一季播种时，心里并没底。直到收割时，有了不错的收成，心中的石头才总算落了地。”曹凤行说。

在这里，很多村民与曹凤行有着相似的经历，他们说：“盐碱地里能丰收，都是科研人员的功劳。”

科研人员扎根盐碱地默默耕耘。这是一项巨大的农业科技工程，涉及河北、山东、辽宁、天津三省一市6 000万亩的中低产田和盐碱荒地。其中，我省是项目实施的主要区域，覆盖面积占项目总面积的60%，涉及沧州、衡水、邢台、邯郸4市和唐山曹妃甸区，共包括43个县（市、区）。中共河北省委省政府将其列为战略性增粮工程，连续3年写入中共河北省委“一号文件”。

作为“渤海粮仓”科技示范工程的组成部分，河北省的项目计划到2017年增粮15亿kg、节水7亿m^3的目标，让长期遭受旱涝碱灾害的我省环渤海地区建成国家重要的“粮仓”。

自2013年4月工程启动以来，以中国科学院、省农林科学院等单位科研人员为主力的科研团队，在我省建立了94个千亩示范方、50个万亩示范方，项目示范面积72.8万亩，辐射推广面积771万亩。

早在20世纪60年代，很多专家就已经开始走进这片盐碱地。他们选育了一批粮食新品种和创新的农业关键技术，对当地盐碱荒地的改良和农业增产、增收效果显著。

成果的背后，是一群默默无闻的科技精英：王慧军，河北省农林科学院教授，河北项目区首席专家。刘小京，中国科学院遗传与发育生物学研究所南皮试验站站长。张喜英，中国科学院遗传与发育生物学研究所农业资源中心研究员。闫旭东，沧州市农林科学院研究员。李科江，衡水市农林科学院研究员。贾秀领，河北省农林科学院粮油所研究员等。

这是一群特殊的“农民”，他们中的大多数人都在这里工作了一二十年。本可以在繁华的城市里过着令人羡慕的优越生活，他们却为了自己心中的理想把自己的“根”深深地扎在这片贫瘠的盐碱地上。

如今，伴随着“渤海粮仓”科技示范工程的实施，我省已形成了一支近100人的专业性强、人员结构合理的科研队伍。他们中有硕士，有博士，有博士后，他们将继续扎根在这片盐碱地上，奉献自己的青春和热血。

科研成果在盐碱地里“闪耀”。由于降水稀少、地表水咸度高，沧州市南皮县土地盐碱化威严。当地的一首民谣道出了农业生产的艰难：“春天白茫茫，秋天水汪汪，十年九不收，糠菜半年粮。”

“要把盐碱地真正打造成‘渤海粮仓’，必须从多方面进行科技攻关。”刘小京说，环渤海地区平均海拔低于20 m，地下水埋深浅，不能沿用之前的老方法抗盐。

环渤海地区土地无法彻底脱盐，科研人员决定首先从培育耐盐品种入手。以国家最高科学技术奖获得者李振声为首的研究团队，将普通小麦与美国耐盐植物偃麦草进行杂交，使普通小麦有了耐盐的特性。“偃麦草有70对染色体，小麦有40对染色体，本身难以杂交成功。但如今，小偃系列新品种抗盐稳产性能已十分稳定，其中，小偃81小麦品种亩产达到400 kg。”刘小京说。

接下来，针对环渤海各地不同的地理和气候条件，科研人员研究开发了不同的抗盐碱技术。

衡水市景县，位于低平原腹地，地处地下水超采漏斗区，深层灌溉淡水的开采受到严格控制。“受气候条件限制，这里小麦生长季的降水量不能满足其生长需要，小麦丰产必须依靠人工灌溉。”李科江坦言，如何解决节水与增粮的矛盾是景县示范区技术成败的关键。

“景县的地下咸水资源非常丰富，80%以上的地域分布着浅层微咸水资源，为何不试试咸水补灌呢?”依照这个思路，李科江利用咸水和微咸水灌溉小麦，在东堡定村研发示范了“咸淡混浇精准智能控制系统”，经测产小麦亩产达540 kg，玉米亩产达到720 kg，亩节水深层淡水110 m^3。

相比景县，沧州市地下水埋深更浅，亩均水资源量不足全国平均水平的1/16，有300多万亩耕地处于雨养旱作状态，粮食每亩单产不足200 kg。“一滴水，一粒粮”，当地很多老百姓认为在这样的荒地上实现高产是“白日梦”。

然而，科研人员硬是把这个“白日梦”变成了现实。经过多次试验，闫旭东团队针对当地气候和土壤特点，通过先起垄，垄上覆膜，在膜侧种植的方式集雨保墒，变无效降雨为有效降雨，有效解决了困扰生产多年的“卡脖旱”问题，实现亩产粮食600～700 kg。

一座座机电井掩映田间，一垄垄地膜平整铺开，一条条滴灌带静卧地面……在宁晋粮食高产高效示范基地，研究人员通过“微灌水肥一体化技术”，在亩增产小麦8.3%的基础上，实现节水50%以上，连续三年全年实现亩产吨半粮。“咱们也给庄稼打上了‘点滴’，吃上了‘专供水’。”老百姓赞叹道。

“随着‘渤海粮仓’科技示范工程的深入，咸水结冰灌溉淋盐改良盐碱地、测墒灌溉技术与微喷水肥一体化技术有机结合，粮麦一体化等一批科研成果接踵而至。”王慧军说，科研人员通过技术创新把不毛之地变成万亩良田，昔日的贫瘠盐碱洼地正在向现代农业创新高地转变。

科研助力农业增效农民增收。“前几年，谁愿意种地啊，白给都不种。”谈起以前的收成，南皮县乌马营镇白坊子村村民白普才不禁叹了口气。白坊子村土地贫瘠，农作物产量一直不高，以前村民种地都是看天吃饭，一年下来根本收不了多少粮食。

2009年，白坊子村的土地成为中国科学院南皮生态农业试验站的实验区。2013年，“渤海粮仓”科技示范工程启动后，白坊子村又被划为该工程的千亩核心示范区。自从改种小偃81和小偃60小麦品种，应用先进的耕作技术之后，白坊子村小麦亩产450 kg，玉米亩产600 kg。

白普才算了一笔账，他承包的27亩地，按一年种上两季庄稼，一年农业纯收入3万元。他说：“这都要感谢‘渤海粮仓’的那些专家们!”

农民的交口称赞是对专家们最好的回报，但是专家们并不满足。“尽管示范田面积不断扩大，新的农业技术从试验站真正走各田间地头，还有很长一段路。”王慧军说，真正实现盐碱地上粮食增产，还得依靠广大农民。先进技术成果只有被广大农民接受并掌握，才能转化为生产力。

在南皮县，得益于中国科学院南皮生态农业试验站的存在，农业局的农业技术推广员中已经有了5名研究员、8名副高职称的推广员和58名农艺师。这在一个县级农业局，几乎是不可想象的。

2009年，中国科学院遗传与发育生物学研究所农业资源研究中心及南皮试验站与南皮农业局合作，开始示范种植小偃81。白坊子村党支部书记白普青回忆说，一开始很多村民并不接受，因为担心来年收成而拒绝种植新品种。他告诉笔者："一年后，他们亲眼看到示范田突破了这个地区冬小麦单产新纪录，便自愿加入了种植小偃81的队伍。"

白普青介绍，如今，白坊子村成立了"小偃谷物种植专业合作社"，全村170多户全部入社，耕地约1 500亩，实施统一经营和管理，明显提高了农业生产效益，也增加了农民收益。

截至目前，我省项目粮食辐射面积达到755万亩，总增粮食6.76亿kg，增效13.5亿元，实现项目区节水2.85亿m^3。到2020年，全国18亿亩耕地的粮食增产总量目标为500亿kg，"渤海粮仓"涵盖的6 000万亩占耕地总面积的1/30，但增产粮食却占总量的1/10，这将是我国农业史上的奇迹。

（此文原载于《河北日报》2016年4月4日第1版）

（5）搭建连接科技与农民的桥梁——省农林科学院宁晋粮食高产高效综合技术示范基地成就喜人（贾秀领，2016年12月6日）

2016年宁晋遭遇了40年不遇的严重春旱等不利天气，宁晋"微灌节水超吨粮技术模式"节水增粮成效得到充分发挥，小麦全生育期仅灌水65 m^3/亩，实现节灌溉水50%，节肥20%。经专家实收测产，百亩方产量达到685.6 kg/亩，产量再创新高。

不仅仅是今年一年，宁晋县粮食高产高效已持续多年。

2013年示范区小麦玉米比一般地块节水100 m^3/亩，经专家组实收测产，核心区200亩小麦产量达到718 kg/亩，玉米产量达到810.5 kg/亩，全年产量已突破1 500 kg/亩，增产250 kg/亩。

2014年宁晋发生特大干旱，微灌技术的节水增产潜力得到充分发挥。经专家现场实收，核心示范区创出了全年节约灌溉水180 m^3/亩，节约灌溉水50%以上，全年粮食单产达到1 531 kg/亩，增产粮食300 kg/亩，增产率24%的成功典范。

2015年宁晋玉米季接连遭遇严重干旱，降水量不足常年的50%，微灌节水技术再次发挥显著节水成效，亩节水75 m^3，节水50%，产量达到853.1 kg，全年产量再次突破1 500 kg/亩。

上述种种，是省农林科学院宁晋粮食高产高效综合技术示范基地创造的骄人业绩。

成绩来之不易。这一系列成绩的背后，凝聚着河北省农林科学院科技人员6年辛勤耕耘的汗水，包含着宁晋政府部门和科研机构精诚合作的结晶。

科技引领、创新示范，一系列先进实用技术在宁晋基地结出累累硕果。进入宁晋县凤凰新区北楼下村—宁晋粮食高产高效综合技术示范基地，300 亩核心示范区操作控制室里，电脑的屏幕上土壤湿度、含水量、风速、作物需水量等各项数据一应俱全，基地负责人打开按钮，水肥一体化微喷灌设施便自动开启，小麦达到需要的水分后，会自动停止浇灌。

小麦水肥一体化微喷灌自动管理系统是宁晋粮食高产高效综合技术示范基地正在示范的技术之一。

华北地区是我国粮食主产区，但华北地区也是我国水资源严重短缺的地区，由于长期大量开采地下水，已经形成了世界最大的环渤海复合大漏斗，面积达到 7.3 万 hm^2。导致了地面沉降、裂缝和塌陷，海水入侵和咸水下移，机井报废加快，提水成本增加等严重生态问题。

宁晋县作为河北产粮大县，年产粮食 80 万 t。但地处黑龙港流域的宁晋水资源极度匮乏，与此同时，宁晋粮食生产仍采用传统大水漫灌，粮食生产中的水肥浪费现象非常严重，全年灌溉 6～7 次，亩灌水总量 360 m^3以上。致使地下水超采越来越严重，地下水位由 40 年前的 3 m 下降到现在 50m 以上。宁柏隆地下大漏斗区域面积不断扩大，对粮食生产可持续发展构成严重威胁。

面对这一挑战，2010 年河北省农林科学院与宁晋县政府果断决策，决定共同建设宁晋粮食高产高效综合示范基地，双方研究制定了宁晋万亩现代农业园区规划，签署了基地共建合作协议，基地建设正式启动。

河北省渤海粮仓项目宁晋小麦玉米微灌节水超吨粮项目主持人，基地负责人粮油所所长梁双波研究员介绍，针对宁晋县水资源极度匮乏，地下水严重超采的现状，基地将“节水增粮”确定为宁晋示范区的核心目标。按照“大幅压采地下水，稳夏增秋，确保总产”的技术路线，把“微灌水肥一体化技术”作为主体示范技术，通过开展小麦玉米微灌水肥一体化水分运筹、高效施肥、抗逆稳产、品种优选、配套播种等试验示范，研究集成小麦玉米微灌水肥一体化技术模式，在关键技术上获得重要突破。

2010 年基地建设以来，河北省农林科学院粮油作物所科技人员研究集成了一批实用技术，包括节水灌溉减蒸降耗技术、精细整地播种技术、小麦玉米上下茬均衡增产光热资源高效利用技术、抗逆减灾稳产技术、节水高产抗逆新品种应用、病虫草害高效绿色防控技术等，取得了明显的成效。尤其是 2013 年农业部行业科研专项“京津冀种植业高效用水技术集成与示范”、2014 年河北省渤海粮仓科技示范工程项目启动以来，宁晋基地研究应用了微灌节水节肥技术，通过灌水施肥方式的转变，技术效果跨上了一个新台阶，实现了节水增粮的目标。目前，北楼下核心示范区建设了 1 500亩的微灌节水工程，其中 130 亩的百亩方建成了自动化微灌水肥一体化系统。于宁北街道办事处与换马店镇建成了6 500 亩微灌节水示范区，辐射带动全县 80 万亩粮食生产。

初步统计：基地建设以来，先后经历了 2011 年特大冬春干旱，2013 年罕见倒春寒，2013 年和 2015 年特大暴风雨，2014 年和 2015 年的夏季罕见干旱、2013 年严重干热风等灾害性天气。但示范区通过应用微灌节水等系列技术，有效克服了气象灾害给农业生产带来的不利影响。

一分耕耘，一分收获。科技人员6年来的持续努力，换来示范区的产量大幅增加，从项目实施前的1 200 kg实现了近4年稳定通过1 500 kg，平均1 519 kg。其中，小麦实现增产稳产，玉米实现大幅增产，已经连续4年稳定在800 kg以上。与此同时，作物的灌水量出现大幅下降，采用微灌技术以来，小麦灌水量从目前推广的畦灌2～3水的常规节水灌溉技术，灌水量平均140 m^3/亩，下降到目前的70 m^3/亩，下降了50%。夏季干旱的年份，玉米节水也很显著。与项目实施前比，近3年平均，全年节约灌溉水168 m^3/亩，节水50%。同时，氮肥的投入也稳定下降，与项目实施前比较，小麦玉米全年氮肥投入下降7 kg/亩，下降20%，实现了节水50%达到吨半田的目标。不仅如此，6年的汗水赢得累累硕果。

不仅有可以精确控制灌水施肥量的30亩水肥试验田，常年开展微灌节水、水肥一体化、小麦玉米品种展示、小麦玉米抗逆稳产、限水稳产新型耕作模式、水肥一体化模式等试验。

而且有令人赞叹的千亩微灌节水灌溉工程，于北楼下基地建成规模达到1 500亩的千亩微灌节水灌溉工程，微灌工程的输水主管全部采用地埋式铺设，建设工程质量标准高，使用寿命长。

应用现代技术的智能化自动控制工程：于核心示范区建成智能化自动控制工程130亩，系统以根层土壤水分作为控制指标，根据作物不同生育期需水量，实现定额自动灌溉。或由软件依照轮灌计划表进行灌溉。可利用物联网技术对田间土壤及空气温度等环境参数，远程传输给用户。可以根据农作物的需要自动施肥，达到精量施肥、科学施肥。

一系列先进的科学技术不仅在基地得以推广应用，而且结出了累累硕果。

打通科技与农民阻隔的“最后一千米”，宁晋基地已成为当地农民看得见的样板田，学得来的田间课堂，曾经写在纸上的技术已变成农民实实在在的行动。谷雨已过，小麦开始抽穗，省农林科学院粮油所贾秀领研究员又带着她的技术推广团队来到宁晋粮食高产高效综合技术示范基地，结合小麦长势，对当地农民进行病虫害技术指导和小麦生产管理关键技术培训。

“贾老师她们每年都来培训好几次，近年来，我学到了不少先进的小麦玉米生产管理技术。”宁晋县米家庄村农民王拥军说。

在宁晋县米家庄金蜜种植合作社的500亩麦田里，农民正在安装水肥一体化灌溉设施，村委会主任介绍，全村2万多亩耕地原来都是大水漫灌，自从参观学习了省农林科学院宁晋粮食高产高效综合技术示范基地、接受了技术培训后，许多村民开始流转土地，通过微喷灌技术进行规模化种植，原来浇1亩地需要3 h，如今，浇10亩地只需要4 h，不仅省时省工，还节水节电，增产增收，一举多得。

得到河北省农林科学院宁晋粮食高产高效综合技术示范基地辐射带动，实惠多多的还有年轻的种粮大户徐兢，原来不懂农业技术的他承包了300亩土地创业，只要在生产中遇到技术问题，就开车到基地寻求帮助，或打电话咨询。“我在基地还真学到许多农业新技术，基地真是我们农民的田间课堂。”谈到基地的辐射带动作用，徐兢感触颇深。

不仅仅是一家一户农民，宁晋县农业局局长李存华介绍，自从河北省农林科学院宁晋粮食高产高效综合技术示范基地创建以来，每年“三夏三秋”季节，梁双波所长、贾秀领研究员、张经廷博士、籍俊杰研究员等课题组成员亲自在基地与农民一起施肥、播种、灌溉，手把手为农民进行技术示范。课题组成员硕士研究生崔永增长年驻扎在基地，组织示范户按照技术方案进行全程科学管理，保障技术的全面落实。项目组还通过组织观摩会、开展多种形式的技术培训，进行了技术的推广应用，尤其是针对规模化生产组织重点开展了技术指导与服务。

基地技术人员还对重点示范户、种粮大户、合作社进行了建档，建立了随时技术指导机制，目前，已选择技术接受能力强，责任田面积较大的农户达到100多户。针对重点示范户，基地技术人员采取田间现场指导，手机短信服务，电话随访等形式进行重点培训，由点带面，充分发挥重点示范户对周围农户的示范带动作用。包地大户、合作社、家庭农场等规模化生产组织对微灌技术接受快，应用意愿强烈，实现了节水、省工、节地、节肥、增产的效果，实现全年净增效益200～350元/亩。

走进河北省农林科学院宁晋粮食高产高效综合技术示范基地，在核心示范基地内建成的由30多块技术宣传牌组成的“科技长廊”，也发挥着科普宣传、技术指导及基地宣传为一体的综合功能。

李存华介绍，宁晋基地建设实施的成效对周边地区也发挥了显著的示范带动作用，吸引了周边种粮大户、粮食种植合作社成员，有关企业、农机服务组织等自发到基地观摩学习30多场次，全县引进微灌技术的积极性高涨，邢台市各个承担地下水压采水肥一体化项目的县区全部慕名到宁晋参观取经，从而有效带动了全县及周边地区粮食生产技术水平的全面提升，宁晋县连续4年被评为“全国粮食生产先进县”，小麦玉米新品种普及率100%，新技术普及率80%以上，粮食5年来增幅9.5%，节本30%以上，农民实现了节本增效，宁晋基地建设功不可没。

桃李不言、下自成蹊。近年来，省农林科学院宁晋粮食高产高效综合技术示范基地的社会影响力在逐渐提升。2016年5月18日，河北省副省长沈小平到宁晋基地调研考察了小麦水肥一体化不同节水增产模式示范效果，充分肯定了宁晋基地对农业资源高效利用和我省粮食综合生产能力提升所发挥的示范引领作用。2013年、2014年与2016年在宁晋基地主持召开的玉米、小麦大型现场观摩会，省农业厅、科技厅、财政厅、水利厅、农开办、邢台市政府以及有关部门领导、粮食种植专业合作社、种粮大户共300多人参加了观摩会。农业部小麦专家组副组长郭天财教授，中国科学院遗传与发育生物学研究所张喜英研究员、中国农业大学王璞教授、王志敏教授、山东农业大学王振林教授、贺明荣教授、西北农林科技大学蔡焕杰教授、河北省小麦专家郭进考教授、省玉米产业技术体系首席专家崔彦宏教授等20多位专家先后到宁晋基地视察指导，对宁晋项目小麦玉米微灌节水高产示范效果给予了高度评价。

河北省农业厅相关负责人认为，宁晋基地已成为促进科技成果转化的一面旗帜，对山前平原区粮食生产实现稳产高效节能，提供了必要的技术支撑，为示范粮食节水增产技术发挥了很好的示范引领作用。

河北省农林科学院粮油作物所所长梁双波介绍，在引领技术前沿、服务当地百姓的同时，基地课题组自身得到发展壮大。不仅扩大了学科影响力，负责多个科研课题，还引进两名博士，一个老中青组合的人才梯队正在形成。

开创技政结合典范，科研院所与政府联姻，实现了政府、科研机构、农民多赢。河北省农林科学院院长王慧军认为，宁晋基地之所以取得一定的成效，和多方面的合作密不可分。

据了解，项目立项后，河北省农林科学院粮油作物所梁双波所长、主管基地建设的李辉副所长带队，组织本所科研管理部门及项目组主要成员多次到示范县与当地县政府、农业局、科技局、水利局等部门沟通，获得了当地政府的大力支持。示范县积极创造条件将有关农业开发土地治理项目、小麦玉米良种补贴项目、农田水利工程建设项目向示范区倾斜，最大限度发挥了项目的集成优势。一是在万亩示范区内，利用农业开发项目每亩投资1 200 元，进行田、路、水、电综合提升，建成高标准农田；二是农业局把高产创建、测土配方施肥、阳光培训等项目都安排在渤海粮仓项目区域集中实施。特别是把 2014 年地下水压采水肥一体化项目全部7 000 亩水肥一体化项目，集中安排在渤海粮仓项目区域，使渤海粮仓项目水肥一体化工程，连片面积达到近万亩，更是形成了规模示范效应。

为确保项目的顺利实施，科研院所与当地政府密切合作，建立了项目落实体系，成立了由项目组主要成员与各示范基地镇政府、村委会、技术员、种田能手为主体的项目实施小组。项目实施小组由河北省农林科学院粮油作物研究所耕作栽培室负责、负责技术方案的制定、实施与总结、技术培训和现场指导等工作。示范基地村委会负责协助组织农户落实技术方案，培训场地安排，培训人员的组织等工作。在有条件的地方，积极引导农民成立专业合作社，实现适度规模化经营，降低了农业生产投入，使技术推广渠道更加通畅。

梁双波所长介绍，为促使技政结合模式落地生根，课题组制订了详细的“小麦玉米高产技术方案”，加强督导，责任到人，粮油所安排了科技人员专职到基地开展工作，百亩核心方由栽培室科技人员亲自负责组织农户进行管理，并在生产关键环节根据当时实际情况编写技术明白纸，提醒督促农户及时落实关键技术措施。课题组还与示范户签订了详细的示范合同，对技术措施落实好的农户进行一定农资补贴奖励，调动了农户的积极性。课题组还建立了技术联络员制度，每个核心示范方确定 1～2 名技术联络员，协助课题组负责实施过程中技术措施的落实，提高了技术示范工作的实效。同时，栽培室还探索了组织农民成立合作社，推动规模化生产发展的道路。宁晋县农业局则严密组织领导干部、技术人员和农民种粮大户和合作社，积极参与项目的技术示范和推广。在宁晋无论是千亩核心方、万亩示范区，还是 15 万亩的辐射区，都有行政领导和技术人员结对承包，负责项目的组织落实、技术指导等各项具体工作。

实施方案的可操作性，强化了实施效果。梁双波所长介绍，基地在建设过程中，院领导多次到宁晋基地与宁晋县政府磋商督导基地工作，从而获得了宁晋县政府的高度重视，形成了分工明确，团结协作的局面。宁晋县政府成立了以县长为组长，农业局、水务局、农开办、财政局等相关部门主要领导为成员的项目领导小组，明确了各职能部门和有关乡镇的任务目标，在项目实施中给予密切配合和大力支持。宁晋项目组的技术依托单位河北省农林科学院粮油作物研究所与宁晋县政府项目组成员之间分工明确，紧密团结协作。技术依托单位主要负责技术研究集成，百亩核心方的全面建设，千亩方与万亩方的技术指导。当地政府主要负责千亩方及万亩方的组织实施、配套设施的建设，观摩培训活动的组织安排。双方及时沟通，相互协作，运转高效，保障了项目的顺利实施。政府、科研机构、农民的多方通力合作，实现了科技成果快速转化、农业转型升级走向现代化、农民持续增收的多赢局面。可以说，宁晋基地建设，为加快我省科技引领农业增效、农民增收探出了新路。

（此文原载于《河北日报》2016 年 12 月 6 日第 12 版）

3. 河北经济日报

（1）农牧结合兴农富民 循环经济风生水起——威县“渤海粮仓”项目打造农牧结合循环经济发展新模式（田桂云，张海娜，李万贵，2016 年 3 月 4 日）

2015 年 3 月 11 日，河北省副省长沈小平在省农业厅厅长魏百刚、省农发行行长王玉武和河北省农林科学院院长王慧军陪同下，视察了威县河北渤海粮仓农牧结合循环经济项目区，对渤海粮仓项目威县示范区研究方向、技术内容、组织措施以及取得效果给予了充分肯定，认为该项目的实施符合种植业从传统的粮食作物、经济作物二元结构转向粮食作物、经济作物、饲料作物三元结构的发展方向，产学研结合的机制创新模式，有利于推动当地农牧结合循环经济的发展。希望做好科技、政府、企业、金融、保险的五家握手行动，为河北省现代农业园区建设树立可复制的样板。

威县“渤海粮仓”项目作为国家渤海粮仓科技示范工程的重要组成部分，不仅创立了“农牧结合循环经济发展模式”和“五家握手”行动机制模式，而且在很多关键技术上实现新突破，取得良好经济、生态和社会效益。

① 创立“农牧结合循环经济发展模式”。“农牧结合循环经济发展模式与关键技术研究”项目主要实施地点为邢台市威县，由河北省农林科学院总体负责组织，河北省农林科学院棉花研究所、河北省农林科学院粮油作物研究所奶牛研究中心（联合北京好友巡天生物技术有限责任公司）、河北九知农业科技有限公司、河北科技大学等单位负责具体实施相关研究工作。

项目研发内容涉及饲草饲料作物种植、畜禽养殖、农畜废弃物转化利用及循环经济评价 4 个子课题。项目在河北省科技厅的指导下，通过组织学术研讨会、课题讨论、现场调研、电话交流与咨询等多种形式沟通，通过农科教与产学研结合，政治家、企业家、科学家、投资家、保险家“五家握手”联合行动，扎实有效地推进工作开展，使各项工作取得良好进展。

按照“增产增效并重、良种良法配套、农机农艺结合、生产生态协调”的基本思路，以“突出协同创新、突出‘大粮食’思维、突出节水优先、突出培育新型主体、突出转化应用”为基本原则，河北省农林科学院威县“渤海粮仓”项目创立了“农牧结合循环经济发展模式”。建立燕麦—夏玉米轮作、低酚棉种植、苜蓿引进、春播甜高粱（或高丹草）一种多收等种植模式，通过土地流转实行了规模经营，从种到收全部实现机械化，减投增收。底肥采用机械化种肥同播，避免土壤表面挥发。使用喷灌设备进行田间灌溉，每亩节水 50 m^3以上。

②“五家握手”促产学研紧密结合。项目组织实施过程中力求做到产学研紧密结合，打通学术孤岛，实现了政治家、科学家、企业家、金融和保险五家握手联合，将种植、养殖、废弃物利用和循环经济评价多专业、多学科有效融合，引进集成京津冀、国内外先进技术，创新驱动现代农业的健康、可持续发展。

项目实施过程中，在项目负责人王慧军院长的直接指导下，项目专员李万贵老师针对项目板块之间的工作衔接、与基地政府和企业等相关人员与部门的对接、以及课题工作的落实进展等情况，及时多次地组织学术管理讨论、调研联系、协调、督促，促进和保证了课题工作的顺利进展。子课题项目板块之间保持了不间断地工作沟通联系，相互支持，有效链接，协同作战，保证了子课题和各板块工作的正常进行和总课题工作的整体推进。

2015 年 3 月 13 日，省渤海粮仓工程项目区威县举行了“农牧结合生态循环农业战略联盟‘握手行动’座谈会暨签约仪式”。河北省渤海粮仓科技示范工程首席、王慧军院长首次提出了渤海粮仓要有大粮食的概念，在农业结构调整中要坚持走生态农业的路径，构建农牧结合循环经济的发展模式，并通过政治家、科学家、企业家、金融和保险五家握手机制创新，驱动现代农业的健康发展。

2015 年 3 月 29 日，在威县召开“五家握手”行动推进会，是贯彻落实 2015 年 3 月 13 日“农牧结合生态循环农业战略合作联盟协议书”座谈会及“五家握手”行动的推进会。参会各方对创立中国现代农业的威县模式给予充分肯定，经过充分讨论和友好协商，初步达成共识，明确了科技园区、科技局、农业局等各职能部门工作任务及相关人员职责。

2015 年 11 月 20 日，农牧结合循环经济重点项目推进会暨签约仪式在威县举行，王慧军院长带队参加推进会并出席签约仪式。本次会议共签署了 3 个协议：一是威县县长商黎英代表威县人民政府与河北九知农业科技有限公司签署种养结合废弃物资源化利用产业化项目投资协议；二是华油惠博普科技股份有限公司与河北九知农业科技有限公司签署（河北优净生物公司年产 30 万 t 生物有机肥）项目合作协议；三是河北省农林科学院遗传研究所与河北优净生物公司签署产学研战略合作协议。

③ 深化国内外交流与合作。2015 年 1 月 30 日，邀请北京好友巡天公司饲料配方师李剑茹博士做“谷子在饲料中应用的现状与前景”学术报告，介绍了饲料原料应关注的营养性、抗营养性、安全性和经济性 4 个因素，分析了谷子与玉米、小麦、棉粕、豆粕等饲料能量及营养成分及其与相应畜禽种类饲养需要的关系。指出谷子作为饲料原料和拉动谷子产业是可行的，但目前对谷子的营养研究和相应的喂养试验较少，可用于参考的数据偏少，同时作为饲料要考虑到产量、价格等因素对原料供应可持续性的影响。

2014 年 12 月 18 日，召开了畜禽废弃物处理研讨会。会上围绕农区牧业发展的废弃物转化利用问题展开了研讨。王慧军院长以威县为例，阐述了县域经济发展存在的问题和发展出路。威县是传统的棉花生产大县，当地政府在经济结构调整中，牧业作为重要部分引进发展，但面临着畜禽废弃物需要处理转化等问题，需要回到农田进入循环过程的许多问题亟待解决。“五家握手”联合行动，重点突破畜禽废弃物的处理，生产优质产品，解决水循环利用问题。围绕产业节点进行创新，突破节点形成循环，具有奠基性和里程碑性的意义。

项目进行过程中，注重相关研究领域国际发展现状的调查和分析，项目组成员参加美国谷物协会在山东泰安举办的奶牛粗饲料研讨学术会议；王昆博士到美国从事相关专业的学习；引进美国褐脉甜高粱品种等举措均有利地促进了本项目的顺利开展。

④ 关键技术研究取得重大突破。围绕河北省渤海粮仓科技示范工程“增粮、节水”总体目标，结合威县牧业蓬勃兴起的现状，在威县实施了“农牧结合循环经济发展模式与关键技术研究”和“不同饲草作物的种植技术模式集成与示范”项目，项目实施过程中河北省农林科学院与威县科技局密切配合，努力做到结合威县地域特点，研发与推广项目有利结合。

饲草饲料作物种植关键技术研究：结合示范区牧业兴起现状，亟须在当地开展饲草种植技术研发工作。威县项目区从征集各类饲料作物资源着手，结合当地自然条件，开展不同饲草品种筛选试验，建立合理种植模式，如春播青贮燕麦—青贮夏玉米轮作、春播甜高粱（或高丹草）一种多收、苜蓿多年生等。筛选出适宜示范区种植的低酚棉品种 6 个，燕麦品种 3 个，青贮玉米品种 3 个。高丹草、甜高粱表现了耐旱，产量高等特性。低酚棉和甜高粱具有耐旱特性，适宜在水资源匮乏地区种植。

在项目区进行了不同饲草的种植示范，项目执行过程体现已下特点：种管方式的创新。以前是一家一户种植，现在通过土地流转实行了规模经营，从种到收全部实现机械化，减投增收。种植结构的创新。以前项目区多种植棉花，现在随着畜禽养殖业的发展，开始种植不同饲草作物，产业结构进行优化创新，增加农民收入。肥料利用率提高。底肥施用采用机械化种肥同播，避免了撒施于土壤表面造成的挥发等损失，及时浇水有利于肥料在土壤中的分解吸收利用，肥料利用率提高了 20%。节水项目区使用喷灌设备进行田间灌溉，喷灌比畦灌每一次浇水至少节省 50%，喷灌每浇一次水用 25 m^3/亩，每个作物生育期至少浇水两次以上，每亩节水至少 50 m^3以上。

不同饲草的示范效果明显，低酚棉：作为优质蛋白精饲料的重要来源，游离棉酚含量低，苗期地上部测定样本棉酚含量为 0.0006%及以下，低于国家卫生组织限定标准 0.02%，与谷子、苜蓿相比，具有较好的饲喂品质，尤其体现在粗蛋白含量上。示范面积 100 亩，产量与有酚棉相当。青贮燕麦：核心区面积 500 亩，辐射示范区面积1 000 亩。专家测产核心区青贮燕麦亩产量 2.15 t，实际收割 3.1 t/亩，辐射区亩产量 1.69 t。青贮玉米：示范区播种春播青贮玉米3 000亩，实收亩产量达到 4.1 t。青贮夏玉米，专家检测千亩核心区亩产量 3.9 t，万亩辐射区亩产量 3.6 t。苜蓿：示范区面积3 500亩，田间检测结果，500 亩千亩核心示范区亩产 2.20 t，3 000亩辐射区亩产 1.96 t。

畜禽养殖关键技术研究：开展了谷子饲用处理及营养成分的分析，早期收割并经过发酵后的张杂谷有机物及可溶糖含量最优。发酵 90 d 的谷草呈黄褐色，弱酸香味、质地柔软、略带湿润、品质良好。同时，开展了复合微生态制剂对减少肉鸡养殖废弃物排放的作用研究。

畜禽废弃物处理与利用关键技术研究：高温菌群优化培养节省了辅料，缩短了发酵时间。高温高速发酵系统节能降耗技改方面，申报了1项实用新型专利。规模养殖粪污无害化处理资源化利用生产有机肥在项目区产业化对接，具有重要意义。

循环经济评价研究：全面开展农牧结合循环经济发展的基础调研工作，对威县的自然资源及人文社会环境等基础条件进行调研。对威县农牧业的种植面积、养殖规模，产量、产值，投入产出效益，废弃物排放量等农牧业生产状况进行调研。在实地调研的基础上，建立数据库，并收集项目所需文字资料，摸索并确定了项目评价方法。

建立了农牧结合循环经济评价的指标体系：在构造农牧结合循环经济主要影响因素的递阶结构模型的基础上，初步建立了包括环境与资源支持系统、社会支持系统、资源减量投入系统、资源循环利用系统、农牧复合生态系统、经济发展系统在内的六大类66个农牧结合循环经济的评价指标。

河北渤海粮仓项目首席、河北省农林科学院院长王慧军提出，渤海粮仓要有大粮食的概念，在结构调整中要走生态农业的路径，构建农牧结合循环经济的发展模式，并且通过政治家、科学家、企业家、金融和保险五家握手机制创新，驱动现代农业的健康发展。

威县示范区技术负责人李俊兰研究员表示，河北省农林科学院威县"渤海粮仓"项目有力促进威县国家级农业科技示范园区申报成功，成功促成北京华油惠博普科技股份有限公司与河北九知农业科技有限公司在威县合作投资河北优净生物公司，进行畜禽废弃物处理与资源转化利用，还加强了团队人才队伍的建设，有效提升了人才队伍科研水平和协同实战能力。

（此文原载于《河北经济日报》2016年3月4日第4版）

（2）千里田野织锦绣　盐碱地里结硕果——沧州市农林科学院科技引领助力渤海粮仓科技示范工程（田桂云，肖宇，2016年3月8日）

时光仿佛善于魔法，既能春华秋实，也能让田野发生亮丽的变化。

沧州地区淡水资源匮乏，人均和亩均水资源量不足全国平均水平的1/12和1/16，粮食单产不足200 kg/亩，是渤海粮仓项目实施的核心区。从2014年全面启动渤海粮仓科技示范工程项目以来，沧州市农林科学院全力攻坚示范工程，研发了具有沧州区域特色的一整套主推增粮技术，选育了一批新品种，实现了增粮节水，渤海粮仓园区被认定为"河北沧州国家农业科技园区"。

到2017年增粮5亿kg、到2020年增粮15亿kg的任务，这是渤海粮仓科技示范工程为沧州描摹的美好蓝图。沧州市农科院肩负着沧州地区农业科技创新的重任，该院紧紧围绕服务粮食生产、农民增收和实现农业可持续发展的目标，全力提升自主科技创新能力，加速推进成果转化，全面加强科技服务，以科技为引领，推进环渤海低平原雨养旱作区增产增效关键技术模式研究与示范任务，提升示范区建设质量，让盐碱之地变身"渤海粮仓"，也让百姓收获了实实在在的实惠。

① 科技工程惠及农家，让农业增效农民增收。沧州渤海粮仓科技示范工程项目区

的百姓刚刚收获了一个丰收年。

“新的玉米种植技术真能让中低产田变成高产田！”黄骅市二科牛村村民郭大田开心地告诉笔者。

对于渤海粮仓科技示范工程推广的春玉米起垄覆膜种植新技术，郭大田当初将信将疑，于是，他的12亩农田，一半采用了新技术，一半采用传统技术，结果采用新技术的地块多收了1 000多kg玉米，望着另外六亩地的玉米，老郭后悔莫及。“听到种个玉米还要起垄，又要覆膜，这么复杂谁有时间伺候。没想到播种时来了台播种机，一路走过去全完成，比普通播种机还好还快，长出的玉米就更不用说了”科技种粮让郭大田心服口服。

“渤海粮仓科技示范项目启动后，沧州市农林科学院作为河北省项目研发团队之一，主要承担环渤海低平原雨养旱作区增产增效关键技术模式研究与示范任务”。该课题主持人、沧州市农林科学院副院长阎旭东研究员告诉笔者，“课题组在过去多年来滨海区生产生态研究的基础上，针对该地区雨养旱作农业生产中存在的瓶颈问题，密切结合实际气候和土壤特点，确定研究思路，制订试验方案，经过连续几年的科研攻关，推出多项针对性强、易操作、节水节肥增产的实用性旱作技术。”

归根结底，政府工程能否成为民心工程，就看老百姓是否得实惠。

以沧州市农林科学院研究的春玉米起垄覆膜侧播种植新技术为例，因其因地制宜，效益显著，深受农民欢迎。沧州地区春季少雨干旱，小雨多，有效降雨少，播种春玉米往往出现“卡脖旱”，产量低而不稳。该技术通过先起垄，垄上覆膜，在膜侧种植玉米的方式，表现出显著的集雨保墒效果，通过汇集，使无效降雨变为有效降雨，避免了困扰生产多年的春玉米“卡脖旱”的问题。同时，该技术通过提高地温，促进根系发育，后期抗倒伏效果显著。2015年，沧州市农科院又成功研发出玉米起垄覆膜侧播“双垄四行”大型播种机，一天播种可达100亩以上，而且全部应用降解地膜，对环境无污染。该技术一经推广深受广大农民欢迎，2015年《春玉米起垄覆膜侧播种植技术规程》通过河北省地方标准审定，并被河北省渤海粮仓科技示范项目列为重点主推技术之一。该技术先后在黄骅、泊头、沧县、青县、东光、海兴示范区等县市大面积推广，推广辐射面积十余万亩。

2014年9月12日，专家组对黄骅市二科牛村示范基地500亩春玉米起垄覆膜侧播技术示范田进行现场产量检测，平均玉米亩产716. 2 kg/亩，比对照增产37. 6%，亩增经济效益200元以上。2015年沧州地区遭遇几十年一遇的大旱年份，相当一部分春播玉米绝收，9月3日，专家组对二科牛村示范区千亩示范方进行现场测产，平均亩产568. 2 kg，比对照增产65. 6%。

这一串串艰难获取的增收数字，它的背后折射出农业科技人员勤劳的汗水，更折射出沧州党政领导决策阡陌、扎实推进渤海粮仓科技示范工程的劳苦与心志。

② 孜孜以求技术当家 科技雨露泽润农田。总结沧州市推动渤海粮仓科技示范工程项目的经验，就是依托项目团结合作的研究平台，推倒技术围墙，打通了学术孤岛，实现了产学研、科教推的紧密结合。在这个平台上，沧州农科院渤海粮仓项目组也得到了锻炼和成长，年轻科研人员的学术水平不断提高，团队精神得到培养。2014年、2015

年该院渤海粮仓项目组获河北省渤海粮仓项目优秀创新团队荣誉称号。

项目实施几年来，沧州农科院申报了一批知识产权。先后申报国家专利9项，其中4项已经获得授权，其余已进入实审阶段。通过河北省地方标准审定4项，沧州市地方标准审定3项；发表学术论文6篇，出版著作一部《沧州市渤海粮仓科技示范工程主推技术》。研发了多项雨养旱作核心技术，并集成“两年三作”新型耕作种植制度。除了春玉米起垄覆膜侧播等新型种植新技术，该院还研发了玉米宽窄行单双株增密增产技术、旱作冬小麦春季追施水溶肥增产新技术、冬小麦“六步法”旱作种植技术、雨养旱作区冬小麦覆膜种植新技术等核心技术。在以上单项旱作技术的基础上，该市农林科学院进一步集成了《雨养旱作区蓄墒保播增收“两年三作”耕作种植制度》，改变了当地传统的一年一作或极不稳定的一年两作种植制度，实现了周年无须灌水条件下玉米与小麦种植的无缝链接，是对当地耕作制度的一次升级。该种植制度显著提高了自然降水利用率，较传统种植方法，两年产量可增加30%以上。

以粮为基，沧州市农科院进一步研究形成草粮兼顾型种植技术新模式，研发《玉米—苜蓿—小黑麦“一年四收”草粮兼顾型高效种植技术模式》。“2015年中央“一号文件”明确提出要加快发展草牧业，农业部多次提出要形成草粮兼顾型农业结构，沧州农科院研究团队针对沧州地区盐碱荒地多和夏季雨热资源丰富的特点，按照“藏粮于地、藏粮于技、藏粮于水”的指导思想，结合近几年研发的多套粮食作物旱作种植技术，与当地具有悠久种植历史的苜蓿产业进行有机结合，通过对玉米高产技术嫁接移植，升级换代形成了《苜蓿—玉米—小黑麦“一年四收”草粮兼顾型高效种植技术模式》。”阎旭东研究员介绍说，该模式通过对苜蓿种植方式的调整，采取宽窄行种植，在进入夏季后于窄行处种植夏玉米，充分利用该阶段的光热水资源，可实现玉米500 kg的产量目标。玉米收获后如墒情较好，在原处种植小黑麦，与来年第一茬苜蓿混合收割，形成优质豆科牧草与优质禾本科牧草的混种混收，牧草品质与产量均得到显著提高。这样形成了两茬苜蓿、一茬小黑麦、一茬夏玉米的“一年四收”新型种植模式。它不仅解决了环渤海地区苜蓿生产和当地气候条件不耦合的问题，充分利用了7—9月丰富的光热水资源，可实现亩经济效益2 300元以上，大大高于单种苜蓿的效益，同时又培肥了地力，改良了土壤，生态效益巨大。2015年在沧县北阁试验基地建立800亩示范区，并完成了农机配套，一台播种机可以同时满足苜蓿、玉米和小黑麦3种作物的播种。该模式不但适合在牧草种植区推广，而且适合在玉米种植区推广。

此外，沧州市农林科学院还积极探索玉米—大豆间作种植模式，该院与河北省农林科学院合作开展了多年的玉米大豆间作种植模式试验示范研究，形成了完整的间作种植技术体系。自2012年连续4年在泊头四营乡大面积示范种植，平均亩收获玉米420～530 kg，大豆86～93 kg，经济收益显著，深受农民欢迎。同时该种植模式在培肥地力方面效果突出，对后作冬小麦产量提升具有明显的促进作用，做到农药化肥的双减。

农业科技如同甘霖滋润着沧州田野，“送金送银，赶不上送科技上门”，听到农民群众如此质朴真挚的感慨，沧州市农林科学院的农业科技人会心地笑了。

③ 示范推广扎实培训，提升粮食综合产能。科技进步是推动经济社会发展的重要动力，也是加快推进农业现代化的有力手段。沧州农科院以科技引领助力渤海粮仓科技

示范工程，围绕沧州地区淡水资源匮乏，土壤瘠薄盐碱的资源现状，着力抓好科教兴农战略，组织实施生产设施化、技术集成化，有力提升了农产品的科技含量和农业的集约化、设施化、机械化水平。

2013年项目实施初期，河北省渤海粮仓项目组提出了建立“百千万亩”试验示范体系。百亩核心试验区重在试验数据的获得，千亩示范方重在展示技术效果，万亩辐射区重在为农民增收增效服务。沧州农科院严格按照这一要求，做到试验基地地力均匀，数据可靠；示范基地道路畅通，标识明显，田间设施齐全，耕种整齐，展示效果好。项目实施以来，先后在黄骅、泊头、东光、沧县等建立了千亩示范方5个，并建立了黄骅二科牛村万亩示范区和泊头大卢屯、宋八屯万亩示范区以及沧县北阁村3 000亩示范区。在示范区建设过程中，采取了小区示范引导、技术服务指导、对高产户进行奖励、农机设备配套等多种方法，保证了示范区的建设质量。

“农民干不干，主要看示范。渤海粮仓科技示范工程发展快不快，带动作用强不强，关键就在示范推广”，阎旭东副院长告诉笔者，该院充分利用示范区的技术展示效果，开展了多场次的现场观摩和技术培训活动。

2014年9月4日，全省玉米现场观摩会在该院渤海粮仓项目黄骅市二科牛村示范区召开。沈小平副省长及相关厅局和科研院所的200多名领导、专家现场观摩了春玉米起垄覆膜侧播种植、玉米宽窄行种植技术示范田。对在当年大旱情况下玉米旱作种植技术所表现出的丰产效果给予了充分肯定。

2015年4月30日，由省渤海粮仓项目办组织的“春玉米起垄覆膜侧播技术播种现场会”在泊头示范区召开。现场展示了研发成功的春玉米起垄覆膜侧播播种机。河北省渤海粮仓项目各研究团队主要成员、中友机电、沧州各县市项目负责人、农技人员、种植大户、农业合作社负责人等100余人参加现场观摩。

2015年4月22日，在泊头市大卢屯示范区召开沧州市小麦春季追施水溶肥观摩会，沧州市科技局、农业局及全市项目主管及泊头农业技术人员、种植大户等110余人参加了观摩。

2013年至2015年，在黄骅市在二科牛村示范区、羊二庄示范区召开全县农业技术人员、各村种植大户、专业合作社负责人参加的玉米、小麦种植现场会七次，极大地调动了人们使用新技术的积极性。

在进行示范区现场观摩的同时，沧州市积极开展多种形式的技术培训讲座活动，沧州农科院技术人员与各县农业局技术站，利用冬闲时间，走乡串村开展技术讲座几十场次。并结合河北省阳光工程培训、河北省农技人员培训及农开办项目，广泛宣传项目研究成果。几年来参加培训人员近2 000人次，发放各种宣传资料5 000余份。通过宣传，周边自发前来示范区和试验基地参观的农民络绎不绝，技术培训取得良好的宣传效果。

沉下身子，把科技送到田间地头，把服务送到种养大户。沧州市农科院送科技下乡，为三农服务，赢得了广泛的社会赞誉，一个覆盖全市农业主产区的渤海粮仓科技示范框架已基本形成，粮食生产稳定发展，科技支撑能力不断增强，成为粮食安全的有力保障。2015年，沧州全市示范推广小麦53万亩，总增产3 458.5万 kg。玉米种植面积85万亩，总增产7 571.8万 kg。按一般地力核算，亩节水50 m^3，亩节成本50多元，亩增效210元。

“干在实处永无止境，走在前列要谋新篇”。如今，沧州农业人又站在“十三五”的崭新节点上，接下来，沧州市农科院将对成型的旱作种植技术进一步完善，在开展雨养旱作区种植技术的同时，探索研究沧州西部地区非充分灌溉区农业生产中节水关键技术。进一步加大与各县市农技推广部门的合作，推升示范区建设质量，在沧州大地上，用科技创新成果照亮农民奔小康之路。

（此文原载于《河北经济日报》2016年3月8日第4版）

(3) 盐碱地上的“科技革命”——河北省农林科学院滨海农业研究所推动滨海重盐碱地改良技术研发项目工作纪实（田桂云，王秀萍，2016年3月9日）

当第一缕阳光洒向渤海之滨的曹妃甸，这里的一块“黄金宝地”又开始了新一天的脉动。

10年前的曹妃甸，仅仅是一片海水中一个4 km^2 的小沙岛。如今的曹妃甸，一个个现代化的码头，一片片高标准的厂房，处处都在迸发着现代、开放的气息和蓬勃活力，打造出一座气势恢宏的亮丽新城。

就在曹妃甸区唐山湾生态城，同样有一批农业科技工作者，以战天斗地的精神助力曹妃甸的建设发展，他们，就是河北省农林科学院滨海农业研究所的农科人员。河北省渤海粮仓科技示范工程——滨海重盐碱地综合改良技术研发项目正是由河北省农林科学院滨海农业研究所承担。曹妃甸是一座在盐碱地上成长崛起的现代化新城，这里盐碱滩涂贫瘠荒凉，特殊的地理环境，让曹妃甸这片年轻土地打上了盐碱地的烙印。省农林科学院滨海农业研究所以滨海重盐碱地综合改良技术研发为抓手，大力实施“渤海粮仓”科技示范工程，“梯次推进”治理滨海重盐碱地技术研发，该所根据全省的统一部署，坚持科学谋划、科技支撑、示范突破、产业发展的思路，狠抓落实，各项工作开展有序，成效显著。曾经的不毛之地，如今开始显现出绿色的希望和开发的潜力。

① 科技先导，治理滨海重盐碱地。众所周知，盐碱地有土地的“绝症”之称，重度盐碱地几乎是“不毛之地”。

河北省渤海粮仓科技示范工程滨海重盐碱地综合改良技术研发项目，由河北省农林科学院滨海农业研究所承担，项目地点位于唐山市曹妃甸区唐山湾生态城。“项目区土壤盐分高、质量差、环境恶劣，利用难度大。”河北省农林科学院滨海所所长刘善资坦言，环渤海淤泥质滨海盐土，为天然孔隙比大于1.0而小于1.5的黏土淤泥，滨海盐土盐分含量高，表层土壤含盐量为2%～5%，地下水埋深80 cm左右，地下水矿化度13～30 g/L。土壤质地黏重，土壤容重，渗透性差，植被覆盖率低，仅有稀疏的碱篷、芦苇等几种盐生植物，除部分养殖场、盐场和盐碱地环境绿化外，大部分未开发利用，为赤卤不毛之地，利用难度大。这部分区域为环渤海沿海发展的前沿地带，其土壤资源也是当地重要的后备耕地资源，项目的技术研发，不仅是沿海生态环境建设的迫切需要，同时也是扩大可耕地面积，增加粮食产量的关键。

依托“梯次推进”治理滨海重盐碱地技术研发，省农林科学院滨海农业研究所全力攻关，为重盐碱地综合改良提供强有力的科技支撑。首当其冲的，就是研发节本高效的滨海滩涂土壤治理技术。

盐碱滩涂变耕地，需要土地整治、土壤改良等一次性成本投入。按现有原土改良技术，每亩总投资7 060元，而“梯次推进”改良滨海盐碱地技术，可利用自产的作物秸秆、工业废料磷石膏等取材方便、效果好、成本低的工农业废料，结合辅以微工程措施，实现改土降盐。暗管排盐技术是盐碱地改良的一种有效措施，已广泛应用于盐碱地改良，但在黏重滨海滩涂条件下的应用技术鲜有报道。本项目以泥质滨海滩涂为研究对象，针对性强。利用地下暗管排盐、利用滴管淋盐，使滨海盐土达到快速脱盐的目的。

与此同时，河北省农林科学院滨海所着力研发植被梯次演替种植改良利用盐碱地的生物技术模式，以盐治盐。据介绍，生物技术改良盐碱地，充分利用植物的耐盐改土特性改良盐碱地，是最经济有效的措施。本项目以植物适应环境、改变环境为原则，通过植物耐盐阈值的鉴定和植物对滨海盐碱的响应差异，构建了“先锋盐生植物—高耐盐植物（作物）—耐盐经济作物—粮食作物”的植被梯次演替种植改良利用盐碱地的生物技术模式。

从改土降盐，到暗管排盐；从以盐治盐，到攻克生物技术改良盐碱地难关，河北省农林科学院滨海所科研人员在攻关道路上风雨兼程，取得了丰硕成果。刘善资所长介绍，该项目采取生物措施改良盐碱地的方法，在低成本改土培肥技术的基础上，根据土壤盐碱程度，采取种植不同耐盐级别的耐盐植物，即“先锋盐生植物—高耐盐植物（作物）—耐盐经济作物—粮食作物”的植被梯次演替种植技术，使土壤类型由“滨海盐土—强盐渍化土—中度盐渍化土—耕地”梯次降级，土壤理化性状梯次改善，生态系统良性进化，从而达到耕地资源增加，作物增产，盐碱地持续利用的目的。

② 心血浇注，盐碱地孕育绿色希望。白花花的盐碱地，能不能孕育出绿色的希望？

为贫瘠的土地寻找希望的种子，河北省农林科学院滨海农业研究所的科研工作者一头扎进农业科研实践中。

按照“梯次推进”理论与方法，该研究所沿着土壤资源调查评价—滨海滩涂改良—梯级耐盐作物选育与鉴定—耐盐作物盐碱地安全生产的技术路线，重点开展了项目区原始地貌资源调查与分析、滨海盐土低成本耕层改良、作物耐盐精准鉴定、生物改良盐碱地梯度作物及品种选择、暗管排盐改良盐碱地模式研究、适宜不同盐分土壤的梯度作物栽培模式及栽培技术等关键技术研发，研发成果可为滨海滩涂利用提供了有效可行的技术方案，为解决了沿海滩涂治理利用成本高、作物生产效益低等生产实际问题提供技术支撑。

摸清了河北省滨海滩涂生境状况，为合理利用提供了基础数据。

其中，原土植被状况：原始地貌为渤海湾典型重盐碱荒地，自然植被仅有稀疏的盐地碱蓬，植被覆盖率仅有2%～3%。

土壤结构状况：项目区土质黏重，容重为1. 33～2. 27 g/cm^3。采用人工分筛法对土壤各级团聚体含量分析，结果表明，土壤结构性极差>0. 25 mm的大结构含量仅为8. 5%～13. 15%，<0. 25 mm微结构含量为86. 85%～92. 5%。

地下水埋深及矿化度：地下水埋深2. 5 m，地下水矿化度20 g/L。

土壤耕层理化性状：对示范区原始地貌 20 cm 耕层进行了土样采集和 9 个理化性状指标的测定，根据测定土壤全盐含量高，为重度滨海盐土。

地下水资源状况：根据地下水位监测井得出生育期内每个月地下水位和矿化度基础数据。7—8 月，正值夏季最炎热时期，土面蒸发和作物蒸腾最剧烈，地下水位最低；9 月以后，天气逐渐转凉，作物进入生殖生长末期，耗水量逐渐降低，地下水位逐渐升高。地下水矿化度随着地下水位的升高，有一定的波动，但总体趋势趋于降低。

雨水资源状况：试验区 7—11 月，降水总量为 326.08 mm。

项目开展以来，滨海农业研究所的科研工作者们走遍了项目区的每一寸土地，他们建立了以关键技术突破为目标的内部协同机制，各科研环节紧密配合，提高整体创新能力。为解决盐碱地改良成本高的问题，该所研究了泥质重盐碱地改良剂组合及其施用方式对盐碱土的改良效应。研究表明，最优耕作方式为垄作；初步筛选出了取材方便、效果好、成本低的改良剂组合，技术应用可使滨海滩涂容重降低 30%，土壤盐分降低 50%以上，改良成本降低 20%的效果，从而达到了改土、降盐、培肥的目的。从不毛之地的滩涂改良到重度盐碱地水平，为高耐盐植物群落构建提供了基本保证。

同时，该所着力构建耐盐植物鉴定及梯级推进改良盐碱地品种模式，研发了《一种盐碱地黏质土壤田间盐分调控方法》专利技术，为利用滨海黏重盐碱土进行植物耐盐精准鉴定提供了技术支撑。该方法通过选择盐碱地块，构建防侧渗设施、排水排盐设施，确定 0.5 m 深土壤平均含水量，并利用咸水矿化度与土壤全盐含量线性关系，进行咸水矿化度调配，将调配好的咸水进行浇灌，使土壤含盐量达到设定浓度，从而达到作物梯度盐分鉴定及耐盐性筛选的目的。

采用盐碱原土梯级鉴定法，对 14 种植物进行了耐盐性鉴定，根据植物的形态指标及生理生化指标，确定了耐盐阈值。初步筛选出了盐生先锋植物（耐盐阈值 1.5%以上）、盐生植物（耐盐阈值 1.0%以上、0.7%～0.8%）、高耐盐植物（耐盐阈值 0.5%～0.6%）、耐盐（0.4%～0.5%）植物群落植物品种，初步构建了梯次推进改良盐碱地的植物品种模式。

此外，该所还研究了滨海重盐碱地条件下 21 种植物盐分离子分布运移状况及对土壤微生物指标、土壤容重、土壤养分等理化指标的影响。确定了改土降盐效果较好的植物依次为盐地碱蓬、田菁、油葵、苜蓿、地参等。其中，降盐效果明显的植物为费菜、盐地碱蓬；降低土壤容重最好的植物为盐地碱蓬；提高土壤酶活性最好的植物为盐地碱蓬、芦笋、蒲公英。

该所还以目前广泛应用的暗管排盐技术为基础，通过暗管距离、深度、滴管强度等不同处理条件下的土壤盐分时空变化研究，构建适宜滨海黏土区节本高效的暗管排盐模式。确定泥质滨海盐土，适宜暗管埋深应低于 80 cm。暗管埋深 60 cm，间距 15 m；暗管埋深 80 cm，间距 7 m。该技术可使滨海滩涂土壤脱盐率达到 50%，为植被构建技术提供了基础条件。

在曹妃甸生态城示范基地示范 40 亩，当年种植盐生植物——盐地碱蓬，土壤盐分由 43.1 g/kg 降至 12.2 g/kg，耕层土壤微生物（细菌+放线菌+真菌）数量增加了 200 倍以上；土壤酶活性（脲酶+蔗糖酶+过氧化氢酶）提高 1.5 倍，土壤质量大幅度改善。

曾几何时，盐碱地就意味着颗粒无收，只能望地兴叹，忍痛抛荒。如今，滨海农业研究所正在通过孜孜以求的技术研究，实现曹妃甸的生态梦。

③ 示范带动，立足盐碱环境发展盐碱农业。积极为地方经济发展和生态环境改善献计献策，是科研人员应有的担当和职责。

如今，滨海农业研究所已经收获了累累硕果：其研发成果《滨海盐碱地作物生产力提升技术集成与应用》，获唐山市科技进步一等奖。受理土壤盐分调控发明专利 1 项“一种滨海盐碱地黏质壤土田间盐分调控方法”。受理盐碱地栽培专利 1 项“一种淤泥质滨海重盐碱地棉花种植方法”。编制并审定省地方标准 2 项“盐碱地油葵栽培技术规程”“滨海盐土区盐地碱蓬植被恢复技术规程”。

滨海重盐碱地综合改良技术研发项目立足盐碱环境，发展盐碱农业，变不利因素为有利因素，研发了“梯次推进”生物改良盐碱地技术，摸清了区域最新实况，研制低本高效的盐碱地改良技术，鉴选耐盐的植物品种，配套盐碱地高效利用技术，该项目以“生态与增粮并重、成本与效益并重、改土与降盐并重”为原则，研制成果不仅增加了耕地资源，使盐碱地作物生产力得以提升，而且沿海恶劣的生态环境也得到有效的改善。研发的低成本盐土改良技术、盐地碱蓬—费菜、盐地碱蓬—田菁、盐地碱蓬—油葵、盐地碱蓬—苜蓿—小麦—玉米、盐地碱蓬—柽柳—高粱、盐地碱蓬—菊芋、盐地碱蓬—柽柳—棉花、盐地碱蓬—芦笋等梯次推进模式在曹妃甸生态城进行了小面积示范。

示范的生态效益显著，经济作物形成了一定产量，引起了当地政府的极大关注，河北省农林科学院院领导、唐山市技术站、曹妃甸农业局、丰南农业局相关领导、专家、农技人员多次到基地参观。同时也引起了当地政府的高度重视，2015 年，曹妃甸区政府相关领导到曹妃甸生态城项目区进行视察后，计划 2016 年以农业科技供、求对接合作方式，利用项目创新成果和集成技术在泥质重盐碱区曹妃甸一农场建立“暗管排盐技术在高效设施农业中的应用示范基地”，在曹妃甸六农场建立“耐盐高效经济作物示范基地”，为区域盐碱农业持续稳定发展、港区生态环境的改善提供技术支撑，在盐碱地上掀起了“绿色革命”。

今后，滨海农业研究所将继续按照上级要求和部署，提升“渤海粮仓”项目示范工程的产出效益，提升示范工程辐射带动能力。据介绍，2016 年该所将继续开展植物（作物）的耐盐阈值的鉴定工作，植物的改土降盐机理研究。加深对低成本改良剂的研究，尤其微生物在改良剂组合中的应用效果研究，注重技术的轻简性、易操作性和低成本。继续开展暗管排盐土壤治理技术条件下的梯次推进模式研究。继续加强对单项技术进行集成与示范。同时，结合当地政府，搞好曹妃甸一农场“暗管排盐技术在高效设施农业中的应用示范基地”和六农场的“耐盐高效经济作物示范基地”建设工作。

对此，滨海农业研究的科研人员有足够的信心。他们坚信，秉承艰苦奋斗、甘于奉献、勤于实践、勇于创新的精神，曹妃甸一定能够看到绿色、富足的希望。

（此文原载于《河北经济日报》2016 年 3 月 9 日第 4 版）

(4) 奏响粮棉双丰的交响乐章——河北省农林科学院棉花研究所、邯郸市农林科学院拓棉增粮担当“渤海粮仓”工程重任（田桂云，王树林，2016 年 3 月 10 日）

不仅要吃得饱，还要吃得安全；不仅要穿得暖，还要穿出健康，这是现代农业对人民的承诺。在河北省，粮食安全需要保证，棉花面积需要保障，“粮棉争地”矛盾多年来一直存在，而这页历史，随着一项国家级工程的推动正在改写。

2013 年，渤海粮仓科技示范工程在河北省正式启动，河北省全力推动这一战略性增粮工程。作为“渤海粮仓科技示范工程”中的一大亮点，河北省农林科学院棉花研究所科技人员锐意创新，通过多年研究提出了“拓棉增粮”技术新模式，成功实现了改造中重度盐碱地用于植棉，实现河北省棉田东移的战略布局，通过“粮棉轮作，麦棉套作”等高效复种模式达到棉田增粮效果，低酚棉综合利用实现替代增粮目标。

技术引领，破题“粮棉争地”矛盾，向棉田要粮食成为我省谋划大农业大局的一项重要措施。

“棉花地里增收粮，机种机收不用忙，开荒植棉拓沃土，增产提效谱新章”，河北省农林科学院棉花所林永增副所长这样描述“拓棉增粮”技术模式，据介绍，该模式涵盖了 4 项技术内容，一是积极改良滨海中重度盐碱地，利用棉花耐盐碱性强的特点，作为盐碱地先锋作物率先种植，促进河北省棉田东移；二是在冀南光热资源充足的传统一熟棉区推广“麦棉套作”一年两熟模式，在棉花不减产的前提下，亩增收小麦 400 kg，实现棉麦双丰；三是在冀中南热量资源“一熟有余，两熟不足”的棉区推行“粮棉轮作”种植模式，改传统棉花一年一熟为棉花—小麦—玉米两年三熟，充分利用轮作改土、节水、增产的综合优势，实现棉粮双增；四是低酚棉综合高效利用，将棉花由单一的经济作物开发成为集“棉、粮、油、饲、药”五位一体的高效农作物，符合渤海粮仓项目倡导的“粮饲结合、农牧结合”的大粮食概念要求。

向滨海盐碱地要棉花，向冀中南棉田要粮食，“拓棉增粮”技术模式充分体现了对农业土地资源的高效综合利用。2015 年，项目组在海兴县、南宫市、曲周县与成安县建立了 4 个万亩示范方，技术辐射沧州市、邯郸市、邢台市等地 26 万亩，实现粮食增产8 200多万 kg。“拓棉增粮”技术模式称其为“粮食增产、棉田增效、农民增收”的“三增”技术。

长与东风约今日，大鹏一日同风起。今年，他们还将继续“创新接力”，踏着加快推进“渤海粮仓”示范工程的铿锵节拍，在河北的热土上奋勇前行。

① 曲周县：拉长时间拓宽大地，棉麦双丰绘就蓝图。曲周县地处河北省南部太行山东麓海河平原的黑龙港流域，属暖温带半湿润大陆性季风气候，雨热同期，土壤肥沃，土地生产潜力大。传统棉花一年一熟种植模式造成了热量资源的浪费；河北省农林科学院棉花研究所科研人员充分抓住这一有利条件，在曲周县槐桥乡西漳头村开展了“棉花小麦套作一年两熟”种植技术的研究，通过选用配套品种、改装小麦收获机械、探索适宜麦棉幅宽配比，形成了“河北省棉花与冬小麦套种生产技术规程”，实现了亩产棉花 300 kg，同时增收小麦 400 kg 的麦棉双丰目标。

“麦棉套作”一年两熟种植技术的难点在于如何解决小麦联合收割机收获与提高棉

花霜前花率的问题，科研人员经过反复探索与尝试，设计出了一种可伸缩护苗挡板，安装在小麦联合收割机上，同时调整小麦与棉花的幅宽比例，实现了小麦的机械化收获，一举攻克了这一难题；科研人员又与农机公司合作，研制出了适宜麦棉套作模式的棉花播种机械；通过选育早熟品种，起垄栽培等技术措施，实现了棉花霜前花率超过 80% 的目标。生产力的不断发展，新品种的培育、农机农艺的配套使麦棉套作技术重新焕发了活力。

2015 年河北省农林科学院棉花研究所与曲周县农牧局结合建立麦棉套作示范区 2 000多亩，技术辐射曲周县、成安县、邱县等地 5 万余亩，增收小麦2 000万 kg，节水250 万 m^3。

2014 年 5 月 29 日省领导赵勇到棉麦高效示范田视察指导，对示范方模式给予充分肯定，并提出指导性的意见，希望技术人员要多探讨、多研究、多总结，把更多成熟的技术推广到千家万户，为我省现代农业发展做出更大贡献；2014 年 6 月 10 日，河北省农业厅、河北省农林科学院联合在曲周县召开棉麦双丰高效技术现场观摩会，河北省农业厅领导、邯郸市领导以及河北省棉花产业体系所有岗位专家和部分试验站站长等共计 120 余人参加会议；2015 年 8 月 8 日由 11 人组成的法国—非洲访华代表团到访曲周县槐桥乡西漳头村“棉麦双丰”技术核心示范田，专程学习棉麦套种种植技术及其病虫害防治等措施。

实行棉麦套种改变了传统棉花种植模式，在不减少棉花种植面积、不影响棉花产量的前提下，将一年只种植一季棉花，变为粮棉两季种植模式，达到棉麦双丰。将时间拉长，把大地拓宽，“麦棉套作”技术在曲周县落地生根，让我们又一次领略农业科技工作者的情怀和担当。

② 海兴县：改良盐碱出奇招，棉区东移筑基牢。海兴县地处河北东南部，渤海之滨，取“靠海而兴”之意。县内有盐碱地 30 万亩，滩涂 50 万亩，淡水灌溉条件极差，咸水、盐碱地资源丰富；降雨季节分布不均，春季干旱严重，夏季雨涝频繁，“雨季水汪汪，旱季一片白”正是对盐碱地区自然景象的形象描述，恶劣的自然环境条件成为阻碍当地农业发展的瓶颈。

河北省农林科学院棉花所和中国科学院作物所、沧州市农林科学院的科研人员没有被这些自然条件所吓倒，他们深入盐碱重灾区，潜心研究，反复探索尝试，形成了中重度盐碱地改良的“渔—田”模式与“冬季苦咸水结冰灌溉模式”，为河北省棉区东移战略打下了牢固的技术基石。

重度盐碱地一般植物都很难生长，而“渔—田”模式完全改变了这一现状。通过改造废弃坑塘调配咸水与降雨资源，冬春抽取棉田浅层苦咸水入池（库）以降低地下水位，利于雨季强降水快速入渗淋盐，扩容池塘储存降水用以灌溉；混合咸淡水进行苦咸水鱼虾养殖；土方抬高荒地并修建隔离绿化带，台田可拉大耕作层与地下水距离压制浅层咸水上移，抑制返盐并防止雨洪涝渍；铺设隔盐层，实现降雨淋降的同时隔离盐分；明沟排水拍盐，并将条田串联，利于积水快速排入池（库）蓄水；“阻洪绿化带、台田粮果、沟池蓄水、坑塘鱼虾、大田棉花”五位一体，咸淡水水源高效利用。2014 年进行示范区建设，2015 年土壤含盐量显著下降，40 cm 土层含盐量下降 33.3%～

51.2%，池塘水含盐量 0.39%，可用做微咸水灌溉，鱼苗适应性养殖成功，绿化苗木成活率达到 86%，生态立体改良的“棉、粮、鱼、树”初见成效。

中度盐碱地通过“冬季苦咸水结冰灌溉”模式进行改良，利用咸水冰融水入渗滨海盐土脱盐，入渗速度快、深度深、脱盐效果优于淡水冰，咸水冰（5～15 g/L）融水入渗对耕层土壤脱盐率达 95%以上。春季进行地膜、秸秆覆盖，维持土壤含盐量在较低水平，同时减少蒸发，保墒效果明显，咸水结冰灌溉施用石膏和过磷酸钙后，对土壤中的 Na^+离子有很好的淋洗作用，棉花的出苗率和籽棉产量大幅度增加，重度盐碱土壤含盐量由 1.43%降至 0.36%，棉花出苗率达 75%以上，穴有苗率达 90%以上。

在以上两种盐碱地改良模式的基础之上，辅以膜中沟集雨淋盐、拨土微沟集雨抑盐技术对弱降水资源进行高效利用。沟播覆膜集雨方式对耕层聚雨沟内土壤淋盐效果显著，而起垄有明显的聚盐效果，使得棉花根系处于适宜生长发育的低盐环境；弱降水的有效富集使降雨资源得到高效利用，增加了耕层土壤含水量，缓解了春旱影响，棉花产量大幅提高，籽棉亩产 230.8 kg，较传统种植模式增产 27.1%。

2013 年科技部渤海粮仓科技示范工程启动，海兴县即作为滨海盐碱地脱盐治理的关键试验区域；2013 年 10 月，河北省农业厅、河北省农林科学院联合在国营海兴农场的千亩棉花示范方召开“滨海盐碱地棉花高产新品种新技术现场观摩会”，集中展示了冀棉 151 和冀棉 863 等高产品种以及盐碱地棉花简化高效栽培、育苗移栽高产植棉等技术，雨养条件下轻中度盐碱地棉花亩产籽棉 215 kg、育苗移栽棉达到 250 kg，产量接近当年河北省棉花产量平均水平，充分显示了滨海盐碱地植棉的可行性和潜力，为渤海粮仓项目在海兴县的顺利开展积累了坚实的基础；2014 年河北省依托科技部项目实施了河北省渤海粮仓科技示范工程，并将其作为河北省战略性增粮工程，海兴县为 13 个重点先行示范县之一，2015 年项目实施以新型农业经营主体为依托，联合海兴县西常农业专业合作社、海兴县跨越蔬菜种植专业合作社、海兴县永盛农业开发有限公司、国营海兴农场等单位推进项目实施，达到集中连片的示范效应，共计推广辐射面积 8 万亩，示范区内共增产玉米 144.2 万 kg、小麦 61.4 万 kg、籽棉 109.5 万 kg。

③ 南宫市：创新粮棉轮作模式，实现机械作业突破。南宫市地处黑龙港流域，是河北省棉花主产县，由于长年种植棉花，病虫害较为严重，进一步提高单产的阻力较大；同时，通过多年土壤改良和农田水利建设，部分地区具备了种植粮食作物的生产条件，但黑龙港水资源严重缺乏，直接限制着耗水量较大的粮食作物发展，粮食增产和地下水超采矛盾突出。

为此，省“渤海粮仓”建设工程南宫项目组依据当地水资源匮乏、土地相对贫瘠的自然条件和机械化程度低、劳动效率差的生产状况以及增粮稳棉的结构调整需求，结合种植制度研究、适宜品种筛选、配套技术研发等前期研究成果，集成并成功示范推广了适于黑龙港主产棉区的“棉花—小麦—玉米两年三熟节水高效轮作技术”；通过棉粮轮作，实现节水降耗、减肥减药、增粮稳棉、粮棉双丰。

在粮棉轮作模式中，亟待实现的机械化环节有玉米粒收、棉花喷药与棉花收获 3 个环节，项目组科研人员从这 3 方面入手，在南宫市开展了相关研究并取得了突破性进展。

河北省玉米主产区田间管理已基本实现了机械化，而玉米机械化粒收技术才刚刚开始。玉米机械化粒收技术的推广将进一步降低生产成本，提高玉米生产效率和效益。南宫基地玉米机械收粒示范田选用中熟节水、耐密脱水快的高产品种联创808。采用全程机械化管理，麦收后抢茬直播，实现精量播种，一封二杀，缩行增密，化控降秆等技术，比传统种植节水省工还高产。玉米示范田穗大粒满、轴细秆硬。经专家测产完全符合玉米机械化粒收标准，示范效果显著。玉米机械化粒收示范观摩引起社会高度关注，反响强烈。

通过棉花—小麦—玉米两年三熟节水高效轮作技术示范推广，原来11.2万亩棉田，实现了粮棉轮作，新增粮田5.6万亩，增产粮食5 823.7万kg；2013—2015年数据表明，粮棉轮作棉田比普通连作棉田平均亩增产籽棉32.6 kg，增幅13.2%；小麦—玉米通过小麦晚播、管网改造、小白龙输水、小畦灌溉及农艺措施亩节水60 m^3/亩；棉田通过深松蓄水结合地膜保墒，管网改造、小白龙输水、隔行灌溉及农艺措施节水55 m^3/亩。

“渤海粮仓”科技示范工程南宫项目组选择推广“两年三熟粮棉轮作节水高产技术”，通过粮棉轮作，改良了土壤，优化了产业结构，实现了节水、减肥、减药、粮棉双丰，经济、社会和生态效益明显。实践证明，这是符合河北省省情，符合农民利益，是科学发展观的具体实践。

④ 成安县：重振“冀南棉海”雄风，综合利用低酚棉种。普通棉花品种棉籽中含有1%～2%的棉酚及其衍生物，长期阻碍人们对棉籽的充分利用，而低酚棉棉籽含量低于0.02%，对人、畜无毒，其中大量的蛋白质资源可以得到充分高效利用，其副产品应用价值高：棉仁可作高蛋白优质食品，棉籽粕及茎秆、枝叶可作饲料，其中棉籽粕用作家畜精饲料，不仅营养丰富，适口性好，且无毒无副作用，与常用大豆饼为主的饲料相比，成本低、效益高。用低酚棉仁代替大豆制作酱油，色正味佳，成本低于大豆35%左右。用低酚棉籽壳培养香菇、平菇、银耳、木耳等食用菌，产量高、质量好。因此，低酚棉是集棉、粮、油、饲料等于一体的高效经济作物。

邯郸市农业科学院在低酚棉育种方面一直走在全国前列，已育成“邯无198”“邯无126”等低酚棉品种，其中《低酚高效新型棉花品种邯无198的选育与应用》获得河北省科技进步三等奖。

2015年邯郸市农科院利用这些低酚棉品种，在成安县开展了低酚棉与小麦套作、低酚棉单作、低酚棉籽做添加饲料直接饲喂奶牛、棉铃壳（棉秸秆）等粉碎加工后作饲料喂羊等技术示范。技术辐射7.2万亩，在辐射区内小麦增产195.8万kg，节水360万 m^3。

邯郸农科院培育的低酚棉品种是集棉、粮、油、饲、药五位一体高效农作物，非常符合本项目倡导的“粮饲结合、农牧结合，因地制宜、调整结构”大粮食概念的要求，低酚棉不仅在冀南棉区推广棉麦套种，还要在河北省棉区东移中做好示范种植，进一步发掘其潜力，为项目总体目标的完成做贡献。

“渤海粮仓”技术为成安县的现代农业打开了一扇窗，新品种、新技术、新成果的引进和落地开花，为当地带来了发展高产高效农业的希望。

（此文原载于《河北经济日报》2016年3月14日第4版）

（5）拧紧用水的阀门 充实丰收的粮仓——河北省农林科学院旱作农业研究所助力“渤海粮仓”景县示范区建设（田桂云，马俊永，2016年3月14日）

春回渐暖，大地复苏。

伴随着河北渤海粮仓科技示范工程的实施，景县正在积极推广高效节水增粮模式，犹如暖春的喜雨，为全县的现代农业发展带来了新的机遇。

渤海粮仓景县示范区示范任务由河北省农林科学院旱作农业研究所与景县政府共同承担。“景县是河北渤海粮仓科技示范工程重点示范县，该县位于河北低平原腹地，但地处地下水超采漏斗区。深层地下水是景县农业的主要灌溉水源，地下水严重超采，景县同时是2014年国家地下水超采治理的试点县，深层灌溉淡水的开采受到严格控制，因此景县缺水与增粮矛盾十分突出。”河北省农林科学院旱作农业研究所副所长李科江研究员坦言，如何破解节水与增粮的矛盾是景县示范区技术成败的关键，该所围绕景县的实际情况，探索了一条依靠科技，锐意创新，结合新型经营主体，实现节水增粮增效的路子，激活了发展高效节水现代农业的引擎，一幅农业蓬勃发展、农民增收致富的图景正在徐徐舒展。

用更少的水，产更多的粮，我们期待着，“渤海粮仓”今年又是一个丰收年！

① 开源节流，直面困境探索发展新路径。干旱已成为制约景县农业发展的重要因素之一。

受特殊的地理位置、生态环境等条件影响，景县地下水严重超采，持久的水源短缺给农业生产带来了一定的危害，对农民增产增收产生了负面影响。缺水，在景县将在一定时限内将长期存在，灌溉率低下的传统灌溉方式面临着巨大的挑战。在这种形势倒逼下，景县必须把“节水兴农”列在基本发展思路的首位。

受命建设河北渤海粮仓科技示范工程景县示范区以来，河北省农林科学院旱作农业研究所从实际情况出发，多措并举，实现节水增粮，利用多年节水技术研究成果结合节水新技术与景县政府科技局、农业局、水利局等，结合地下水超采治理与粮食增产需求，制定了开源节流并举，生物节水配合的节水增粮技术路线。在景县的渤海粮仓建设中应用了一系列节水技术，实现低平原缺水区的节水增粮。

景县深层淡水资源匮乏，但80%以上面积分布着浅层微咸水资源，为此，河北省农林科学院旱作农业研究所着力实施浅层微咸水安全利用技术。资料显示，景县浅层微咸水资源数量大致与目前的可利用淡水资源量相当。该部分浅层微咸水资源的大规模开发利用，将为景县及深层地下水严重超采的低平原区粮食增产提供一项重要补充水源。在生产相同数量的粮食情况下，通过咸淡混浇技术可节约25%～33%的淡水资源。同时，该所积极推广小麦玉米微灌水肥一体化技术，该技术最初发端于以色列，目前节水理念和应用效果最先进的水肥管理技术。河北省目前小麦玉米采用畦灌的水分生产效率在1.2 kg/m^3左右，而国外水肥一体化技术水肥生产效率可达到2 kg/m^3，这意味着生产1 kg粮食需要0.83 m^3水，而采用水肥一体化技术仅需要0.5 m^3水，即生产相同数量的粮食少用接近40%的水。

据河北省农林科学院旱作农业研究所所长李科江介绍，微灌水肥一体化技术主要应用于蔬菜、花卉果树等经济作物。大田作物的应用在我国新疆一季作地区应用较成功，但在一年两季粮食作物地区应用中，存在许多问题，旱作所在渤海粮仓景县示范区的技术示范中，针对各种新问题，积极研究新对策，进行技术改造和创新，实现了水肥一体化技术的节水增粮效果。在具体实践中，河北省农林科学院旱作农业研究所将微灌水肥一体化技术与测墒灌溉技术结合，测墒灌溉技术是该所研制的一项具有国际先进水平的节水灌溉技术，可根据降水量、作物生长时期和土壤墒情确定适宜的灌溉时间和灌溉量，为微灌技术提供操作的技术指标，而微灌技术则较传统的地面畦灌灌溉具有更强的可操控性，可随意控制灌溉时间和灌溉量。两者有机结合进一步优化微灌水肥一体化技术的技术效果。同时，该所针对一般的小麦玉米微喷带微灌水肥一体化技术，存在地面支管影响机械化作业和一年两作物粮食生产制度前后两作作物的收种需要多次拆装微喷带，费时费工问题，改进了免拆装横向铺设技术。横向铺设微喷带本身可以承受作物种植后农业作业机械的碾压，解决了新型经营主体规模种植的机械作业问题。

为了使河北低平原的浅层微咸水能够大规模的安全灌溉应用，减少深层淡水开采，提高粮食生产的水资源支撑能力，河北省农林科学院旱作农业研究所在景县示范区对常规的咸淡混浇技术进行了改造升级，研制了咸淡混浇精准智能控制系统并在示范区进行了示范应用。该系统由矿化度监测、流量监测、配水控制及灌溉操作系统等组成，可根据作物不同生育期咸水安全灌溉阈值进行咸淡混合，通过按动不同生育时期混合水矿化度按钮，实现符合相应生长时期的安全灌溉咸水最大混合比例，解决以往咸水混合比例偏低问题，可进一步减少深层地下水超采，节约灌溉成本，可提高咸水利用率15%～30%。该技术为环渤海低平原区科学利用微咸水资源，缓解水粮矛盾提供了一种可行的技术手段。

水利是农业的命脉，河北省农林科学院旱作农业研究所的科研人员深知，只有抓住了命脉，才能把握了农业的明天，唯有做到“节约用水、精细用水、高效用水”，才能给景县示范区带来经济效益、生态效益、社会效益。

② 有的放矢，抢抓机遇探索“大农业”模式。“民惟邦本，本固邦宁”。发展节水农业，目的是让农业增效、农民增收。紧紧围绕这一目标，河北省农林科学院旱作农业研究所已科技为引领，推动农业产业结构调整和发展高效节水农业有机结合。

“在河北省以小麦玉米主要种植制度的粮食生产体系中，生产的玉米70%以上是作为饲料粮。饲草作物主要是收获营养体，不需要收获成熟籽实，其生产对环境条件要求较粮食作物要宽松许多，因此直接引入节水饲草代替部分粮食作物，较生产出粮食再做成饲料既节水又提高种植和养殖效益。”李科江所长告诉记者，如牧草中苜蓿在低平原栽培需要灌溉水较少，一般一年仅浇1水即可，年可产苜蓿干草约1 t，与吨粮田的粮食产量相当，而蛋白含量丰富，是营养价值很高的高档饲草。高丹草，是高粱与苏丹草的杂交种，具有抗旱、节水、高产的特点。在低平原区雨养种植或浇1水，可亩产鲜草7 t以上，较小麦玉米亩节水100～150 m^3，而经济效益相当。

除示范饲草苜蓿、高丹草外，景县示范区还创新形成了新的饲用小黑麦—夏玉米的粮饲复种节水种植模式，示范的饲用小黑麦—夏玉米一年两作种植模式，与单纯的饲草种植制度相比，增加了粮食作物种植，具有粮饲兼有的特点。该模式与常规冬小麦夏玉米种植制度比较，用相对省水的饲用小黑麦替代了冬小麦，可节约1～2次灌溉水，亩节水50多m^3，同时较小麦玉米吨粮田增收100元/亩以上。

同时，示范区积极探索土豆主粮化，建立替代小麦的节水高效型粮食生产体系。据介绍，土豆具有适应广、抗逆性强、喜冷凉的特点，在华北地下水超采区种植，生长时期与冬小麦相当而灌溉量较少，配合我国正在实施的马铃薯主粮化战略，马铃薯代替冬小麦，建立新的水高效型粮食生产制度，实现超采区粮食的节水稳产。土豆主粮化节水生产体系（即土豆+夏玉米或谷子），亩较小麦减少灌溉水50 m^3，同时土豆亩产量达到2 000 kg以上，经济效益较小麦玉米种植体系高800元以上。

随着节水牧草，粮饲轮作等技术的引进，渤海粮仓景县示范区初现大粮食途径。以此为方向，河北省农林科学院旱作农业研究所按照制定的技术路线，围绕节水增粮，在实施过程中开展了多项新技术的应用、改进或创新。

比如，该所对节水增粮新需求，开展细分抗旱节水品种鉴定。旱作所是小麦品种抗旱鉴定国家标准及河北省地方标准的制定单位，长期开展作物抗旱品种鉴定工作。但以往进行的抗旱鉴定主要是分旱地品种和足水品种进行鉴定。随着渤海粮仓及地下水超采治理及节水栽培技术和对抗旱节水品种产生的新要求，在景县示范区进一步开展了细分的抗旱节水品种鉴定工作。即将原来统称为抗旱节水品种的小麦品种细分为纯旱地品种、春浇1水品种、春季2水品种和足水品种的鉴定工作。并将鉴定的节水品种向整个河北平原区进行了推荐应用。

此外，该所积极引进推广应用新技术，除示范应用以上的节水技术外，该所在景县示范区还积极引进和示范新技术成果，促进示范区和示范户的节本增收及促进农业生态环境改善。先后引进了应用了玉米螟生物防治技术、吡虫啉拌种防治小麦蚜虫，小麦玉米病虫草机械化防治技术等。这些新技术的应用减少了农药用量和粮食生产的用工成本。

以效益为目标，以转型促发展，以科技迎机遇，以结构增效益，在景县示范区，节水大粮食产业已初见端倪。“让高效节水逐渐成为宁夏现代农业发展的核心动力”，李科江所长微笑着表示，跳出传统思维和经营模式，用大的视野来发展现代农业，农民致富的路子会越来越多。

③ 统筹推进，立足实际打造示范区标杆。“科技引领，政府支持、部门联动、市场参与”的方式，有效促进和带动了示范区高效节水农业和富民产业转型升级、快速发展。

作为景县示范区的技术依托单位，河北省农林科学院旱作农业研究所与景县政府农业局、科技局等单位紧密合作，就示范技术对示范区农民及合作组织开展了形式多样的联合培训。编制了《小麦玉米节水节肥栽培管理与病虫害防治技术手册》《河北省夏玉米种植技术挂图》以及作物不同关键时期的管理技术明白纸，共发放各类技术材料5万多份。还拍摄了“微咸水灌溉冬小麦种植技术”电视片，在中央电视台7频道进行了播放。

渤海粮仓景县示范区的科技创新与技术示范工作得到了多方媒体的广泛关注，先后在《科技日报》《河北日报》、“河北电视台”“中央电视台第七频道”等进行了相关内容报道。

2015 年 6 月，科技部农村司领导带领的来自中国科学院、山东、辽宁、天津和河北省的有关专家领导 100 人到景县示范区进行了现场观摩。

示范活动主要针对新型经营主体展开，分别在三种类型的经营主体开展包括景县津龙养殖公司、景县志清种植农民专业合作社和景县粮丰种植业农民专业合作社。景县津龙养殖公司是有 2 多万亩流转土地、集种养加于一体的联合公司、景县志清种植农民专业合作社是流转土地2 000亩左右的中等农业种植公司，景县粮丰种植业农民专业合作社则是由农户组成的农业种植合作社。技术创新在示范区各种类型经营主体节水增粮活动中均取得显著效果。

通过探索一条科学用水、节约用水、高效用水的可持续发展道路，景县示范区引导农业特色优势产业结构升级，走出了一条富有特色的高效节水发展之路。相关数据也印证了景县示范区取得的成绩：

2015 年，在景县粮丰种植业农民专业合作社青兰乡东堡定村进行了咸淡精准智能控制技术示范，单个混浇井组控制面积 300 亩。小麦产量 540 kg/亩，玉米产量达到 720 kg/亩，全年产量达到 1 260 kg/亩，节约深层淡水 40%，亩节约深层淡水 110 m^3/亩。

2015 年，在景县龙华镇彭村志清合作社建立的测墒灌溉与微喷水肥一体化示范核心区 160 亩，示范区1 000亩。核心区小麦产量 622.1 kg/亩，较对照增产 26.4%，亩节水 85 m^3，节约氮肥 26%；玉米产量 742 kg/亩，亩节水 20 m^3；核心区周年粮食产量达到1 364 kg/亩，亩节约灌溉水 105 m^3。千亩示范区小麦产量 576.6 kg/亩，较对照增产 17.2%。且灌溉时省工 60%以上，一个井 300 多亩的覆盖面积仅需 1～2 个人浇地及施肥即可。

2015 年，在景县津龙公司示范饲用小黑麦—夏玉米技术模式 300 亩，5 月 23 日河北省农林科学院组织专家们进行了田间检测。示范田小黑麦长势一致，株高 1.65 m。测产结果，亩产鲜草 3 011.7 kg。饲用小黑麦鲜草收获后夏玉米较常规播种早 12～15 d，夏玉米产量 800 多 kg（827 kg/亩）。该种植模式较传统小麦玉米粮食种植模式亩节本增收 100 多元，同时节水 50 多 m^3。

2015 年，在景县龙华镇景县津龙公司示范的 500 亩土豆主粮化节水生产体系，费乌瑞它亩产量达到2 335 kg，同时较小麦亩节水 50 m^3，按 3 kg 土地折 1 kg 粮食计算，折粮 700 多 kg，亩效益达到2 100多元，较小麦增效1 500元，示范的土豆夏玉米节水高效技术模式受到了公司及农民的欢迎。

增产节水，一增一减，这是一对了不起的数字！也是科技兴农的一个惊叹！

今后，河北省农林科学院旱作农业研究所将继续沿着科技节水增粮的路子前行，依靠技术创新解决示范工作中遇到的种种问题，同时加强技术示范和推广，让科技转化为生产力。渤海粮仓景县示范区发展现代农业的天地将更加广阔，必将为广大农民带来更多福音！

（此文原载于《河北经济日报》2016 年 3 月 14 日第 4 版）

（6）为了大地的丰收——省农技推广总站助力渤海粮仓科技示范工程换来民富粮丰（田桂云，2016 年 12 月 29 日）

怎样打破传统农业桎梏，鼓起农村群众的钱袋子？怎样让节水高效成为河北农业的鲜明标志？怎样助推一个传统农业大省向现代农业强省的转变？河北省农业科研工作者一直在苦苦探索，2013 年启动以来的渤海粮仓科技示范工程成为破题之匙。据省农业技术推广总站站长崔彦生介绍，作为国家科技支撑计划项目，渤海粮仓科技示范工程主要区域就在我省，2015 年示范项目涉及沧州、衡水、邢台、邯郸等市和曹妃甸区共计 43 个县（市）。对该项工程，中共河北省委、省政府高度重视，将其作为全省战略性增粮工程，并将该项工作写入 2014 年、2015 年政府工作报告和 2015 年、2016 年中共河北省委、省政府“一号文件”，确定到 2017 年，实现新增粮食产能 15 亿 kg、节水 7 亿 m^3的项目总目标。在 2016 年 7 月 11 日召开的全省科技创新大会上，河北渤海粮仓创新团队成功入选高层次创新团队，并得到省领导现场授牌表彰。

近年来，省农业技术推广总站始终是渤海粮仓项目示范县主体技术示范推广的承担单位，在 2015 年示范县由 20 个增加至 42 个，示范面积 390 万亩。省农业技术推广总站充分发挥农业技术部门的技术优势，释放技术推广工作的正能量，全力打造农技下田进户的示范格局。一个个特色鲜明、成效凸显的项目示范区如雨后春笋般生长起来，农业科研工作者们依靠科技和勤劳，真抓实干，将一个个精彩写在了河北省农业跨越发展的坐标上。

① 科技点亮农业曙光，倾情播撒增收金种。河北省渤海粮仓科技示范工程以“增产增效并重、良种良法配套、农机农艺结合、生产生态协调”为基本思路，以“生态优先、节水改土、稳夏增秋、棉改增粮、粮饲结合、集约经营”为技术路线，以突出协同创新、突出“大粮食”理念、突出节水优先、突出培育新型主体、突出转化应用为基本原则。“可以说，这是河北省农业发展历程中一场史无前例的革命和创新”，省农业技术推广总站站长崔彦生表示，河北省山河田园锦绣，农业资源丰富，是全国重要的粮食生产主产区，但同时，河北省还有大量中低产田和盐碱荒地，开发潜力巨大。渤海粮仓科技示范工程旨在通过技术创新挖掘环渤海地区粮食生产潜力，结合地下水超采综合治理，带动提高区域粮食生产能力。

技术为引领，我省谋划了以节水灌溉技术、微灌水肥一体化、雨养旱作增粮模式等为代表的八大主体技术模式，示范做突破，省农业技术推广总站以这八大主体技术模式技术为基础，结合当地具体情况，突出节水、旱作、稳产、高效，规划四个以稳量增效为主的示范推广模式区，即节水及雨养旱作增产模式区、咸淡水混浇及微灌水肥一体化稳产模式区、棉粮轮作及麦棉套种增粮模式区、节水灌溉及微灌水肥一体化吨粮模式区。截至目前，项目区主推八大技术模式已累计推广 2 000 万亩，实现新增粮食 19 亿多 kg、节水 8 亿多 m^3，节本增效 38 亿多元。

如何让技术落地生根，结出丰收硕果？崔彦生站长表示，该站根据实际需要，在项目区通过行政+推广、技术+培训、物资+服务等多种推广方法和技术服务体系，进基地、入大棚、到田间地头，深入开展实地培训和巡回服务，在项目主体单位建立百亩核心区、千亩示范方的基础上，实施万亩以上大面积示范推广，迅速将先进技术在示范县进行示范推广。

2015 年，河北省农业技术推广总站负责的渤海粮仓科技示范工程项目县（市）共计 42 个，计划示范推广面积 390 万亩，小麦产量目标：与全县（市）前 3 年平均亩产持平，棉区小麦平均亩产 310～350 kg。玉米产量目标：比全县（市）前三年平均亩产增100 kg，棉区玉米平均亩产 450 kg。棉花产量目标：亩产皮棉达到 60～85 kg。平均每亩年节水 50～150 m^3，总节水量 3.265 亿 m^3，总增产粮食 4.495 亿 kg。

其中，节水及雨养旱作增产模式区推广面积 135 万亩。该区主要推广小麦、玉米一年两熟节水增产技术、小麦玉米一年两熟雨养旱作技术和盐碱地治理改良及配套植棉技术等三项主体技术模式。

咸淡水混浇及微灌水肥一体化稳产模式区示范推广面积 100 万亩。该区主要推广小麦玉米咸淡水混浇种植技术和小麦玉米一年两熟水肥一体化技术等两项主体技术模式。

棉粮轮作及麦棉套种增粮模式区示范推广面积 95 万亩。该区主要推广棉粮两年三熟轮作种植技术、麦棉套种种植技术和小麦棉花一年两熟栽培技术等三项主体技术模式。

节水灌溉及微灌水肥一体化吨粮模式区示范推广面积 60 万亩。该区主要推广技术为小麦玉米一年两熟水肥一体化技术和小麦玉米一年两熟节水吨粮集成技术等两项主体技术模式。

科技是第一生产力。在技术推广服务体系上，省农业技术推广总站分工、协调、有序深入基层农业技术服务工作，2015 年全年各县举办技术培训班 5 期次，重点培养县乡农业技术推广人员 30 名，培训生产合作社（协会）技术人员、村农技人员、种植大户等 600 名，印发技术明白纸5 000份，进行技术宣传 3 期次，全面推进农业科技创新服务进村、到户，用科技点亮了现代农业发展的曙光。

② 示范区里书写华章，增产增收效果凸显。无论是推广新技术，还是打造新产业，最终都是为了解决农民增收致富问题。

做了多年农业技术推广工作的崔彦生站长有一个心愿：把先进的农业科学技术、农业科技品种以简单、快捷的方式迅速传递到农民中间，河北省农林科学院研究开发的多个新品种和多项新技术，不仅科技含量高，标准化程度也相当高，把这些成果传递给农民，就要靠扎扎实实地推进示范区建设。

2015 年，节水及雨养旱作增产模式区包括南皮、黄骅、海兴、泊头、东光、吴桥、肃宁、盐山、孟村、沧县、河间、青县、任丘、献县等示范县，除海兴为纯棉花种植外，其他 13 县为小麦—玉米，134 万亩小麦平均亩产 418.06 kg，比前三年亩增产 58.3 kg，增产小麦 7 832.03 万 kg；玉米平均亩产 506.57 kg，比前三年亩增产 105.72 kg，增产玉米15 404.81万 kg；棉花亩产皮棉 65 kg。平均亩节水 117 m^3，总节水量15 770万 m^3，总增产粮食23 236.83万 kg，总产皮棉 91 万 kg。

咸淡水混浇及微灌水肥一体化稳产模式区完成 102 万亩，小麦平均亩产 454. 5 kg，比前三年亩增产 24. 3 kg，增产小麦2 475. 2万 kg；玉米平均亩产 549. 0 kg，比前三年亩增产 123. 9 kg，增产玉米12 641. 9万 kg。平均亩节水 79. 76 m^3，总节水量8 136万 m^3，总增产粮食15 117. 1万 kg。

棉粮轮作及麦棉套种增粮模式区包含威县、巨鹿、宁晋、南宫、清河、平乡、广宗、新河、临西、曲周、成安、邱县等示范县共 96 万亩，两年三熟区小麦平均亩产 366. 1 kg，总产小麦1 922. 2万 kg；玉米平均亩产 550. 3 kg，总产玉米2 888. 98万 kg；棉花平均亩产皮棉 85. 5 kg，总产皮棉 448. 9 万 kg。麦棉套种或麦棉轮作区小麦平均亩产 350. 3 kg，总产小麦 5 395. 1 万 kg；棉花平均亩产皮棉 87. 8 kg，总产皮棉 1 351. 65 万 kg。小麦玉米一年两熟区小麦平均亩产 476. 9 kg，比前 3 年亩增产 42. 1 kg，总产小麦3 218. 5 kg；玉米平均亩产 550. 3 kg 比前 3 年亩增产 108. 9 kg，总产玉米 11 074. 7 kg。平均每亩年节水 68. 36 m^3，总节水量6 625万 m^3，总增产粮食 24 956. 8万 kg，总产皮棉 1 800. 55万 kg。

节水灌溉及微灌水肥一体化吨粮模式区包括馆陶、魏县、大名、广平、鸡泽、肥乡等示范县共 61. 2 万亩，小麦平均亩产 513. 9 kg，比前 3 年亩增产 35. 2 kg，增产小麦 2 152. 2万 kg；玉米平均亩产 657. 7 kg，比前 3 年亩增产 108. 7 kg，增产玉米 6 653. 96 万 kg。平均亩节水 50 m^3，总节水量3 060万 m^3，总增产粮食8 806. 14万 kg。

河北省农业技术推广总站的工作者走遍了示范县的山山水水，用激情和智慧兴农安粮，用实际行动驻守着燕赵大地的丰收家园。

2015 年，4 个主体技术示范推广区累计示范推广 393. 55 万亩。各示范县（市）均达到或超额完成 2015 年任务指标。小麦平均亩产 455. 4 kg，比前 3 年平均亩产增 39. 8 kg，棉区小麦平均亩产 356. 7 kg；玉米平均亩产 560. 7 kg，比前 3 年平均亩产增 112. 1 kg，棉区玉米平均亩产 550. 3 kg；棉花平均亩产皮棉 86. 9 kg。示范推广区总节水 3. 3591 亿 m^3，总增产粮食 7. 21168 亿 kg，总产皮棉1 800. 55万 kg。

科技推广硕果累累，农民培训走进万家。

曾几何时，先进农业科技在实验室孕育出的幼芽，虽经过千辛万苦，却难以落地于农村的土地；曾几何时，农民辛勤耕耘自己的一亩三分地，虽倾情挥洒汗水，却没有盼来丰收。此次建设渤海粮仓示范项目，河北省农技推广总站就想做到“落实”二字。

为了切实建设好示范项目，由省农技推广总站站长崔彦生牵头省级项目团队，团队成员由以河北省现代农业产业技术体系小麦创新团队首席专家曹刚为核心的粮食科组成，组织全省范围的技术培训、示范活动，总结全年的任务落实情况。该站以沧州、衡水、邢台、邯郸四市技术推广站为核心，成立渤海粮仓项目协调小组，由各市主管农技推广的局长任小组组长。小组主要协助省站负责本市域内项目的协调实施。各县以县农业（牧）局为具体落实单位，成立了县级渤海粮仓建设示范工程领导小组。局长为组长，主管副局长具体实施，统一调配力量做好渤海粮仓建设的示范推广工作。

推进渤海粮仓示范县主体技术示范推广，必须有技术、物资、资金的支持，但由于项目经费有限，无法做到在技术领域全方位覆盖。为建设渤海粮仓、保障国家粮食安全，省农技推广总站勇于先试先行、敢于作为担当，项目县农业局整合项目资源，将渤海粮仓项目与重大农业项目相结合进行；与高产创建项目相结合，核心示范方田统一品种；与配方施肥项目相结合，项目区所有方田全部进行测土配方施肥；与节水小麦产业项目相结合，地下防渗管道铺设和机耕路的修建对项目区重点扶持；与大型农机具购置补贴相结合，大型农机具购置补贴向项目区倾斜，实行统一机耕、机播、机收等。

为及时了解项目实施情况，该站特别重视生产数据的调查。在春秋两季作物生产的关键时期，利用体系优势，组织了大量技术人员深入田间，开展实地调查；同时组织专家会商形成指导意见。该站组织省小麦专家顾问组成员和河北省现代农业产业小麦创新团队部分成员，对小麦播后气候特点和小麦长势情况进行认真的讨论会商，会后形成的《河北省当前小麦生产情况及冬春管理技术建议》以农业厅名义下发至各设区市、省直管县（市）。为做好渤海粮仓示范县主体技术示范推广，在省农技推广总站的指导下各县分别按要求建立示范方，各市在县级示范方基础之上建立市级示范方。各地通过将支农惠农政策向示范方倾斜的方法，将其打造成观摩示范的重点，并以此为平台集中展示新品种、新技术，创新了形式多样的农技推广方式方法。在技术推广方式上，建立并完善了“专家组+试验示范基地+农技人员+科技示范户+辐射带动户”的农业科技成果转化的模式和快速反应机制，推行“农技人员直接到户，技术要领直接到人，良种良法直接到田”的技术服务新机制，并根据农户需求，技物结合，现场指导，开展“直通车”服务。通过抓点示范，建立重点科技示范基地，培育科技示范户，广泛发挥了示范展示、辐射带动作用。

俗话说：“火车跑得快，全凭车头带”，农业科技工作者的模范带头作用，把示范区的建设者拧成了一股绳，农技推广人员吃苦耐劳的优良作风，鼓起了示范区百姓的高产创建热情。

2015 年省农技推广总站组织各项目实施主体，分省、市、县 3 个层次，在小麦、玉米、棉花种植前和关键管理时期，在示范推广区开展对当地农民的宣传培训。其中省技术推广总站开展培训两次。5 月，在沧州泊头市召开了“渤海粮仓科技示范工程主体技术示范推广 2015 年度玉米高产高效技术培训班”。河北省农业大学教授崔彦宏、河北省植保站研究员王睿文对与会人员进行了培训。12 月，在石家庄召开了“渤海粮仓科技示范工程 2015 年主体技术示范推广培训班”。河北省农林科学院院长王慧军为各项目县主管局长、技术站长进行了政策解读。据统计，42 个主体技术示范县（市）一年来共开展培训、观摩、指导活动 307 次，培训人员 44 520人次，发放培训材料 49.34 万份，在电视、报纸等媒体开展宣传培训等 206 期（次），圆满完成年度宣传培训工作任务。

在示范区，打通农技推广“最后一千米”，实现了农技与农民的无缝对接，提升了农技推广的“零距离”服务水平。

2016 年，省农技推广总站任务涉及县（市）30 个，该站在前期调研的基础之上，结合专家论证和示范县（市）意见，继续将示范县（市）分类规划，按当地特点确定示范推广技术。重点结合地下水超采治理工作，加大对农民的培训力度，重点加强对新型农民主体的技术培训，破解了服务机构断档、技术人员短缺等问题，着力打造农村“永久牌”的技术队伍。

（此文原载于《河北经济日报》2016 年 12 月 29 日第 4 版）

（7）粮棉一体　提质增效——邯郸市农科院发挥低酚棉研发技术优势为渤海粮仓工程添彩（田桂云，米换房，2017 年 10 月 24 日）

地处漳河、滏阳河、南黄河组成的平坦肥沃的冲积平原上，邯郸素有“冀南粮仓”“冀南棉海”美誉。这里传承了千百年来我国北方农业生产的特点，重视粮食生产，讲究精耕细作，注重土肥水利，具有优秀的传统农业基因，而今天，现代农业科技更让这片沃土焕发出新的勃勃生机。

走进曲周县依庄乡曹庄村，首先映入眼帘的是河北省渤海粮仓科技示范工程标志牌和一望无际的棉田，这就是河北省渤海粮仓科技示范工程邯郸市农业科学院低酚棉新品种示范基地。

“这里种植的棉花可不是普通的棉花，而是一种新类型的棉花品种—低酚棉”。邯郸市农科院米换房研究员微笑着介绍，说起低酚棉大家可能有点陌生，低酚棉又称“无毒棉”，它与普通棉花的区别在于其各个组织器官中游离棉酚的含量较低，游离棉酚是一种对人畜及其他生物有毒害作用的酚类衍生物，在普通棉花品种中这种有毒物质的含量在 1%左右，研究表明，随着含量的降低其毒性也会减弱，当降到 0.02%以下时，其毒性已基本消失。因此低酚棉也就定义为不含或者含有游离棉酚及其衍生物低于 0.02%的棉花。

低酚棉是集棉、粮、油、饲、药五位一体的高效经济作物，它的棉花纤维产量和价值基本等同于普通棉，棉籽的利用价值大大高于普通棉，其榨油后的棉籽粕，不需要化学脱酚即可作饲料或食品，其中丰富的蛋白质可以得到高效利用，另外低酚棉的枝叶、茎秆、铃壳也可作为牲畜的饲料。种植低酚棉品种，既增加了植棉效益，又缓解了粮棉争地矛盾，实现了棉田增粮。因此，具有广阔的推广应用前景。

① 棉麦双丰创新模式，高效示范提升优势。金秋时节，踏上邯郸这片历史悠久的土地，感受农耕文化的历史脉动，倾听现代农业的铿锵足音。

如何让农业如何在继承传统的基础上实现高效发展之路？邯郸市农业科学院的科技工作者正在寻找适合区域发展的支点。在原来棉麦套种栽培方法的基础上，创新采用“低酚棉与小麦套种”模式，实现棉麦双丰。该项技术作为河北省渤海粮仓科技示范工程的一项棉田增粮的特色实用技术，以邯郸市农科院为主要技术依托，从 2014 年开始实施，经过 3 年的试验示范不断进行完善，2017 年取得了突破性进展。6 月 11 日，河北省渤海粮仓科技示范工程项目管理办公室组织相关专家组成产量验收专家组，对邯郸市农业科学院承担的“河北省拓棉增粮种植制度与关键技术研究”低酚棉与小麦套种示范田进行了小麦现场实打实收测产，结果如下。

选用品种为邯 6172；示范面积为连片 110 亩；地点为成安县成安镇北阳村河北众信种业有限公司院内。示范主要技术为：棉麦套种棉田增粮，麦棉套种模式 8-2 式。

经现场观察，目前小麦熟相比较正常，示范田常规田间管理情况与大田一致。

采用棉麦双丰技术。小麦—棉花等行距 8-2 式间作模式，幅宽 1.6 m，每幅种植 8 行小麦，两行棉花，各占 0.8 m。小麦正常播种，预留棉花行，5 月上旬套种棉花。小麦现场实收测产前，对联合收割机进行清仓验收后开始作业，随后丈量实收面积。经现场测量，实收面积为 4.83 亩。收获后用地秤现场称重为2 370 kg、用 PM—8188 谷物水分测定仪测定水分、扣除 1%杂质、包装物重量，实测总重2 346.3 kg；10 个样本测定平均含水量为 11.3%，折算成 13%标准含水量后总重量2 392.2 kg；实收面积 4.83 亩，平均亩产 495.3 kg。实打实收结果令人惊喜！

9 月 17 日，渤海粮仓项目管理办公室再次组织有关专家对以上棉麦套种示范田进行了棉花田间测产。同时有对曲周县依庄乡曹庄村低酚棉单作高产高效示范田进行了测产。结果同样获得了专家的好评：棉麦套种示范田，低酚棉品种邯无 216，平均行距 86 cm、株距 22 cm，种植密度 3 606 株/亩，平均单株结铃 15.7 个，折实收籽棉产量 254.37 kg/亩；单作高产示范田，品种邯无 216，平均行距 67 cm、株距 24 cm，种植密度4 146株/亩，平均单株结铃 16.2 个，折实收籽棉产量 302.20 kg/亩。

“解决粮棉争地矛盾、向棉田要粮食！”邯郸市农业科学院院长、党组书记蔺桂芬表示，通过新技术的示范引领，切实做好成果转化应用，真正实现粮食增产、棉田增效、农民增收。

在沉甸甸的丰收之外，邯郸农科院还收获了科技成果奖项。“低酚高效新型棉花品种邯无 198 的选育与应用”2015 年荣获河北省科技进步三等奖；该院选育的“邯无 216”低酚棉新品种 2014 年通过河北省审定，选育的“邯 6305”低酚棉新品种 2017 年完成了河北省低酚棉品种生产试验，有望通过审定。同时选育出各类低酚棉种质资源及育种试验材料 220 份，创新低酚棉种质资源、培育新品种，不断增加技术储备，为行业作出重大贡献。

在不断提升土地潜力基础上，转变农民传统种植观念成为又一法宝。“麦棉套种”技术在冀南棉区的落地生根，让我们又一次领略农业科技工作者的情怀和担当。

② 充分发挥低酚棉技术优势 为传统种植接上畜牧链条。怎样打破传统农业的束缚，鼓起农村群众的钱袋子？怎样助推一个传统农业向现代农业的转变？邯郸市农科院的科研工作者一直在苦苦探索，渤海粮仓科技示范工程成为破题之匙。

借助河北省渤海粮仓科技示范工程项目的平台，邯郸市农科院发挥低酚棉专用品种的研发优势，从 2015 年开始，大力开展了低酚棉新品种高产高效示范及棉副产品高效循环利用试验探索，取得了显著成效。曲周县依庄乡多年来一直种植棉花，近年来以曹庄村为中心的周边村开始发展养殖，2015 年示范种植低酚棉 100 亩取得成功，2016 年扩大到 500 余亩，并尝试利用棉花秸秆粉碎后作饲料喂羊效果良好，2017 年棉农自发种植邯无 216 低酚棉新品种1 050亩，4 月在依庄乡禾秀寨王春亮奶牛养殖场首先开始实验，利用低酚棉毛棉籽作为添加饲料喂奶牛，经过一个月量化分组饲喂实验，每头奶牛每天在饲料中添加 1.5 kg 低酚棉毛棉籽饲喂两周后奶牛的毛色开始变亮、体态健壮，日产奶量比不添加组可增加 0.2 kg 左右。实验取得了良好效果，深受奶牛养殖户欢迎。

品种技术的反复探索和试验，让低酚棉的内涵更加丰富。2015 年，邯郸市农科院首次开展了牧草式低酚棉种植及其利用试验，探索低酚棉应用新途径。具体思路是：拟采用高密度条件下种植低酚棉，于 6 月下旬棉花初花期开始分次采割中上部鲜嫩枝叶作饲料，或直接放羊啃食，计算收获量，进行效益分析。安排了小区和大区两套试验。

小区试验结果：设计种植密度和收割次数两个处理，随机区组排列、3 次重复。种植密度设 4 个处理（A1：4 000 株/亩；A2：6 000株/亩；A3：8 000株/亩；A4：10 000 株/亩），第一次采割时间设 3 个处理（B1：初花期、B2 花铃期、B3 吐絮期）。选用品种邯无 216，播种期 4 月 30 日、裸地种植，行距 66.7 cm、行长 7.5 m、4 行区，试验小区面积 20 m^2。

试验结果：收割部位为倒五叶。通过多重比较可以看出，处理 A3/B2 收割量最多，与其他处理差异达极显著，即在 8 000株/亩的密度下，从花铃期开始收割，收割量最多。处理 A1/B1 和 A1/B3 收割量最少，也就是说在 4 000 株/亩的密度下，从初花期收割和吐絮期一次收割，收割量最少。

大区试验结果：播种日期 4 月 15—25 日，留苗 6 000～10 000 株/亩。6 月 20 日前后开始放羊直接啃食，估算其饲料当量及产出效益。初步估算：每亩地至少可供养 6～8 头羊每天采食 1～2 次。

③ 拓棉增粮强力带动 产业发展前景广阔。邯郸地区是我国重要的棉花种植区，常年棉花种植面积约 200 万亩，有“冀南棉海”之称。既要稳定粮食面积、保证粮食安全，又要基本满足纺织工业对棉花的需求，是急需解决的重要问题。低酚棉品种以及配套的棉区棉麦套种模式，给出了解决问题的好答案。

低酚棉比起有酚棉来有许多优点，它不仅能生产与有酚棉同样质量、产量的棉纤维和棉籽等副产品，而且其棉仁、茎秆、枝叶、铃壳中棉酚含量大大低于国际卫生组织标准（0.04%）。因此，棉仁可作高蛋白优质食品，棉籽油可作优质保健油，棉籽粕及棉株枝叶可作饲料，棉籽壳和铃壳可作优质食用菌的培养基。低酚棉籽榨出的油不含棉酚，不需精炼、脱色，可提高出油率并降低成本，且油的品质高，色香味俱佳，富含亚油酸（61.9%），不饱和脂肪酸的含量高于豆油、花生油和芝麻油，经常食用可降低血液中的胆固醇，减少动脉粥样硬化，防治高血压。低酚棉秸秆粉碎后经过简单的氨化处理即可可用作饲料，且蛋白质和矿物质含量均高于玉米秸秆和薯秧，且赖氨酸含量丰富。低酚棉籽经过榨油后的棉籽粕是很好的家畜精饲料，不仅营养丰富，适口性好，且无毒无副作用，与常用的豆粕饲料相比，成本低、效益高。用低酚棉仁代替大豆制作酱油，色正味佳，成本低于大豆 35%左右。用低酚棉籽壳培养香菇、平菇、银耳、木耳等食用菌，产量高、质量好。低酚棉仁应用于临床治疗慢性腹泻、高脂蛋白血症、糖尿病等病症，显示出一定的药用价值。

表 1　主要作物种子蛋白质和 8 种氨基酸含量比较

项目	蛋白质	赖氨酸	蛋氨酸	色氨酸	苏氨酸	亮氨酸	缬氨酸	异亮氨酸	苯丙氨酸
低酚棉仁	47.5	4.76	1.96	1.57	3.40	6.36	5.52	5.85	5.96

（续表）

项目	蛋白质	赖氨酸	蛋氨酸	色氨酸	苏氨酸	亮氨酸	缬氨酸	异亮氨酸	苯丙氨酸
大豆	34.9	6.32	1.50	1.42	3.91	6.00	4.50	4.70	5.31
水稻	7.5	3.81	1.78	1.17	3.90	6.60	4.70	4.71	5.03
小麦	12.3	1.82	0.97	1.16	2.28	5.80	3.62	4.76	4.95
玉米	10.0	2.89	1.59	0.83	3.72	8.41	3.89	4.87	4.32
FAO 值		4.2	2.2	1.4	2.8	4.8	4.2	4.2	2.8

注：FAO 值为联合国制订的标准值

种植低酚棉可在不另增加耕地的情况下，不仅收获了棉纤维，也获得了优质食用蛋白、油料和饲料，使棉花成为集纤维、蛋白、油料、饲料、制药于一体的高效经济作物。按照棉花产量23 000 kg/hm^{2}计算，每公顷棉田可生产低酚棉籽1 650 kg，榨油后可产出低酚棉籽粕900 kg左右，与普通棉籽粕不同的是它不需化学脱酚可直接利用做饲料或加工食品，而且比普通棉籽粕每千克增值1.2元。仅增值一项每公顷棉田即可增收1 080元。经测定，低酚棉棉籽仁的蛋白质含量高于其他作物，也高于大豆的含量，含蛋白质达47%左右，为小麦粉蛋白质含量的4倍，水稻的6倍，而且含有小麦、水稻以至大豆所欠缺的一些人体必需的基本氨基酸，当在小麦粉中掺入低酚棉棉仁粉后，小麦粉的营养价值和生理效应得到显著提高。另外，低酚棉仁蛋白质虽与花生蛋白、大豆蛋白质同属于球蛋白，但由于不具有令人生厌的腥味和特殊的口感及色泽使其应用范围不受限制，给利用带来更大的方便。

邯郸市农业科学院米换房研究员介绍说，以前棉农一家一户小面积自主种植，容易出现人工和机械混杂，保纯难度大，降低了低酚棉副产品的利用价值，无法发挥低酚棉品种的优势，因此一直未实现规模种植及开发利用。近年来随着农村土地流转进程的加快，棉花种植大户、小型家庭农场将快速涌现，低酚棉集中种植、规模生产将成为可能，低酚棉保纯问题也将迎刃而解，再加上低酚棉新品种的不断育成、水平不断提高，低酚棉产业必将迎来一个新的发展契机和推广种植高潮。

棉花又是一种抗旱耐盐碱耐瘠薄的农作物，具有节水、改良土壤之功效，而低酚棉既是棉花也是粮食。随着我省棉花种植战略性东移和渤海粮仓科技示范工程项目增粮任务需求，选择低酚棉优良品种在我省棉区进行示范推广，不仅可以保持我省棉花产业的稳定，还将大大增加粮食和饲料的产出，开创“不与粮食争地，实现棉田增粮”的棉花种植新局面，为渤海粮仓项目粮食增产目标的完成作出贡献。同时将在种植、养殖、食品加工、饲料加工等行业形成新的经济增长点，促进河北省农业与国民经济持续稳定发展具有重要意义。

河北省农林科学院院长王慧军在到成安县的“渤海粮仓”项目试验基地调研指导时，对冀南棉区棉麦套种模式给予了充分肯定，他特别强调指出：邯郸市农业科学院培育的低酚棉品种是集棉、粮、油、饲、药五位一体的高效农作物，符合本项目倡导的“粮饲结合、农牧结合，因地制宜、调整结构”大粮食概念的要求，低酚棉不仅在冀南棉区推广棉麦套种，还要在我省棉区东移中做好示范种植，进一步发掘其潜力，为渤海粮仓项目总体目标的完成做贡献。

（此文原载于《河北经济日报》2017 年 10 月 24 日第 4 版）

实践活动掠影

《行动方案》论证会

李振声院士参加《行动方案》论证会

时任河北省副省长沈小平参加河北省政府召开的黄骅观摩推进会

河北省政府召开的黄骅观摩推进会会议现场

项目首席专家王慧军教授在宁晋基地考察

宁晋基地玉米微灌节水观摩会现场

农机服务体系现场展示会

棉麦双丰技术模式效果展示

时任副省长沈小平在威县基地考察

科技部相关领导参加南皮现场会

项目中期联查现场 1

项目中期联查现场 2

项目印发的技术宣传材料

中央电视台“朝闻天下”栏目报道渤海粮仓

河北电视台“河北新闻联播”栏目报道渤海粮仓

河北省渤海粮仓建设工程

信 息 简 报

第8期

项目管理办公室编制　　　　　　2014年7月2日

一、2014项目任务书签约会

2014年6月20日，河北省渤海粮仓建设工程任务书签约会在省农科院举行。项目首席专家河北省农科院王慧军院长、省科技厅项目主管曹乃倩，省农科院郑彦平副院长、科技处、财务处领导，各示范县、各服务体系负责人，示范县主要负责人等50余人参加了签约会。会议由农科院科技处岳增良处长主持。

会上，王慧军首席与13个试点县负责人、技术依托单位负责人、5个服务体系负责人签订了任务合同书。省农科院财务处成同杰处长对规范项目资金管理代表财政厅讲了意见，要求经费管理参照《河北省省级科技计划专项经费管理办法》执行，严格执行合同，并要加快项目经费支付进度，严肃财经纪律，各子项目承担单位作为责任主体，子项目负责人作为主要负责人，确保资金安全。

1

河北省渤海粮仓科技示范工程

信 息 简 报

2015年第1期

项目管理办公室　　　　　　2月9日

河北省渤海粮仓科技示范工程
召开2014年总结2015年工作部署会

2015年2月6-7日，河北省渤海粮仓科技示范工程2014年度总结2015年工作部署会在石家庄召开。参加会议的有项目首席专家省农科院王慧军院长，省科技厅陈卫滨副厅长，农村处徐成处长及项目主管负责同志，省农业技术推广总站、衡水、沧州、邯郸、邢台、曹妃甸科技局主管负责人，项目执行专家组成员，课题主持人，示范县、服务体系负责人，项目合作企业代表，项目管理办公室成员等近百人。会议情况如下：

一、课题主持人和技术负责人汇报2014年工作进展

国家项目负责人中科院农业资源中心刘小京研究员介绍了国家

1

河北省渤海粮仓科技示范工程

信 息 简 报

2016年第7期

项目管理办公室　　　　　　7月22日

一、河北渤海粮仓创新团队获省委省政府表彰

河北省委省政府深入贯彻全国科技创新大会精神，激励创新，为进一步营造大众创业、万众创新的良好氛围，在2016年7月11日召开的全省科技创新大会上，对20个在基础研究上有重大发现、技术创新上有重大发明、产业创新上有重大突破的高层次创新团队和10个技术领先、成果突出、成长潜力大的重点培育创新团队进行了表彰。以河北省渤海粮仓专项首席专家省农科院院长王慧军教授、渤海粮仓国家项目负责人中科院农业资源中心刘小京研究员为领军人的河北渤海粮仓创新团队成功入选“高层次创新团队”，并得到省领导现场授牌表彰。

河北省渤海粮仓科技示范工程是我省战略性增粮工程。由国家、省、市、县多层次科技人员组成的创新团队，研发形成了一批专利和成果，集成了雨养旱作、微灌水肥一体化、微咸水补灌、多水源综合利用、草

1

河北省渤海粮仓科技示范工程

信 息 简 报

2017年第4期

项目管理办公室　　　　　　9月25日

河北渤海粮仓项目在南宫和威县召开现场会

2017年9月23日，河北省渤海粮仓科技示范工程在南宫和威县召开了现场会。参加会议的有项目首席专家省农科院王慧军教授，项目管理办公室负责人郑彦平研究员，省农业技术推广总站崔彦生站长，科技厅项目主管张连占，邯郸市科技局马千顿副局长和主管负责人、邢台市科技局李文闻副局长和主管负责人、衡水市科技局主管负责人、各重点县主管负责人、邢台市推广示范县主管负责人、技术研发课题负责人及技术骨干等近80人。南宫市人大副主任郭京发、威县副县长翁乃侠分别代表当地政府致了欢迎辞，河北经济日报及当地媒体跟踪报道。会议具体情况如下：

一、南宫两年三熟粮棉轮作高产节水技术示范

在南宫渤海粮仓项目区，与会代表观摩了玉米粒收示范区、谷

1

信息简报印发图片

项目年度总结会现场 1

项目年度总结会现场 2

李振声院士为河北渤海粮仓项目题字

项目被中共河北省委省政府授予高层次创新团队奖